U1004417

| 山东省实用水文预报方案丛书 |

山东省潍弥白浪河水系
实用水文预报方案

陈翠英　唐培军　郭　成　马亚楠　刘英昊　洪双玲　张晓晗◎著

河海大学出版社
HOHAI UNIVERSITY PRESS
·南京·

图书在版编目(CIP)数据

山东省潍弥白浪河水系实用水文预报方案 / 陈翠英等著. -- 南京 : 河海大学出版社, 2024.8
(山东省实用水文预报方案丛书)
ISBN 978-7-5630-7781-6

Ⅰ. ①山… Ⅱ. ①陈… Ⅲ. ①河流-水文预报-方案-山东 Ⅳ. ①P338

中国版本图书馆 CIP 数据核字(2022)第 207783 号

书　　名　山东省潍弥白浪河水系实用水文预报方案
　　　　　SHANDONG SHENG WEI MI BAILANG HE SHUIXI SHIYONG SHUIWEN YUBAO FANG'AN
书　　号　ISBN 978-7-5630-7781-6
责任编辑　章玉霞
特约校对　袁　蓉
装帧设计　徐娟娟
出版发行　河海大学出版社
地　　址　南京市西康路 1 号(邮编:210098)
电　　话　(025)83737852(总编室)　(025)83722833(营销部)
经　　销　江苏省新华发行集团有限公司
排　　版　南京布克文化发展有限公司
印　　刷　广东虎彩云印刷有限公司
开　　本　787 毫米×1092 毫米　1/8
印　　张　21.5
字　　数　462 千字
版　　次　2024 年 8 月第 1 版
印　　次　2024 年 8 月第 1 次印刷
定　　价　460.00 元

目　录

河道站点

弥河水系

潍河水系

水库站点

弥河水系

白浪河水系

潍河水系

第一章　弥河黄山站水文预报方案编制说明*

1　流域概况

1.1　流域自然地理特征

弥河位于潍坊市西部，发源于临朐县沂山西麓九山镇水石屋村附近。弥河干流自南向北流经潍坊市的临朐县、青州市、寿光市、滨海经济技术开发区等四个县（市、区），于滨海经济技术开发区流入渤海，总流域面积 4 008 km^2，其中干流长 193 km，流域面积3 319 km^2。弥河分流口以下分两支泄洪，向东为弥河老河道，流经上口、营里、侯镇等镇向东经滨海经济技术开发区入海，长约 44.3 km；向北为弥河分流，经营里镇至羊口镇东汇入小清河后入海，长约 31.5 km，流域面积 689 km^2。

流域内深山区约占 5%，多分布在各干支流最上游；浅山区约占 80%，分布在整个流域范围内；丘陵和平原区约占 15%，多分布在河谷和下游地带。流域内山丘区由石灰岩组成，干流中、下游河谷地带为岭黄土，其他部分为岭沙土。流域内多山地，农作物种植面积约占 60%；不宜种植农作物的地带，多种植树木，种植面积约占 30%，草皮约占 5%；深山区未覆盖部分约占 5%。由于植被良好，流域内水土流失不太严重。黄山水文站以上流域图见图 1-1，黄山水文站测验断面位置图见图 1-2。

1.2　水利工程情况

黄山水文站位于弥河上游，黄山水文站以上流域内自 1958 年以来先后建成中型水库 1 座、小（1）型水库 2 座，总控制流域面积 31.4 km^2，总库容 1 272 万 m^3，兴利库容 680 万 m^3。其中中型水库淌水崖水库总控制流域面积为 22.1 km^2，总库容 1 013 万 m^3，兴利库容 548 万 m^3。流域内主要水利工程情况见表 1-1。

表 1-1　弥河黄山水文站以上流域内主要水利工程统计表

工程类别	水库名称	所在乡镇	流域面积（km^2）	总库容（万 m^3）	兴利库容（万 m^3）
中型	淌水崖	临朐县九山镇	22.1	1 013	548
小（1）型	大蚕场	临朐县九山镇	6.3	152	83
	白沙	临朐县九山镇	3.0	107	49

* 为有水文资料站点水文预报方案。

1.3　测站概况

1.3.1　基本情况

黄山水文站设立于 1959 年 6 月，1963 年 6 月迁至上游 2 km 瑞庄处，1988 年 1 月迁回至西黄山村，测站编码 41805300，是冶源水库上游控制站，集水面积 375 km^2，流域长 33.2 km，干流长 41.3 km，干流平均坡降 4.66‰，距河口 151.7 km。黄山水文站属国家基本水文站，测验任务有水位、流量、降水量、冰情、水质、泥沙、墒情、水准测量、水文调查等；该站还担负着向国家防汛抗旱总指挥部（以下简称国家防总），省、市防汛抗旱指挥部（以下简称省、市防指）提供水情、雨情、墒情和洪水预报等报汛任务。黄山水文站概况说明见表 1-2。

表 1-2　弥河黄山水文站概况说明表

<table>
<tr><td rowspan="15">基础信息</td><td>测站编码</td><td>41805300</td><td>集水面积</td><td>375 km²</td><td>设站时间</td><td>1959 年 6 月</td></tr>
<tr><td>流域</td><td>淮河流域</td><td>水系</td><td>弥河水系</td><td>河流</td><td>弥河</td></tr>
<tr><td>基面</td><td colspan="2">1985 年国家高程基准</td><td>高程</td><td colspan="2">145.993 m</td></tr>
<tr><td>测站地址</td><td colspan="5">山东省临朐县寺头镇西黄山村</td></tr>
<tr><td>管理机构</td><td colspan="5">山东省潍坊市水文中心</td></tr>
<tr><td>监测项目</td><td colspan="5">水位、流量、冰情、泥沙、降水量、蒸发、水文调查等</td></tr>
<tr><td>流量测验方法及渡河方式</td><td colspan="5">流量测验方法：流速仪法、浮标法、比降面积法
渡河方式：涉水</td></tr>
<tr><td>多年平均年径流量</td><td colspan="2">0.842 1 亿 m³</td><td>多年平均年降水量</td><td colspan="2">721.6 mm</td></tr>
<tr><td>最大年径流量</td><td colspan="2">2.389 亿 m³</td><td>出现年份</td><td colspan="2">1962 年</td></tr>
<tr><td>最小年径流量</td><td colspan="2">0 亿 m³</td><td>出现年份</td><td colspan="2">1961 年</td></tr>
<tr><td>最大流量</td><td colspan="2">2 300 m³/s</td><td>出现时间</td><td colspan="2">2019 年 8 月 11 日</td></tr>
<tr><td>最小流量</td><td colspan="2">0 m³/s</td><td>出现时间</td><td colspan="2">1961 年 6 月 1 日</td></tr>
<tr><td>最高水位</td><td colspan="2">143.81 m</td><td>出现时间</td><td colspan="2">1962 年 7 月 13 日</td></tr>
<tr><td>最低水位</td><td colspan="2">河干</td><td>出现时间</td><td colspan="2">1961 年 6 月 1 日</td></tr>
<tr><td>测站位置特点</td><td colspan="5">黄山站位于潍坊市临朐县境内的弥河流域弥河水系，距河口 151.7 km，河道干流长 41.3 km，流域内无大型水库，有一座中型水库淌水崖；左右岸两边均为居民区和种植的阔叶树及农作物</td></tr>
<tr><td></td><td>测验河段特征</td><td colspan="5">测验河段顺直长约 1 000 m，左岸为山麓，右岸为丘陵，沿测验河段为公路，基本水尺断面以下 600 m 处有卡口且向右弯曲约 20 度，基下 1 200 m 处右岸有黄山河汇入。河床较为平坦且由流沙组成，冲淤变化较大。起点距 140 m 处有人工石坝，当水位达 143.6 m 时开始漫堤，水流扩散且流向向左倾斜。基下约 500 m 处有石家河至冶源街道公路桥一座</td></tr>
</table>

续表

<table>
<tr><td>任务作用</td><td colspan="6">主要任务：系统收集水文资料，研究水文规律
功能作用：为抗旱防汛和工程管理服务</td></tr>
<tr><td rowspan="11">历史沿革</td><td>设立或变动</td><td>发生年月</td><td>站名</td><td>站别</td><td>领导机关</td><td>说明</td></tr>
<tr><td>设立</td><td>1959 年 6 月</td><td>黄山</td><td>水文</td><td>山东省水利厅</td><td>集水面积为 368 km²</td></tr>
<tr><td>集水面积变动</td><td>1961 年 1 月</td><td>黄山</td><td>水文</td><td>山东省水利厅</td><td>集水面积重新量算为 396 km²</td></tr>
<tr><td>撤销</td><td>1963 年 6 月</td><td>黄山</td><td>水文</td><td>山东省水文总站</td><td></td></tr>
<tr><td>恢复</td><td>1988 年 1 月</td><td>黄山</td><td>水文</td><td>山东省水文总站</td><td>集水面积为 375 km²</td></tr>
<tr><td>泥沙改为汛期测验</td><td>1992 年 6 月</td><td>黄山</td><td>水文</td><td>山东省水文总站</td><td></td></tr>
<tr><td>停测泥沙颗粒分析</td><td>1993 年 6 月</td><td>黄山</td><td>水文</td><td>山东省水文总站</td><td></td></tr>
<tr><td>领导机关更名</td><td>1998 年 4 月</td><td>黄山</td><td>水文</td><td>山东省水文水资源勘测局</td><td></td></tr>
<tr><td>停测输沙率</td><td>2000 年 6 月</td><td>黄山</td><td>水文</td><td>山东省水文水资源勘测局</td><td></td></tr>
<tr><td>领导机关更名</td><td>2011 年 12 月</td><td>黄山</td><td>水文</td><td>山东省水文局</td><td></td></tr>
</table>

1.3.2 采用基面换算关系

本站冻结基面高程-0.099 m＝1985 年国家高程基准高程。

1.3.3 报汛情况

本站以上流域内共有报汛雨量站 7 处，分别为东苇厂、西沂山、九山、龙响店子、辛庄子、崔册、黄山，详见表 1-3。

表 1-3 弥河黄山水文站以上流域内雨量站情况表

站名	设站年份	详细地址
东苇厂	1976 年	山东省临朐县九山镇东苇厂村
西沂山	1964 年	山东省临朐县九山镇西沂山村
九山	1952 年	山东省临朐县九山镇九山村
龙响店子	1965 年	山东省临朐县九山镇谢家庄
辛庄子	1984 年	山东省临朐县九山镇李家选村
崔册	1966 年	山东省临朐县寺头镇崔册村
黄山	1959 年	山东省临朐县寺头镇西黄山村

2 预报方案编制

2.1 预报区间的确定

黄山水文站以上流域内有中型水库淌水崖水库，淌水崖水库流域面积 22.1 km²，于 1979 年建成，2005 年后升为中型水库，水库调度对下游影响较小，故本方案未将淌水崖水库流域面积扣除，以 375 km² 作为预报区间面积。

2.2 资料情况

本站实测资料年限为 59 年（1962—2020 年），本方案选用 1962—2020 年 48 场次洪水资料分析制作，时段长为 1 h。

2.3 产流方案

本方案采用降雨径流经验相关图 $P+P_a-R$，用分析计算的 48 个点据点绘定线。黄山水文站降雨径流关系图（$P+P_a-R$）见图 1-3。其中：P 为次降雨流域平均雨量（mm）；P_a 为流域平均前期影响雨量（mm）；R 为次降雨所产生的径流深（mm）。

2.3.1 主要参数的计算

2.3.1.1 流域平均雨量 P 的计算

流域平均雨量采用 7 站加权法计算求得，雨量站的面积控制权重见表 1-4。当降水主要发生在东苇厂、西沂山、九山站时，认为暴雨中心位于上游；当降水主要发生在龙响店子、辛庄子、崔册站时，认为暴雨中心位于中游；当降水主要发生在黄山站时，认为暴雨中心位于下游。

表 1-4 黄山水文站以上流域内雨量站的面积控制权重表

站名	东苇厂	西沂山	九山	龙响店子	辛庄子	崔册	黄山
权重	0.09	0.16	0.17	0.24	0.13	0.16	0.05

2.3.1.2 流域平均前期影响雨量 P_a 的计算

每年自汛初开始连续计算，先以面积加权法计算流域平均雨量，然后计算前期影响雨量 P_a，其计算公式如下：

$$P_{a,\ t+1}=K(P_{a,\ t}+P_t)$$

式中：$P_{a,t+1}$ 为第 t+1 日的前期影响雨量（mm）；$P_{a,t}$ 为第 t 日的前期影响雨量（mm）；P_t 为第 t 日的流域平均雨量（mm）；K 为前期影响雨量递减系数，$K_{晴}=0.90$，$K_{雨}=0.95$。

2.3.1.3 最大初损值 I_m 的确定

在历年实测雨洪资料中，选择久旱少雨、降雨较大但前期影响雨量接近 0（P_a 较小）、产生径流较小的 5 场洪水资料求得 $I_m = 100$ mm。其中 I_m 值采用下式计算：

$$I_m = P - R - E$$

式中：P 为流域平均雨量（mm）；R 为径流深（mm）；E 为雨间蒸发量（mm）。

2.3.1.4　径流深 R 的推求

在实测洪水过程线上采用斜线分割法切除基流，本次洪水径流深 R 等于洪水总量 W（扣除基流量）除以集水面积 F，其中流域面积 $F = 375$ km^2。黄山水文站降雨径流分析成果见表 1-5。

2.3.2　精度评定

按许可误差 = 20% 实测值的标准（并当许可误差大于 20.0 mm 时以 20.0 mm 为上限，小于 3.0 mm 时以 3.0 mm 为下限）进行逐次洪水评定。$P+P_a-R$ 相关图共选用 48 个点据，34 个合格，合格率为 70.8%，属于乙级方案，详见表 1-6。

2.4　汇流方案

本方案主要采用峰量关系图、经验单位线等方法。

2.4.1　峰量关系曲线 R-T_c-$Q_{m净}$

以有效降雨历时 T_c 作为参数，建立峰量关系曲线 R-T_c-$Q_{m净}$。其中，R 为一次降雨径流深，由次洪水总量除以相应集水面积而得；T_c 为有效降雨历时，是指实际能产生径流、对造峰有明显影响的降雨历时。弥河黄山水文站峰量关系图见图 1-4。

精度评定：按许可误差 = 20% 实测值的标准进行逐次洪水评定。本方案共选用 1962—2020 年 48 个点据，34 个合格，合格率为 70.8%，属乙级方案，详见表 1-7。

2.4.2　经验单位线

根据流域暴雨洪水特性及下垫面变化情况，利用 840712、950903、960627、180819 和 190811 场次洪水资料分析出 1 h 单位线 5 条，详见图 1-5。单位线返回验证评定情况见表 1-8。在进行洪水作业预报时，视不同降雨情况选定相应的经验单位线。

表 1-8　黄山水文站单位线验证评定汇总表

洪号	单位线	相对误差（%）	峰现时距（h）	确定性系数
		洪峰流量		
840712	1 h	1.61	0	0.860 1
950903	1 h	10.45	0	0.874 4
960627	1 h	−2.06	0	0.945 7
180819	1 h	3.19	0	0.870 2
190811	1 h	12.92	1	0.938 5

各单位线的原型洪水过程详见表 1-9 至表 1-13、图 1-7 至图 1-11。

表 1-9　黄山水文站 840712 场次洪水过程表

降水过程（mm）					
日期	时间	流域平均	日期	时间	流域平均
7 月 11 日	22：00	0.3	7 月 12 日	3：00	23.8
	23：00	1.9		4：00	15.3
7 月 12 日	0：00	2.1		5：00	33.2
	1：00	4.8		6：00	30.8
	2：00	5.1			

洪水过程（m^3/s）											
日期	时间	流量	日期	时间	流量	日期	时间	流量	日期	时间	流量
7 月 12 日	4：00	2.63	7 月 12 日	21：00	74.3	7 月 13 日	14：00	30.1	7 月 14 日	7：00	17.9
	5：00	4.90		22：00	70.9		15：00	29.0		8：00	17.4
	6：00	116		23：00	67.5		16：00	27.8		9：00	17.2
	7：00	1 148	7 月 13 日	0：00	64.2		17：00	26.6		10：00	16.9
	8：00	1 668		1：00	60.8		18：00	25.4		11：00	16.6
	9：00	613		2：00	57.4		19：00	24.2		12：00	16.4
	10：00	356		3：00	54.1		20：00	23.0		13：00	16.1
	11：00	243		4：00	50.7		21：00	22.6		14：00	15.8
	12：00	219		5：00	47.3		22：00	22.1		15：00	15.6
	13：00	196		6：00	44.0		23：00	21.6		16：00	15.3
	14：00	172		7：00	40.6	7 月 14 日	0：00	21.2		17：00	15.0
	15：00	153		8：00	37.2		1：00	20.7		18：00	14.8
	16：00	134		9：00	36.1		2：00	20.2		19：00	14.5
	17：00	115		10：00	34.9		3：00	19.8		20：00	14.2
	18：00	96.5		11：00	33.7		4：00	19.3			
	19：00	87.1		12：00	32.5		5：00	18.8			
	20：00	77.6		13：00	31.3		6：00	18.4			

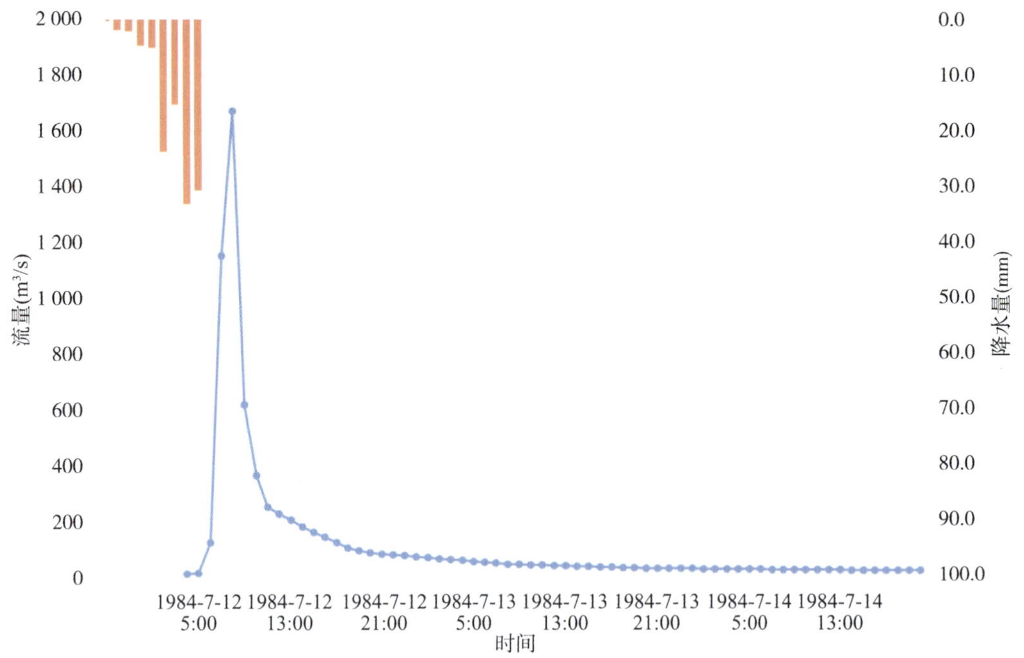

图 1-7　黄山水文站 840712 场次洪水过程图

表 1-10　黄山水文站 950903 场次洪水过程表

降水过程（mm）					
日期	时间	流域平均	日期	时间	流域平均
9 月 3 日	2：00	10. 8	9 月 3 日	9：00	1. 5
	3：00	11. 6		10：00	1. 8
	4：00	20. 5		11：00	0. 8
	5：00	17. 4		12：00	0. 7
	6：00	17. 3		13：00	0. 3
	7：00	5. 2		14：00	0. 3
	8：00	2. 2			

洪水过程（m³/s）											
日期	时间	流量	日期	时间	流量	日期	时间	流量	日期	时间	流量
9 月 3 日	4：00	0. 03	9 月 3 日	21：00	94. 5	9 月 4 日	14：00	34. 5	9 月 5 日	7：00	13. 4
	5：00	0. 04		22：00	88. 6		15：00	33. 0		8：00	12. 8
	6：00	383		23：00	83. 2		16：00	31. 7		9：00	12. 1
	7：00	521	9 月 4 日	0：00	77. 4		17：00	30. 5		10：00	11. 4

续表

洪水过程（m³/s）											
9 月 3 日	8：00	713	9 月 4 日	1：00	73. 0	9 月 4 日	18：00	29. 2	9 月 5 日	11：00	10. 6
	9：00	437		2：00	69. 4		19：00	27. 9		12：00	9. 81
	10：00	299		3：00	65. 3		20：00	26. 6		13：00	8. 98
	11：00	205		4：00	61. 3		21：00	25. 0		14：00	8. 23
	12：00	195		5：00	57. 6		22：00	23. 4		15：00	7. 40
	13：00	181		6：00	53. 6		23：00	22. 0		16：00	6. 62
	14：00	158		7：00	50. 5	9 月 5 日	0：00	20. 4		17：00	5. 93
	15：00	141		8：00	48. 3		1：00	18. 7		18：00	5. 16
	16：00	125		9：00	46. 0		2：00	17. 3		19：00	4. 39
	17：00	119		10：00	43. 6		3：00	16. 0		20：00	3. 69
	18：00	113		11：00	41. 4		4：00	15. 3		21：00	2. 92
	19：00	106		12：00	39. 1		5：00	14. 7		22：00	1. 99
	20：00	100		13：00	36. 7		6：00	14. 1		23：00	1. 11

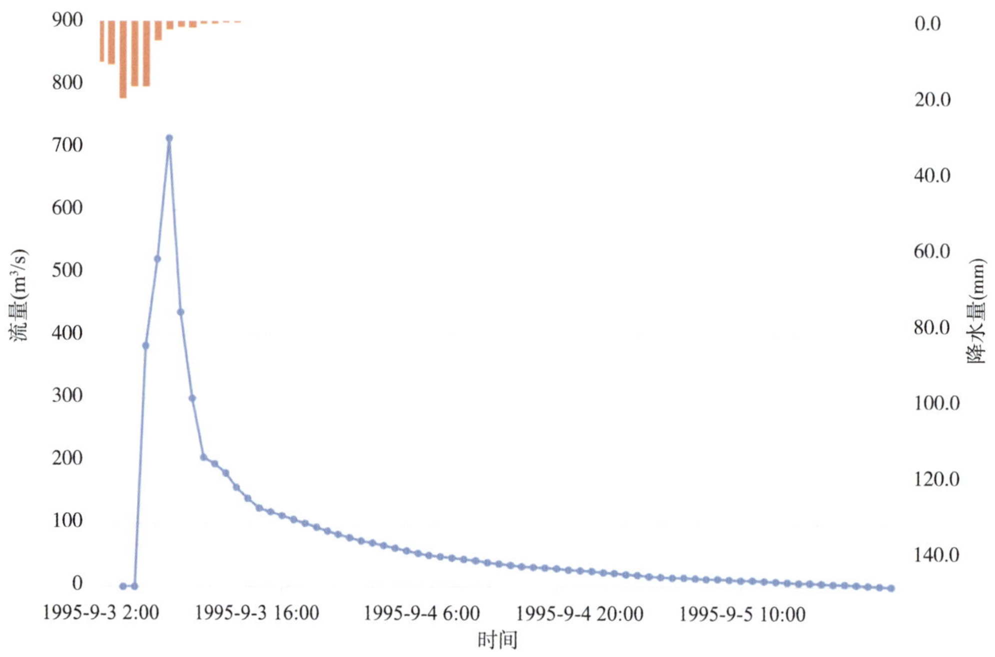

图 1-8　黄山水文站 950903 场次洪水过程图

表 1-11　黄山水文站 960627 场次洪水过程表

降水过程（mm）					
日期	时间	流域平均	日期	时间	流域平均
6 月 27 日	12：00	26.5	6 月 27 日	15：00	1.4
	13：00	4.4		16：00	0.2
	14：00	0.6			

洪水过程（m^3/s）											
日期	时间	流量	日期	时间	流量	日期	时间	流量	日期	时间	流量
6 月 27 日	14：00	201	6 月 27 日	21：00	18.7	6 月 28 日	4：00	5.56	6 月 28 日	11：00	1.14
	15：00	99.3		22：00	16.2		5：00	4.63		12：00	0.870
	16：00	62.7		23：00	13.6		6：00	3.73		13：00	0.606
	17：00	43.7	6 月 28 日	0：00	12.4		7：00	2.88		14：00	0.470
	18：00	32.8		1：00	10.1		8：00	2.10		15：00	0.319
	19：00	27.0		2：00	7.61		9：00	1.67		16：00	0.169
	20：00	21.3		3：00	6.59		10：00	1.39		17：00	0.032

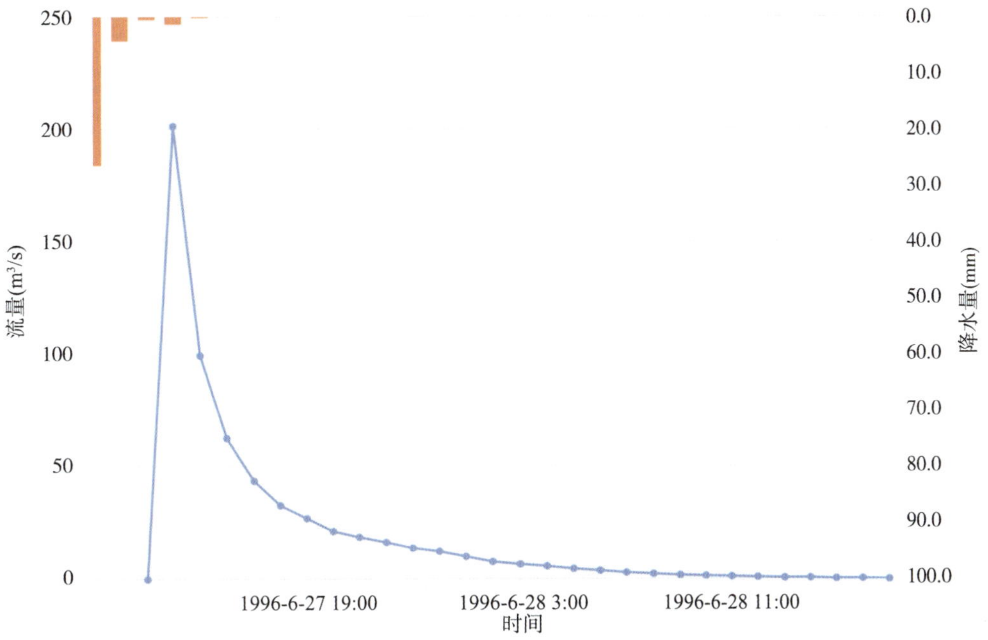

图 1-9　黄山水文站 960627 场次洪水过程图

表 1-12　黄山水文站 180819 场次洪水过程表

降水过程（mm）											
日期	时间	流域平均	日期	时间	流域平均	日期	时间	流域平均	日期	时间	流域平均
8 月 18 日	16：00	0.7	8 月 19 日	3：00	1.5	8 月 19 日	14：00	10.7	8 月 20 日	1：00	0.8
	17：00	3.0		4：00	1.1		15：00	5.3		2：00	0.2
	18：00	5.7		5：00	0.8		16：00	2.2		3：00	0.0
	19：00	21.3		6：00	1.3		17：00	8.8		4：00	0.3
	20：00	7.3		7：00	0.7		18：00	26.7		5：00	1.2
	21：00	1.9		8：00	0.4		19：00	3.6		6：00	1.3
	22：00	0.4		9：00	1.5		20：00	3.2		7：00	0.1
	23：00	0.9		10：00	4.9		21：00	32.6		8：00	0.0
8 月 19 日	0：00	1.1		11：00	10.6		22：00	6.7		9：00	0.9
	1：00	1.2		12：00	6.4		23：00	0.6			
	2：00	4.0		13：00	5.0	8 月 20 日	0：00	1.7			

洪水过程（m^3/s）											
日期	时间	流量	日期	时间	流量	日期	时间	流量	日期	时间	流量
8 月 19 日	1：00	9.5	8 月 20 日	6：00	394	8 月 21 日	11：00	44.2	8 月 22 日	16：00	15.7
	2：00	22.6		7：00	344		12：00	40.6		17：00	15.6
	3：00	40.6		8：00	324		13：00	38.3		18：00	15.6
	4：00	41.8		9：00	301		14：00	36.0		19：00	15.5
	5：00	37.9		10：00	257		15：00	33.6		20：00	15.4
	6：00	34.8		11：00	220		16：00	31.3		21：00	15.4
	7：00	35.4		12：00	198		17：00	28.9		22：00	15.3
	8：00	35.9		13：00	187		18：00	26.6		23：00	15.2
	9：00	37.0		14：00	175		19：00	24.2	8 月 23 日	0：00	15.2
	10：00	41.2		15：00	166		20：00	20.8		1：00	15.1
	11：00	45.4		16：00	158		21：00	19.8		2：00	15.0
	12：00	49.5		17：00	148		22：00	18.7		3：00	15.0
	13：00	55.1		18：00	138		23：00	17.7		4：00	14.9

续表

洪水过程（m^3/s）											
8 月 19 日	14：00	98.0	8 月 20 日	19：00	127	8 月 22 日	0：00	16.6	8 月 23 日	5：00	14.8
	15：00	133		20：00	117		1：00	16.6		6：00	14.8
	16：00	279		21：00	113		2：00	16.5		7：00	14.7
	17：00	356		22：00	108		3：00	16.5		8：00	14.6
	18：00	420		23：00	100		4：00	16.4		9：00	14.6
	19：00	508	8 月 21 日	0：00	91.9		5：00	16.3		10：00	14.5
	20：00	1 367		1：00	85.4		6：00	16.3		11：00	14.4
	21：00	1 107		2：00	78.9		7：00	16.2		12：00	14.3
	22：00	1 367		3：00	74.8		8：00	16.1		13：00	14.2
	23：00	1 617		4：00	70.7		9：00	16.1		14：00	14.2
8 月 20 日	0：00	1 277		5：00	66.6		10：00	16.0		15：00	14.1
	1：00	997		6：00	62.5		11：00	16.0		16：00	14.0
	2：00	751		7：00	58.1		12：00	15.9		17：00	13.9
	3：00	558		8：00	53.7		13：00	15.9		18：00	13.8
	4：00	470		9：00	51.4		14：00	15.8		19：00	13.7
	5：00	438		10：00	47.8		15：00	15.7		20：00	13.6

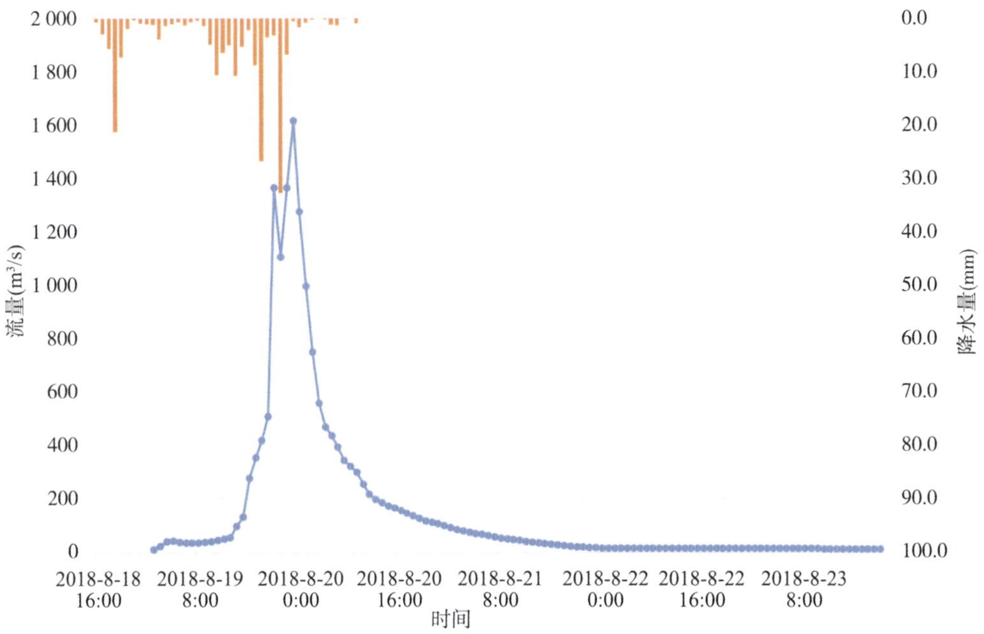

图 1-10　黄山水文站 180819 场次洪水过程图

表 1-13　黄山水文站 190811 场次洪水过程表

降水过程（mm）											
日期	时间	流域平均	日期	时间	流域平均	日期	时间	流域平均	日期	时间	流域平均
8 月 10 日	18：00	9.3	8 月 10 日	23：00	16.4	8 月 11 日	4：00	33.9	8 月 11 日	9：00	3.6
	19：00	10.9	8 月 11 日	0：00	14.2		5：00	32.9		10：00	1.6
	20：00	13.0		1：00	21.6		6：00	33.5		11：00	16.4
	21：00	13.3		2：00	29.5		7：00	15.5		12：00	9.7
	22：00	11.4		3：00	30.2		8：00	3.7			
洪水过程（m^3/s）											
日期	时间	流量	日期	时间	流量	日期	时间	流量	日期	时间	流量
8 月 10 日	20：00	0.84	8 月 11 日	14：00	806	8 月 12 日	8：00	149	8 月 13 日	2：00	41.2
	21：00	16.2		15：00	767		9：00	142		3：00	38.1
	22：00	36.1		16：00	712		10：00	135		4：00	35.1
	23：00	56.1		17：00	652		11：00	129		5：00	32.3
8 月 11 日	0：00	107		18：00	527		12：00	122		6：00	29.3
	1：00	208		19：00	473		13：00	115		7：00	26.2
	2：00	426		20：00	411		14：00	109		8：00	23.5
	3：00	864		21：00	342		15：00	102		9：00	20.4
	4：00	1 366		22：00	315		16：00	95.0		10：00	17.4
	5：00	1 596		23：00	256		17：00	88.7		11：00	14.6
	6：00	2 216	8 月 12 日	0：00	232		18：00	81.8		12：00	11.6
	7：00	2 196		1：00	219		19：00	74.9		13：00	9.14
	8：00	1 846		2：00	215		20：00	68.7		14：00	7.89
	9：00	1 371		3：00	196		21：00	61.8		15：00	6.51
	10：00	1 006		4：00	185		22：00	54.9		16：00	5.13
	11：00	840		5：00	175		23：00	50.0		17：00	3.88
	12：00	790		6：00	164	8 月 13 日	0：00	47.0		18：00	2.50
	13：00	817		7：00	155		1：00	43.9		19：00	1.12

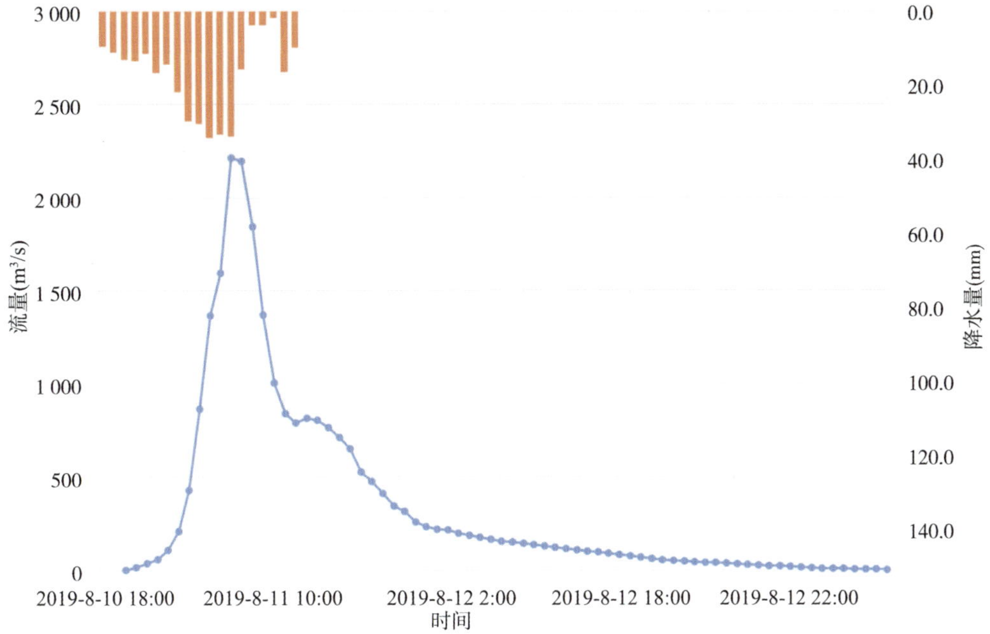

图 1-11 黄山水文站 190811 场次洪水过程图

2.5 水位流量关系的确定及水位预报

根据本站实测水位流量资料定线，绘制了该站水位流量关系曲线，详见图 1-6。

根据该站低水实测流量和断面情况，应用导向现断面法和曼宁公式对水位流量关系进行了修改和延长。

在实际应用中，可通过拟定的水位流量关系曲线根据预报流量查算预报水位。

3 方案使用说明

3.1 径流深预报

首先计算出流域平均降雨量和流域平均前期影响雨量，再根据降雨径流关系图 $P+P_a-R$ 的查算结果进行综合分析，最后确定地表径流深 R 的预报值。

3.2 洪峰流量

3.2.1 经验单位线

由次雨径流深 R、时段降雨量采用扣损法分割 R 得到各时段净雨，然后根据暴雨中心位置选择相应单位线，各时段净雨错时段与 0.1 倍的单位线各时段流量相乘，同时段流量相加，再加上基流量即为流量过程。

3.2.2 洪水总量预报

根据下式可得到区间洪水总量 $W_{区}$。

$$W_{区}=0.1F_{区}R$$

式中：$W_{区}$为区间洪水总量（万 m^3）；$F_{区}$为区间流域面积（km^2）。

3.3 方案合理性检查及评定

在方案建立过程中，随时根据规范要求及有关文件规定进行合理性检查，特别将突出点据与原始资料反复查对，对中间处理过程也进行了认真审查，发现不合理的问题基本上都做了检查改正。方案建立后，先从线形进行比较，防止出现矛盾现象，然后尽量根据规范规定采用表格形式对每个方案进行了精度评定（许可误差法）。其中，$P+P_a-R$ 相关图合格率为 70.8%，属乙级方案；$R-T-Q_{m净}$ 相关图合格率为 70.8%，属乙级方案。

3.4 方案适应能力

本方案适用于标准洪水以内的洪水作业预报。如遇超标准洪水，则需根据当时具体情况酌情修正。

3.5 注意事项

（1）方案的制作未考虑上游塘坝的影响，作业预报时也要根据前期降雨情况进行适当修正。

（2）应随时掌握上游工程蓄水及泄洪情况，要根据实际情况对预报值及时进行修正。

（3）局部暴雨时要注意超渗产流，可适当将查算的 R 值加大；久旱初雨时产流偏小，应适当修正所查 R 值。

总之，由于影响因素太多，本方案不能完全反映实际情况，因而不能照搬，应具体问题具体分析，并采用多种方法，考虑各种因素进行综合分析，确定采用的预报值。

图 1-1 弥河黄山水文站以上流域图

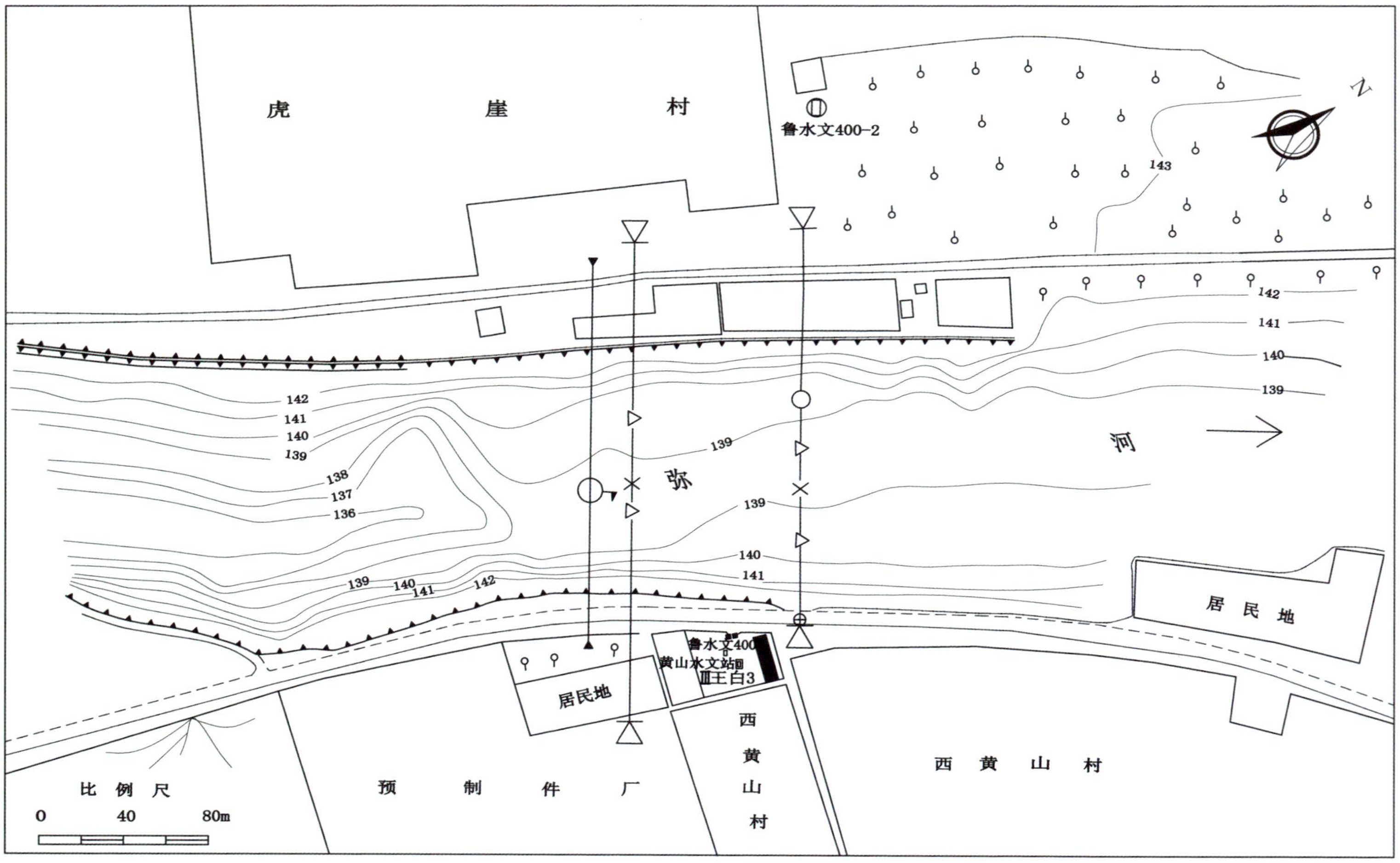

图 1-2 弥河黄山水文站测验断面位置图

表 1-5　弥河黄山水文站降雨径流分析成果表

洪号	降雨起止时间			主雨起止时间		流域平均雨量 P (mm)	前期影响雨量 P_a (mm)	降雨历时 (h)		洪水起止时间			起涨流量 Q_0 (m^3/s)	洪峰流量 Q_m (m^3/s)	净峰流量 $Q_{m净}$ (m^3/s)	洪水总历时 $T_{洪}$ (h)	涨洪历时 $T_{涨洪}$ (h)	洪峰滞时 t_p (h)	有效降雨停止到径流基本结束时距 τ (h)	次洪径流量 W (万 m^3)	区间面积 F (km^2)	次洪径流深 R (mm)	径流系数 α
	起	重心	止	起	止			全部 T	有效 T_c	起涨	峰顶	落平											
620813	8月13日 20：00	8月13日 20：00	8月13日 22：00	8月13日 20：00	8月13日 22：00	17.7	62.1	2	2	8月13日 20：00	8月13日 22：00	8月15日 0：00	14	288	274	28	2	2	26	363	375	9.7	0.55
630719	7月19日 0：00	7月19日 17：00	7月20日 8：00	7月19日 0：00	7月19日 22：00	369.4	46.5	32	22	7月19日 4：00	7月19日 19：00	7月24日 12：00	13	2 870	2 870	128	15	2	110	12 445	375	331.9	0.90
640717	7月16日 18：00	7月16日 21：00	7月17日 22：00	7月16日 18：00	7月17日 22：00	124.2	73.2	28	28	7月16日 20：00	7月17日 19：00	7月20日 20：00	15	648	638	96	23	22	70	3 559	375	94.9	0.76
640728	7月27日 20：00	7月28日 0：00	7月28日 4：00	7月27日 20：00	7月28日 4：00	43.4	55.6	8	8	7月27日 22：00	7月28日 3：00	7月30日 2：00	8	262	253	52	5	3	46	513	375	13.7	0.32
640908	9月7日 22：00	9月8日 2：00	9月8日 8：00	9月7日 22：00	9月8日 8：00	23.4	96.5	10	10	9月7日 22：00	9月8日 4：00	9月9日 20：00	43	480	436	46	6	2	34	785	375	20.9	0.90
640912	9月12日 0：00	9月12日 10：00	9月12日 16：00	9月12日 0：00	9月12日 16：00	85.7	73.4	16	16	9月12日 8：00	9月12日 13：00	9月15日 2：00	23	679	656	66	5	3	58	2 270	375	60.5	0.71
650728	7月27日 16：00	7月27日 19：00	7月28日 4：00	7月27日 16：00	7月28日 4：00	71.9	57.1	12	12	7月27日 18：00	7月28日 0：00	7月30日 8：00	6	394	388	62	6	5	52	1 292	375	34.4	0.48
650815	8月15日 14：00	8月15日 16：00	8月16日 0：00	8月15日 14：00	8月15日 22：00	122.9	35.3	10	8	8月15日 14：00	8月15日 18：00	8月17日 14：00	6	882	874	48	4	2	40	1 731	375	46.2	0.38
660721	7月21日 0：00	7月21日 2：00	7月21日 10：00	7月21日 0：00	7月21日 10：00	40.9	57.6	10	10	7月21日 2：00	7月21日 4：00	7月23日 0：00	6	450	444	46	2	2	38	1 043	375	27.8	0.68
670701	6月30日 6：00	7月1日 5：00	7月1日 14：00	6月30日 11：00	7月1日 10：00	92.0	22.7	32	23	6月30日 20：00	7月1日 13：00	7月5日 8：00	2	157	155	108	17	8	94	840	375	22.4	0.24
680815	8月14日 18：00	8月14日 23：00	8月15日 4：00	8月14日 19：00	8月15日 2：00	30.3	70.5	10	7	8月14日 22：00	8月15日 1：00	8月18日 0：00	3	284	281	74	3	2	70	564	375	15.1	0.50
700729	7月29日 12：00	7月29日 21：00	7月29日 22：00	7月29日 12：00	7月29日 22：00	45.9	84.0	10	10	7月29日 20：00	7月29日 23：00	8月1日 6：00	22	618	595	58	3	2	56	1 040	375	27.7	0.60
710619	6月19日 16：00	6月19日 19：00	6月19日 22：00	6月19日 16：00	6月19日 20：00	40.2	9.8	6	4	6月19日 18：00	6月19日 22：00	6月21日 2：00	2	79	78.6	32	4	3	30	176	375	4.7	0.12
710821	8月21日 16：00	8月21日 18：00	8月22日 8：00	8月21日 16：00	8月22日 4：00	62.7	75.9	16	12	8月21日 18：00	8月21日 22：00	8月24日 8：00	28	320	293	62	4	4	52	1 505	375	40.1	0.64
720902	9月1日 12：00	9月2日 1：00	9月2日 8：00	9月1日 12：00	9月2日 6：00	111.3	61.7	20	18	9月1日 18：00	9月2日 5：00	9月5日 8：00	6	678	674	86	11	4	74	2 409	375	64.3	0.58
740 813	8月13日 0：00	8月13日 15：00	8月14日 4：00	8月13日 1：00	8月14日 1：00	162.1	66.7	28	24	8月13日 8：00	8月13日 18：00	8月16日 20：00	15	1 200	1 180	84	10	3	67	5 034	375	134.3	0.83
750901	9月1日 0：00	9月1日 7：00	9月1日 10：00	9月1日 0：00	9月1日 10：00	87.0	14.8	10	10	9月1日 2：00	9月1日 9：00	9月4日 0：00	2	291	289	70	7	2	58	710	375	18.9	0.22
760721	7月21日 16：00	7月21日 16：00	7月21日 20：00	7月21日 16：00	7月21日 18：00	32.5	30.0	4	2	7月21日 16：00	7月21日 19：00	7月23日 0：00	8	292	284	32	3	3	30	309	375	8.3	0.25
760813	8月12日 4：00	8月13日 6：00	8月14日 0：00	8月12日 9：00	8月13日 14：00	99.7	45.8	44	29	8月12日 10：00	8月13日 7：00	8月18日 10：00	4	375	372	144	21	1	116	1 898	375	50.6	0.51
790624	6月23日 22：00	6月24日 3：00	6月24日 8：00	6月23日 22：00	6月24日 8：00	115.2	30.2	10	10	6月23日 22：00	6月24日 6：00	6月27日 4：00	1	588	584	78	8	3	66	1 245	375	33.2	0.29
800607	6月6日 18：00	6月6日 22：00	6月7日 6：00	6月6日 18：00	6月7日 4：00	86.7	14.4	12	10	6月6日 20：00	6月7日 2：00	6月11日 16：00	1	144	144	116	6	4	108	697	375	18.6	0.21
820705	7月5日 16：00	7月5日 22：00	7月6日 2：00	7月5日 16：00	7月6日 5：00	61.6	35.4	10	13	7月5日 20：00	7月5日 23：00	7月8日 14：00	5	469	463	66	3	1	57	649	375	17.3	0.28
840712	7月11日 22：00	7月12日 5：00	7月12日 8：00	7月11日 22：00	7月12日 8：00	117.5	50.4	10	10	7月12日 4：00	7月12日 8：00	7月14日 20：00	5	1 670	1 670	64	4	3	60	2 406	375	64.2	0.55
850821	8月20日 4：00	8月20日 9：00	8月21日 14：00	8月20日 5：00	8月21日 13：00	99.9	51.7	34	32	8月20日 8：00	8月21日 10：00	8月26日 14：00	3	279	272	150	26	25	121	1 457	375	38.9	0.39
880711	7月11日 2：00	7月11日 6：00	7月11日 10：00	7月11日 2：00	7月11日 10：00	71.4	43.2	8	8	7月11日 6：00	7月11日 8：00	7月13日 0：00	5	480	477	42	2	2	38	776	375	20.7	0.29

续表

洪号	降雨起止时间			主雨起止时间		流域平均雨量 P（mm）	前期影响雨量 P_a（mm）	降雨历时（h）		洪水起止时间			起涨流量 Q_0（m^3/s）	洪峰流量 Q_m（m^3/s）	净峰流量 $Q_{m净}$（m^3/s）	洪水总历时 $T_洪$（h）	涨洪历时 $T_{涨洪}$（h）	洪峰滞时 t_p（h）	有效降雨停止到径流基本结束时距 τ（h）	次洪径流量 W（万 m^3）	区间面积 F（km^2）	次洪径流深 R（mm）	径流系数 α
	起	重心	止	起	止			全部 T	有效 T_c	起涨	峰顶	落平											
900722	7月21日 6：00	7月22日 2：00	7月22日 8：00	7月21日 6：00	7月22日 8：00	110.0	52.1	26	26	7月21日 10：00	7月22日 4：00	7月26日 14：00	5	462	457	124	18	2	102	2 200	375	58.7	0.53
900803	8月2日 20：00	8月2日 22：00	8月3日 18：00	8月2日 20：00	8月3日 12：00	116.8	44.8	22	16	8月2日 22：00	8月3日 1：00	8月7日 12：00	6	437	433	110	3	3	96	2 545	375	67.9	0.58
900816	8月15日 20：00	8月16日 6：00	8月17日 0：00	8月15日 20：00	8月16日 13：00	100.0	50.1	28	17	8月16日 0：00	8月16日 10：00	8月22日 2：00	14	525	515	146	10	4	133	2 224	375	59.3	0.59
910725	7月24日 18：00	7月25日 0：00	7月25日 6：00	7月24日 19：00	7月25日 6：00	79.5	51.6	12	11	7月24日 22：00	7月25日 3：00	7月28日 20：00	5	406	401	94	5	3	88	1 591	375	42.4	0.53
930713	7月12日 18：00	7月12日 18：00	7月13日 8：00	7月12日 18：00	7月13日 7：00	52.6	77.8	14	13	7月12日 20：00	7月13日 6：00	7月15日 4：00	20	150	150	56	10	12	45	906	375	24.2	0.46
940809	8月7日 12：00	8月7日 13：00	8月9日 12：00	8月7日 12：00	8月9日 10：00	169.2	29.3	48	46	8月7日 20：00	8月9日 6：00	8月13日 8：00	7	384	380	132	34	41	94	2 736	375	73.0	0.43
950903	9月3日 2：00	9月3日 4：00	9月3日 12：00	9月3日 2：00	9月3日 12：00	90.6	46.6	10	10	9月3日 4：00	9月3日 8：00	9月6日 12：00	13	726	713	80	4	4	70	1 973	375	52.6	0.58
960627	6月27日 12：00	6月27日 12：00	6月27日 16：00	6月27日 12：00	6月27日 16：00	33.1	15.5	4	4	6月27日 12：00	6月27日 14：00	6月28日 18：00	1	203	201	30	2	2	26	219	375	5.8	0.18
960725	7月25日 0：00	7月25日 5：00	7月25日 16：00	7月25日 0：00	7月25日 16：00	102.8	33.1	16	16	7月25日 2：00	7月25日 8：00	7月28日 18：00	5	356	349	88	6	3	78	1 450	375	38.7	0.38
970820	8月19日 6：00	8月20日 4：00	8月20日 18：00	8月19日 7：00	8月20日 14：00	252.1	24.8	36	31	8月19日 16：00	8月20日 7：00	8月24日 8：00	3	879	879	112	15	3	90	4 808	375	128.2	0.51
980822	8月22日 6：00	8月22日 13：00	8月22日 16：00	8月22日 6：00	8月22日 15：00	96.5	54.5	10	9	8月22日 12：00	8月22日 15：00	8月26日 4：00	12	780	768	88	3	2	85	1 762	375	47.0	0.49
010731	7月30日 16：00	7月30日 23：00	7月31日 10：00	7月30日 16：00	7月31日 8：00	58.0	96.6	18	16	7月30日 20：00	7月31日 3：00	8月5日 20：00	32	386	364	144	7	4	133	1 961	375	52.3	0.90
010824	8月24日 14：00	8月24日 18：00	8月24日 22：00	8月24日 14：00	8月24日 20：00	35.4	27.8	8	6	8月24日 18：00	8月24日 21：00	8月27日 4：00	4	145	142	58	3	3	56	246	375	6.6	0.19
030827	8月26日 8：00	8月27日 3：00	8月27日 10：00	8月26日 8：00	8月27日 10：00	112.1	44.6	26	26	8月26日 12：00	8月27日 7：00	8月30日 14：00	7	336	329	98	19	4	76	1 530	375	40.8	0.36
040828	8月27日 0：00	8月28日 1：00	8月28日 6：00	8月27日 0：00	8月28日 6：00	113.6	39.2	30	30	8月27日 0：00	8月28日 4：00	8月31日 6：00	10	343	333	102	28	3	72	1 789	375	47.7	0.42
040914	9月14日 10：00	9月14日 15：00	9月15日 2：00	9月14日 10：00	9月15日 2：00	114.7	26.7	16	16	9月14日 14：00	9月14日 20：00	9月18日 14：00	8	399	393	96	6	5	88	1 645	375	43.9	0.38
080723	7月23日 4：00	7月23日 10：00	7月23日 20：00	7月23日 4：00	7月23日 20：00	74.3	83.2	16	16	7月23日 8：00	7月23日 18：00	7月28日 18：00	13	218	205	130	10	8	118	1 753	375	46.8	0.63
110914	9月13日 4：00	9月14日 12：00	9月14日 18：00	9月13日 4：00	9月14日 17：00	94.4	35.1	38	37	9月13日 20：00	9月14日 16：00	9月19日 6：00	5	258	254	130	20	4	109	2 196	375	58.6	0.62
170707	7月6日 20：00	7月7日 0：00	7月7日 10：00	7月6日 20：00	7月7日 7：00	142.3	15.6	14	11	7月7日 0：00	7月7日 5：00	7月10日 0：00	30	373	372	72	5	5	65	1 326	375	35.4	0.25
180626	6月25日 8：00	6月26日 0：00	6月26日 18：00	6月25日 10：00	6月26日 7：00	176.8	4.5	34	21	6月25日 22：00	6月26日 5：00	6月29日 22：00	1	1 040	1 040	96	7	5	87	3 825	375	102.0	0.58
180819	8月18日 2：00	8月19日 18：00	8月21日 2：00	8月18日 16：00	8月20日 0：00	188.5	51.0	72	32	8月18日 22：00	8月19日 23：00	8月22日 12：00	26	1 620	1 620	86	25	5	60	5 513	375	147.0	0.78
190811	8月10日 8：00	8月11日 4：00	8月12日 2：00	8月10日 18：00	8月11日 12：00	377.9	38.2	42	18	8月10日 18：00	8月11日 6：00	8月14日 14：00	4	2 220	2 220	92	12	2	74	9 563	375	255.0	0.67
200807	8月6日 16：00	8月6日 20：00	8月7日 4：00	8月6日 16：00	8月7日 4：00	85.8	75.1	12	12	8月6日 18：00	8月7日 3：00	8月11日 10：00	13	154	144	112	9	7	102	1 191	375	31.8	0.37

表 1-6　弥河黄山水文站降雨径流 $P+P_a-R$ 精度评定表

序号	洪号	流域平均雨量 P（mm）	前期影响雨量 P_a（mm）	$P+P_a$（mm）	实测径流深 $R_{实}$（mm）	预报径流深 $R_{预}$（mm）	预报误差（mm）	许可误差（mm）	评定结果	
									合格	不合格
1	620813	17.7	62.1	79.8	9.7	12.6	2.9	3.0	√	
2	630719	369.4	46.5	415.9	331.9	304.3	-27.6	20.0		√
3	640717	124.2	73.2	197.4	94.9	86.5	-8.4	19.0	√	
4	640728	43.4	55.6	99.0	13.7	19.4	5.7	3.0		√
5	640908	23.4	96.5	119.9	20.9	29.2	8.3	4.2		√
6	640912	85.7	73.4	159.1	60.5	54.5	-6.0	12.1	√	
7	650728	71.9	57.1	129.0	34.4	34.3	-0.1	6.9	√	
8	650815	122.9	35.3	158.2	46.2	53.8	7.6	9.2	√	
9	660721	40.9	57.6	98.5	27.8	19.2	-8.6	5.6		√
10	670701	92.0	22.7	114.7	22.4	22.1	-0.3	4.5	√	
11	680815	30.3	70.5	100.8	15.1	16.8	1.7	3.0	√	
12	700729	45.9	84.0	129.9	27.7	34.8	7.1	5.5		√
13	710619	40.2	9.8	50.0	4.7	4.8	0.1	3.0	√	
14	710821	62.7	75.9	138.6	40.1	40.2	0.1	8.0	√	
15	720902	111.3	61.7	173.0	64.3	65.3	1.0	12.9	√	
16	740813	162.1	66.7	228.8	134.3	116.7	-17.6	20.0	√	
17	750901	87.0	14.8	101.8	18.9	17.1	-1.8	3.8	√	
18	760721	32.5	30.0	62.5	8.3	8.2	-0.1	3.0	√	
19	760813	99.7	45.8	145.5	50.6	37.2	-13.4	10.1		√
20	790624	115.2	30.2	145.4	33.2	37.2	4.0	6.6	√	
21	800607	86.7	14.4	101.1	18.6	16.9	-1.7	3.7	√	
22	820705	61.6	35.4	97.0	17.3	18.6	1.3	3.5	√	
23	840712	117.5	50.4	167.9	64.2	61.2	-3.0	12.8	√	
24	850821	99.9	51.7	151.6	38.9	40.7	1.8	7.8	√	
25	880711	71.4	43.2	114.6	20.7	26.5	5.8	4.1		√
26	900722	110.0	52.1	162.1	58.7	56.7	-2.0	11.7	√	
27	900803	116.8	44.8	161.6	67.9	56.3	-11.6	13.6	√	
28	900816	100.0	50.1	150.1	59.3	47.9	-11.4	11.9	√	
29	910725	79.5	51.6	131.1	42.4	35.5	-6.9	8.5	√	
30	930713	52.6	77.8	130.4	24.2	35.1	10.9	4.8		√
31	940809	169.2	29.3	198.5	73.0	87.5	14.5	14.6	√	
32	950903	90.6	46.6	137.2	52.6	39.3	-13.3	10.5		√
33	960627	33.1	15.5	48.6	5.8	4.6	-1.2	3.0	√	
34	960725	102.8	33.1	135.9	38.7	38.5	-0.2	7.7	√	
35	970820	252.1	24.8	276.9	128.2	136.8	8.6	20.0	√	
36	980822	96.5	54.5	151.0	47.0	48.5	1.5	9.4	√	
37	010731	58.0	96.6	154.6	52.3	51.1	-1.2	10.5	√	
38	010824	35.4	27.8	63.2	6.6	6.9	0.3	3.0	√	
39	030827	112.1	44.6	156.7	40.8	52.7	11.9	8.2		√
40	040828	113.6	39.2	152.8	47.7	49.8	2.1	9.5	√	
41	040914	114.7	26.7	141.4	43.9	42.0	-1.9	8.8	√	
42	080723	74.3	83.2	157.5	46.8	53.3	6.5	9.4	√	
43	110914	94.4	35.1	129.5	58.6	34.6	-24.0	11.7		√
44	170707	142.3	15.6	157.9	35.4	53.6	18.2	7.1		√
45	180626	176.8	4.5	181.3	102.0	59.8	-42.2	20.0		√
46	180819	188.5	51.0	239.5	147.0	127.6	-19.4	20.0	√	
47	190811	377.9	38.2	416.1	255.0	264.9	9.9	20.0	√	
48	200807	85.8	75.1	160.9	31.8	55.8	24.0	6.4		√

备注：1. 预报误差=预报值-实测值；2. 许可误差=实测值的 20%，许可误差大于 20.0 mm 时以 20.0 mm 为上限，小于 3.0 mm 时以 3.0 mm 为下限；3. 合格率=70.8%，为乙级方案。

表 1-7　弥河黄山水文站峰量关系精度评定表

序号	洪号	实测径流深 $R_{实}$（mm）	有效降雨历时 T_c（h）	净峰流量（m^3/s）		预报误差（m^3/s）	许可误差（m^3/s）	评定结果	
				实测 $Q_{m净实}$	预报 $Q_{m净预}$			合格	不合格
1	620813	9.7	2	274	299	25	54.8	√	
2	630719	331.9	22	2 870	2 993	123	574	√	
3	640717	94.9	28	638	762	124	128	√	
4	640728	13.7	8	253	244	-9	50.6	√	
5	640908	20.9	10	436	360	-76	87.2	√	
6	640912	60.5	16	656	575	-81	131	√	
7	650728	34.4	12	388	371	-17	77.6	√	
8	650815	46.2	8	874	818	-56	175	√	
9	660721	27.8	10	444	464	20	88.8	√	
10	670701	22.4	23	155	167	12	31.0	√	
11	680815	15.1	7	281	268	-13	56.2	√	
12	700729	27.7	10	595	462	-133	119		√
13	710619	4.7	4	78.6	123	44.4	15.7		√
14	710821	40.1	12	293	455	162	58.6		√
15	720902	64.3	18	674	662	-12	135	√	
16	740813	134.3	24	1 180	1 148	-32	236	√	
17	750901	18.9	10	289	329	40	57.8	√	
18	760721	8.3	2	284	244	-40	56.8	√	
19	760813	50.6	29	372	377	5	74.4	√	
20	790624	33.2	10	584	547	-37	117	√	
21	800607	18.6	10	144	324	180	28.8		√
22	820705	17.3	13	463	188	-275	92.6		√
23	840712	64.2	10	1 670	1 718	48	334	√	
24	850821	38.9	32	272	146	-126	54.4		√
25	880711	20.7	8	477	357	-120	95.4		√
26	900722	58.7	26	457	442	-15	91.4	√	
27	900803	67.9	16	433	774	341	86.6		√
28	900816	59.3	17	515	552	37	103	√	
29	910725	42.4	11	401	481	80	80.2	√	
30	930713	24.2	13	150	254	104	30.0		√
31	940809	73.0	46	380	378	-2	76.0	√	
32	950903	52.6	10	713	708	-5	143	√	
33	960627	5.8	4	201	161	-40	40.2	√	
34	960725	38.7	16	349	342	-7	69.8	√	
35	970820	128.2	31	879	922	43	176	√	
36	980822	47.0	9	768	841	73	154	√	
37	010731	52.3	16	364	456	92	72.8		√
38	010824	6.6	6	142	119	-23	28.4	√	
39	030827	40.8	26	329	302	-27	65.8	√	
40	040828	47.7	30	333	355	22	66.6	√	
41	040914	43.9	16	393	382	-11	78.6	√	
42	080723	46.8	16	205	405	200	41.0		√
43	110914	58.6	37	254	268	14	50.8	√	
44	170707	35.4	11	372	385	13	74.4	√	
45	180626	102.0	21	1 040	830	-210	208		√
46	180819	147.0	32	1 620	1 232	-388	324		√
47	190811	255.0	20	2 220	2 304	84	444	√	
48	200807	31.8	12	144	338	194	28.8		√

备注：1. 预报误差＝预报值-实测值；2. 许可误差＝实测值的 20%；3. 合格率＝70.8%，为乙级方案。

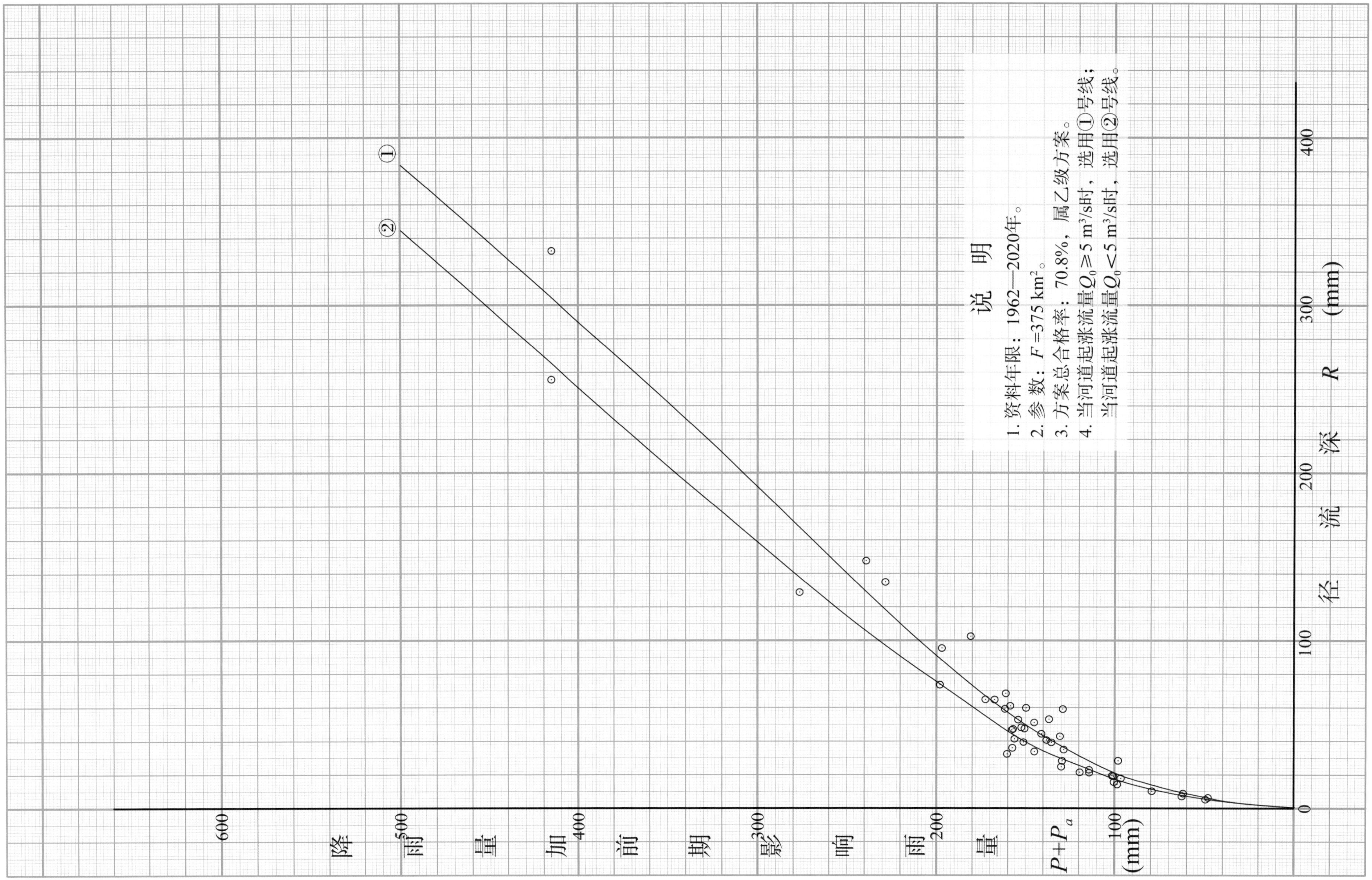

图 1-3　弥河黄山水文站降雨径流关系曲线图（$P+P_a$-R）

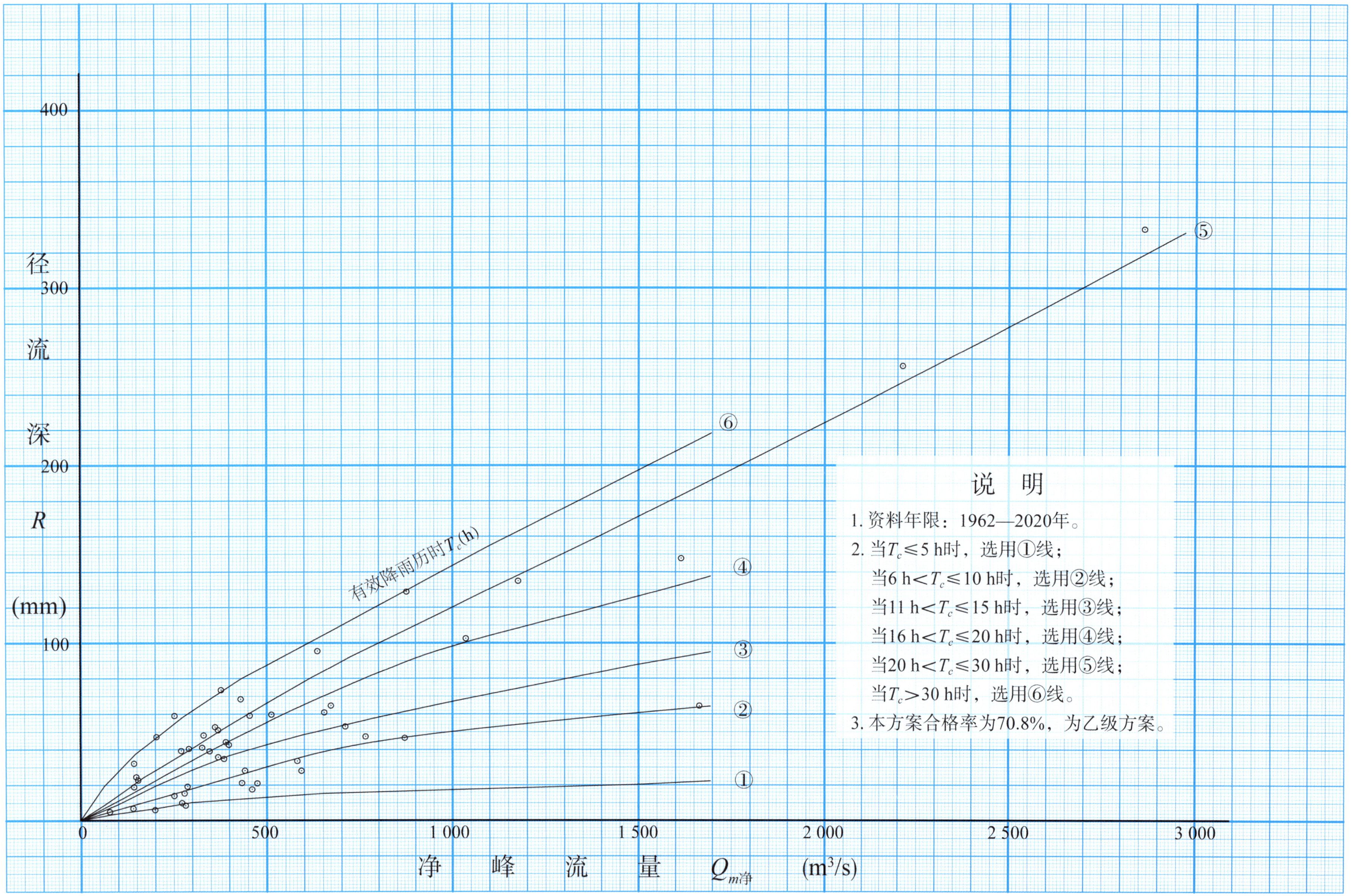

图 1-4　弥河黄山水文站峰量关系曲线图（R-T_c-$Q_{m净}$）

单位线成果表

F=375 km^2, Δt=1 h

①		②		③		④		⑤		备注
时段	流量(m³/s)	时段	流量(m³/s)	时段	流量(m³/s)	时段	流量(m³/s)	时段	流量(m³/s)	
0	0	0	0	0	0	0	0	0	0	
1	101	1	106	1	139	1	191	1	71	当P≤50 mm时，采用单位线①，根据960627号洪水分析，P_a=15.5 mm，P=33.1 mm，有效降雨历时T_c=4 h，径流深R=5.8 mm，净峰流量$Q_{m净}$=201 m³/s;
2	448	2	245	2	288	2	178	2	217	
3	229	3	169	3	397	3	155	3	193	
4	126	4	120	4	94	4	131	4	162	
5	74	5	89	5	54	5	108	5	130	当50 mm<P≤100 mm时，采用单位线②，根据950903号洪水分析，P_a=46.6 mm，P=90.6mm，有效降雨历时T_c=10 h，径流深R=52.6mm，净峰流量$Q_{m净}$ =713 m³/s;
6	41	6	68	6	34	6	86	6	100	
7	19	7	53	7	21	7	66	7	71	
8	4	8	42	8	11	8	47	8	48	当100 mm<P≤150 mm时，采用单位线③，根据840712号洪水分析，P_a=50.4 mm，P=117.5 mm，有效降雨历时T_c=10 h，径流深R=64.2 mm，净峰流量$Q_{m净}$=1 670 m³/s;
9	0	9	33	9	3	9	34	9	29	
		10	27	10	0	10	22	10	14	
		11	22			11	14	11	6	
		12	17			12	8	12	0	当150 mm<P≤200 mm时，采用单位线④，根据180819号洪水分析，P_a=51.0 mm，P=188.5 mm，有效降雨历时T_c=32 h，径流深R=147.0 mm，净峰流量$Q_{m净}$=1 620 m³/s;
		13	14			13	3			
		14	11			14	0			
		15	9							
		16	7							
		17	5							当P>200 mm时，采用单位线⑤，根据190811号洪水分析，P_a=38.2 mm，P=377.9 mm，有效降雨历时T_c=20 h，径流深R=255.0 mm，净峰流量$Q_{m净}$=2 220 m³/s
		18	3							
		19	2							
		20	0							
Σ	1 042		1 042		1 042		1 042		1 042	

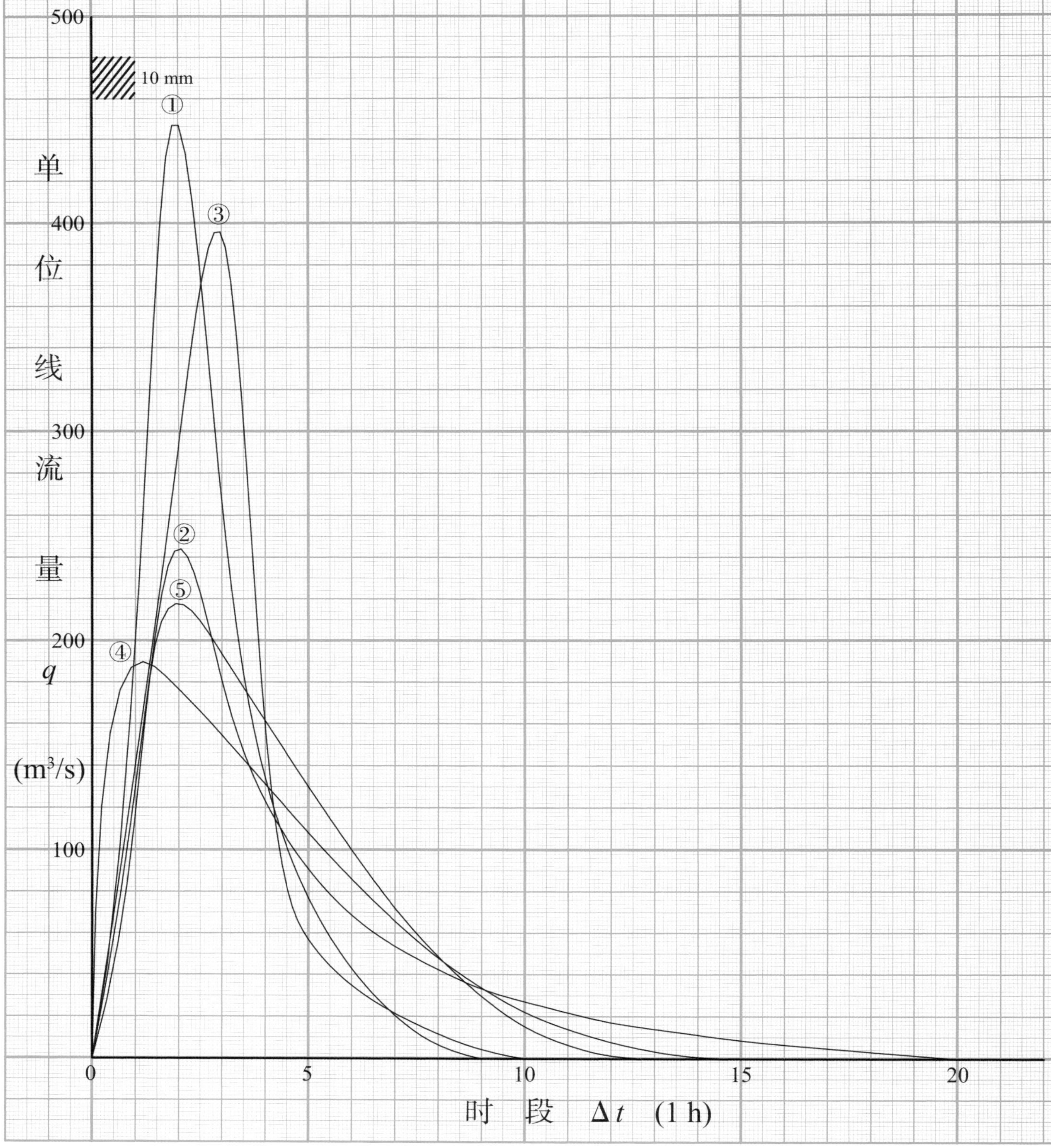

图 1-5　弥河黄山水文站单位线综合图

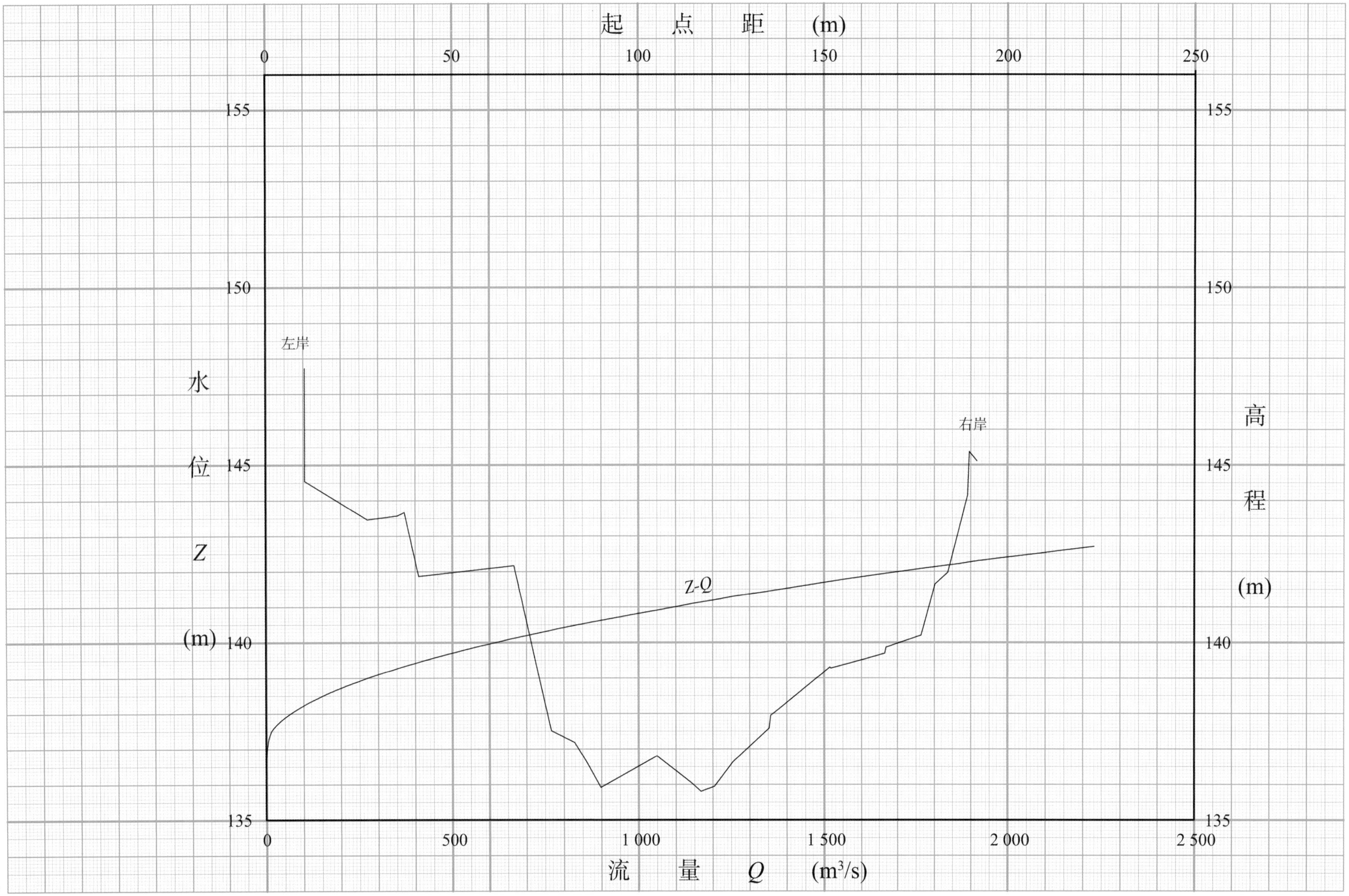

图 1-6 弥河黄山水文站水位流量关系曲线图

第二章　弥河谭家坊站水文预报方案编制说明*

1　流域概况

1.1　流域自然地理特征

弥河位于潍坊市西部，发源于临朐县沂山西麓九山镇水石屋村附近。弥河干流自南向北流经潍坊市的临朐县、青州市、寿光市、滨海经济技术开发区等四个县（市、区），于滨海经济技术开发区流入渤海，总流域面积4 008 km^2，其中干流长 193 km，流域面积3 319 km^2。弥河分流口以下分两支泄洪，向东为弥河老河道，流经上口、营里、侯镇等镇向东经滨海经济技术开发区入海，长约 44.3 km；向北为弥河分流，经营里镇至羊口镇东汇入小清河后入海，长约 31.5 km，流域面积 689 km^2。

流域内深山区约占 5%，多分布在各干支流最上游；浅山区约占 80%，分布在整个流域范围内；丘陵和平原区约占 15%，多分布在河谷和下游地带。流域内山丘区由石灰岩组成，干流中、下游河谷地带为岭黄土，其他部分为岭沙土。流域内多山地，农作物种植面积约占 60%；不宜种植农作物的地带，多种植树木，种植面积约占 30%，草皮约占 5%；深山区未覆盖部分约占 5%。由于植被良好，流域内水土流失不太严重。谭家坊水文站以上流域图见图 2-1，谭家坊站测验断面位置图见图 2-2。

1.2　水利工程情况

谭家坊水文站位于弥河中游，上游有多处大中型水利工程，其中有大型水库冶源水库，中型水库黑虎山水库、嵩山水库等。

1.2.1　冶源水库概况

冶源水库位于弥河上游，水库以上有丹河、石河两条支流汇入，总库容 1.686 3 亿 m^3，流域面积为 785 km^2。流域长度为 44.7 km，流域平均宽度为 17.6 km，干流平均坡降为 3.69‰，干流长度为 50.6 km。水库距下游的临朐县城 14.0 km，至胶济铁路 35.0 km。多年平均年降水量为 680.8 mm。

冶源水库工程基本情况详见表 2-1。

表 2-1　弥河冶源水库站工程基本情况表

<table>
<tr><td colspan="3">水库名称</td><td>冶源水库</td><td colspan="2">工程总投资</td><td>1 716.02 万元</td></tr>
<tr><td colspan="3">管理机构名称</td><td>冶源水库管理运行维护中心</td><td colspan="2">设计单位</td><td>山东省水利勘测设计院</td></tr>
<tr><td colspan="3">主管部门</td><td>临朐县水利局</td><td colspan="2">施工单位</td><td>冶源水库工程指挥部</td></tr>
<tr><td colspan="3">所在地点</td><td>临朐县冶源街道</td><td rowspan="2">建设日期</td><td>开工</td><td>1958 年 5 月</td></tr>
<tr><td colspan="3">所在河流</td><td>弥河</td><td>竣工</td><td>1959 年 9 月</td></tr>
<tr><td colspan="3">集水面积</td><td>785 km^2</td><td colspan="2">基本地震烈度</td><td>8 度</td></tr>
<tr><td rowspan="9">水文特征</td><td colspan="2">多年平均年降水量</td><td>680.8 mm</td><td colspan="2">设计地震烈度</td><td>8 度</td></tr>
<tr><td colspan="2">多年平均年径流量</td><td>1.174 亿 m^3</td><td colspan="2">高程基准面</td><td>1956 年黄海基面</td></tr>
<tr><td colspan="2">多年平均年输沙量</td><td>0.009 36 亿 m^3</td><td rowspan="4">库区迁淹</td><td>赔偿高程</td><td>136.50 m</td></tr>
<tr><td rowspan="3">设计</td><td>重现期</td><td>100 年</td><td>移民高程</td><td>139.00 m</td></tr>
<tr><td>洪峰流量</td><td>5 094 m^3/s</td><td>淹没耕地</td><td>1.034 2 万亩①</td></tr>
<tr><td>洪水总量</td><td>2.056 亿 m^3</td><td>迁移人口</td><td>18 540 人</td></tr>
<tr><td rowspan="3">校核</td><td>重现期</td><td>5 000 年</td><td rowspan="3">工程量</td><td>土方</td><td>332.47 万 m^3</td></tr>
<tr><td>洪峰流量</td><td>12 087 m^3/s</td><td>石方</td><td>42.08 万 m^3</td></tr>
<tr><td>洪水总量</td><td>4.627 亿 m^3</td><td>混凝土</td><td>1.90 万 m^3</td></tr>
<tr><td rowspan="9">水库特征</td><td colspan="2">调节性能</td><td>多年调节</td><td rowspan="8">主坝</td><td rowspan="2">坝型</td><td rowspan="2">黏土心墙砂壳坝</td></tr>
<tr><td colspan="2">校核洪水位</td><td>141.95 m</td></tr>
<tr><td colspan="2">设计洪水位</td><td>138.76 m</td><td>坝顶高程</td><td>144.30 m</td></tr>
<tr><td colspan="2">汛中限制水位</td><td>137.72 m</td><td>最大坝高</td><td>27.30 m</td></tr>
<tr><td colspan="2">正常蓄水位</td><td>137.72 m</td><td>坝顶长度</td><td>650 m</td></tr>
<tr><td colspan="2">死水位</td><td>128.40 m</td><td>坝顶宽度</td><td>8.0 m</td></tr>
<tr><td colspan="2">总库容</td><td>1.686 3 亿 m^3</td><td rowspan="2">坝基防渗型式</td><td rowspan="2">黏土齿墙</td></tr>
<tr><td rowspan="2">其中</td><td>调洪库容</td><td>0.725 5 亿 m^3</td></tr>
<tr><td>兴利库容</td><td>0.837 1 亿 m^3</td><td>副坝</td><td>座数</td><td>1 座</td></tr>
</table>

<table>
<tr><td colspan="2" rowspan="8">正常溢洪道</td><td>型式</td><td>宽顶堰</td></tr>
<tr><td>堰顶高程</td><td>130.00 m</td></tr>
<tr><td>堰顶净宽</td><td>10×10 m</td></tr>
<tr><td>闸门型式</td><td>弧形钢闸门</td></tr>
<tr><td>闸门尺寸</td><td>8.34 m×10 m</td></tr>
<tr><td>最大泄量</td><td>7 240 m^3/s</td></tr>
<tr><td>消能型式</td><td>无消能工</td></tr>
<tr><td>启闭设备</td><td>卷扬式 10-45 t</td></tr>
<tr><td colspan="2" rowspan="4">非常溢洪道</td><td>型式</td><td>—</td></tr>
<tr><td>堰顶高程</td><td>—</td></tr>
<tr><td>堰顶净宽</td><td>—</td></tr>
<tr><td>最大泄量</td><td>—</td></tr>
<tr><td rowspan="12">输水洞</td><td rowspan="6">东</td><td>型式</td><td>砌石廊道内衬钢筋混凝土有压圆管</td></tr>
<tr><td>断面尺寸</td><td>Φ2.0 m</td></tr>
<tr><td>进口底高程</td><td>126.00 m</td></tr>
<tr><td>闸门型式</td><td>直升钢闸门</td></tr>
<tr><td>最大泄量</td><td>30.91 m^3/s</td></tr>
<tr><td>启闭设备</td><td>卷扬式 2-15 t</td></tr>
<tr><td rowspan="6">西</td><td>型式</td><td>砌石廊道内衬钢筋混凝土有压圆管</td></tr>
<tr><td>断面尺寸</td><td>Φ1.5 m</td></tr>
<tr><td>进口底高程</td><td>126.00 m</td></tr>
<tr><td>闸门型式</td><td>直升钢闸门</td></tr>
<tr><td>最大泄量</td><td>17.5 m^3/s</td></tr>
<tr><td>启闭设备</td><td>卷扬式 2-15 t</td></tr>
</table>

① 1 亩≈667 m^2。

1.2.2 上游其他水利工程情况

谭家坊水文站以上流域有丹河、淌水崖、黑虎山、嵩山四座中型水库，在冶源水库水文站至谭家坊水文站区间有黑虎山、嵩山两座中型水库，韩家庄、张家崖、八一、七一、上坪、石门坊、钓鱼台、郑家庄、璞丘等9座小（1）型水库，东南河、马宋2座拦河闸以及9座橡胶坝。

1.3 测站概况

谭家坊水文站位于青州市谭坊镇西北2 km弥河中游处，距河口96.1 km，流域面积2 153 km^2，流域长79.6 km，干流长96.9 km，干流平均坡降2.34‰；测验顺直河段约1 000 m，低水主流靠左岸，中水以上水面宽一般在200~300 m，基上550 m处有309国道弥河大桥，基上100 m处有橡胶坝一座，基下400 m处有一陡弯；其洪水特性是涨水较快。

谭家坊水文站概况说明见表2-3；上游有4处长系列雨量站作为预报，详见表2-4。

表2-3 弥河谭家坊水文站概况说明表

基础信息	测站编码	40805701	集水面积	2 153 km^2	设站时间	1976年1月
	流域	淮河流域	水系	弥河水系	河流	弥河
	基面	1985年国家高程基准		高程	50.658 m	
	测站地址	山东省潍坊市青州市谭坊镇李家庄村				
	管理机构	山东省潍坊市水文中心				
	监测项目	水位、流量、冰情、水质、土壤含水率、降水量、蒸发量、水文调查				
	流量测验方法及渡河方式	流量测验方法：流速仪法、声学多普勒、电波流速仪法 渡河方式：桥测				
	多年平均年径流量	1.807亿m^3	多年平均年输沙量		多年平均年降水量	645.8 mm
	最大年径流量	6.757亿m^3	出现年份		2019年	
	最小年径流量	0.062 4亿m^3	出现年份		1984年	
	最大流量	3 500 m^3/s	出现时间		2019年8月11日	
	最小流量	0 m^3/s	出现时间		1978年6月30日	
	最高水位	44.27 m	出现时间		2018年8月20日	
	最低水位	河干	出现时间		1978年6月30日	
任务作用	测验项目：水位、流量、冰情、水质、土壤含水率、降水量、蒸发量、水文调查； 报汛任务：水情、雨情、墒情； 功能作用：本站为泰沂山北水文区域代表站，系统收集水文资料，研究水文变化规律，为抗旱防汛服务					

续表

	设立或变动	发生年月	站名	站别	领导机关	说明
历史沿革	设立	1976年1月	谭家坊	水文	山东省水文总站	常年站，集水面积为2 250 km^2
	集水面积变动	1980年1月	谭家坊	水文	山东省水文总站	原量算欠准，更改为2 153 km^2
	增测输沙率、含沙量	1985年6月	谭家坊	水文	山东省水文总站	
	增测蒸发量	1987年1月	谭家坊	水文	山东省水文总站	
	停测输沙率、含沙量	2005年1月	谭家坊	水文	山东省水文水资源勘测局	
	停测比降	2005年1月	谭家坊	水文	山东省水文水资源勘测局	

表2-4 弥河谭家坊站以上流域内雨量站情况表

站名	设站年份	详细地址
临朐	1951	山东省临朐县城关街道后楼社区
宫家庄	1983	山东省青州市谭坊镇宫家庄
益都	1951	山东省青州市昭德街道丁店村
谭家坊	1976	山东省青州市谭坊镇李家庄村

2 预报方案编制

2.1 预报区间的确定

预报区间为冶源水库、黑虎山水库、嵩山水库至谭家坊站区间，区间面积为1 027 km^2，即谭家坊以上总控制面积2 153 km^{2}减去冶源水库控制面积785 km^2、黑虎山水库控制面积190 km^2、嵩山水库控制面积151 km^{2}得到。

2.2 资料情况

本站实测资料年限为45年（1976—2020年）。凡流域平均降水量$P \geq 50.0$ mm并且产生较明显洪水的资料，全部选用；因洪水场次较少，亦选用$P<50.0$ mm但产生了明显洪水的资料。在选用洪水时，径流深小于3 mm的点所形成的洪水过程非常小，无较大洪峰，经分析，相关点的降水亦较小，此部分点对实际预报作业意义不大，故舍弃了此部分点，最终确定了1976—2020年26场次洪水资料进行方案制作。

2.3 产流方案

产流方案采用降雨径流经验相关图 $P+P_a-R$，用分析计算的 26 个点据点绘定线，详见图 2-3。其中：P 为次降雨流域平均雨量（mm）；P_a 为流域平均前期影响雨量（mm）；R 为次降雨所产生的径流深（mm）。

2.3.1 主要参数的计算

2.3.1.1 流域平均雨量 P 的计算

根据流域内临朐、宫家庄、益都、谭家坊 4 处连续观测、代表性较好的雨量站资料，采用加权平均法计算流域平均雨量 P。以泰森多边形法确定各站在流域内所占权重，各雨量站权重分别为：临朐 0.58、宫家庄 0.14、益都 0.22、谭家坊 0.06。

2.3.1.2 流域平均前期影响雨量 P_a 的计算

每年自汛初开始连续计算，先以面积加权法计算流域平均雨量，然后计算前期影响雨量 P_a，其计算公式如下：

$$P_{a,t+1}=K\left(P_{a,t}+P_t\right)$$

式中：$P_{a,t+1}$ 为第 t+1 日的前期影响雨量（mm）；$P_{a,t}$ 为第 t 日的前期影响雨量（mm）；P_t 为第 t 日的流域平均雨量（mm）；K 为前期影响雨量递减系数，$K_{晴}=0.90$，$K_{雨}=0.95$。

2.3.1.3 最大初损值 I_m 的确定

在历年实测雨洪资料中，选择久旱末雨、降雨量较大、前期影响雨量接近 0（P_a 较小）的相关资料分析确定 $I_m=100$ mm。其中 I_m 值采用下式计算：

$$I_m=P-R-E$$

式中：P 为流域平均降雨量（mm）；R 为径流深（mm）；E 为雨间蒸发量（mm）。

2.3.1.4 径流深 R 的推求

在一次洪水过程线上采用斜线分割法切除基流，上游水库放水时，要将水库放水形成的地表径流的那部分水量扣除。本次洪水径流深 R 等于洪水总量 W（已扣除水库放水量和基流量）除以集水面积 F。谭家坊水文站降雨径流分析成果见表 2-5。

2.3.1.5 暴雨中心位置的确定

暴雨中心位置是指单次降雨最大点雨量所在的位置，一般用上、中、下游来划分。本方案中，上游：临朐站；中游：宫家庄、益都站；下游：谭家坊站。

2.3.2 精度评定

按许可误差=20%实测值的标准（并当许可误差大于 20.0 mm 时以 20.0 mm 为上限，小于 3.0 mm 时以 3.0 mm 为下限）进行逐次洪水评定。$P+P_a-R$ 相关图共选用 26 个点据，其中 19 个合格，合格率为 73.1%，属于乙级方案，详见表 2-6。

2.3.3 突出点分析

180626 场次洪水实测净雨深偏小原因：暴雨中心在下游，降雨分布不均匀，降雨不连续，主要集中在 8 h 内，其他时间降雨强度较小，前期相对干旱，从而造成预报洪峰流量结果偏大。

2.4 汇流方案

汇流方案主要采用峰量关系图、经验单位线等方法。

2.4.1 峰量关系曲线 R-T_c-$Q_{m净}$

根据暴雨洪水资料，建立以有效降雨历时 T_c 为参数的峰量关系曲线 R-T_c-$Q_{m净}$，详见图 2-4，R 为一次降雨径流深，由次洪水总量除以相应集水面积而得；T_c 为有效降雨历时，是指实际能产生径流、对造峰有明显影响的降雨历时，一般采取占总降雨量 80% 的降雨时段数或采用时段平均降雨量大于5 mm 的时段数；$Q_{m净}$为一次降雨过程所产生的区间净峰流量。

精度评定：经峰量关系综合评定，合格率为 69.2%，故属丙级方案，可用于作业预报，详见表 2-7。

2.4.2 经验单位线

根据流量过程线的涨落趋势，以涨水段至少有 2~3 个控制点为标准，确定本流域单位线时段长 $\Delta t=1$ h。根据雨峰资料分析，净雨在流域上的不同分布使单位线发生变化，故在 1976—2020 年资料系列中选取了大小洪水 3 场，用作分析单位线，分别适用于前期影响雨量较小、下垫面较为干旱，前期影响雨量较大、下垫面较为湿润等情况。在进行洪水作业预报时，视不同降雨情况，选定相应的经验单位线。谭家坊站单位线图见图 21-5。

2.4.3 水库调洪影响

因谭家坊站上游有大型水库冶源水库，中型水库黑虎山水库、嵩山水库，故上游水库调洪直接影响本站洪水流量过程，上游水库至本站区间无足够河道资料，故采用传播时间法进行流量演算：冶源水库至谭家坊站流量传播时间一般为 8 h，嵩山水库至谭家坊站流量传播时间一般为 11 h，黑虎山水库至谭家坊站流量传播时间一般为 5 h。将上游水库实测下泄流量与本方案计算得到的径流过程错时段叠加，从而得到谭家坊站的预报流量过程。

2.5 水位流量关系的确定及水位预报

根据谭家坊站实测水位流量资料定线，绘制了该站水位流量关系曲线，详见图 2-6。

根据该站低水实测流量和断面情况，应用导向现断面法和曼宁公式对水位流量关系进行了修改和延长。

在实际应用中，可通过拟定的水位流量关系曲线根据预报流量查算预报水位。

3 方案使用说明

3.1 径流深预报

首先计算出流域平均降雨量和流域平均前期影响雨量，再根据降雨径流关系图 $P+P_a-R$ 的查算结果进行综合分析，最后确定地表径流深 R 的预报值。

3.2 洪峰流量预报

3.2.1 查 $R-T_c-Q_{m净}$ 图

根据暴雨洪水资料，确定有效降雨历时 T_c，再选择合理的关系曲线，然后根据预报的径流深，查询流域集水面积上所产生的净峰流量，加上基流量则是预报的洪峰流量。

3.2.2 经验单位线法

计算各时段净雨，然后根据暴雨中心位置选择相应单位线，各时段净雨错时段与 0.1 倍的单位线各时段流量相乘，同时段流量相加，再加上基流量即为入库流量过程。

3.3 洪水总量预报

区间洪水总量 $W_区$ 按照下式计算：

$$W_区 = 0.1RF_区$$

式中：$W_区$为区间洪水总量（万 m^3）；$F_区$为区间流域面积（km^2）。

3.4 方案合理性检查及评定

在方案建立过程中，随时根据规范要求及有关文件规定进行合理性检查，特别将突出点据与原始资料反复查对，对中间处理过程也进行了认真审查，发现不合理的问题基本上都做了检查改正。方案建立后，先从线形进行比较，防止出现矛盾现象，然后尽量根据规范规定采用表格形式对每个方案进行了精度评定（用许可误差法）。其中，$P+P_a-R$ 相关图合格率为 73.1%，属乙级方案；$R-T_c-Q_{m净}$相关图合格率为 69.2%，属丙级方案。

3.5 方案适应能力

本方案适用于防洪标准以下的洪水作业预报。如遇超标准洪水，则需根据当时具体情况酌情修正。

3.6 预报修正与注意事项

方案的制作未考虑上游众多小（1）、小（2）型水库及塘坝的影响，作业预报时也要根据前期降雨情况进行适当修正。

应随时掌握上游工程蓄水及泄洪情况，对预报值要根据实际情况及时进行修正。

局部暴雨时要注意超渗产流，可适当将查算的 R 值加大；久旱初雨时产流偏小，应适当修正所查 R 值。

总之，由于影响因素太多，本方案不能完全反映实际情况，因而不能照搬，应具体问题具体分析，并采用多种方法，考虑各种因素进行综合分析，确定采用的预报值。

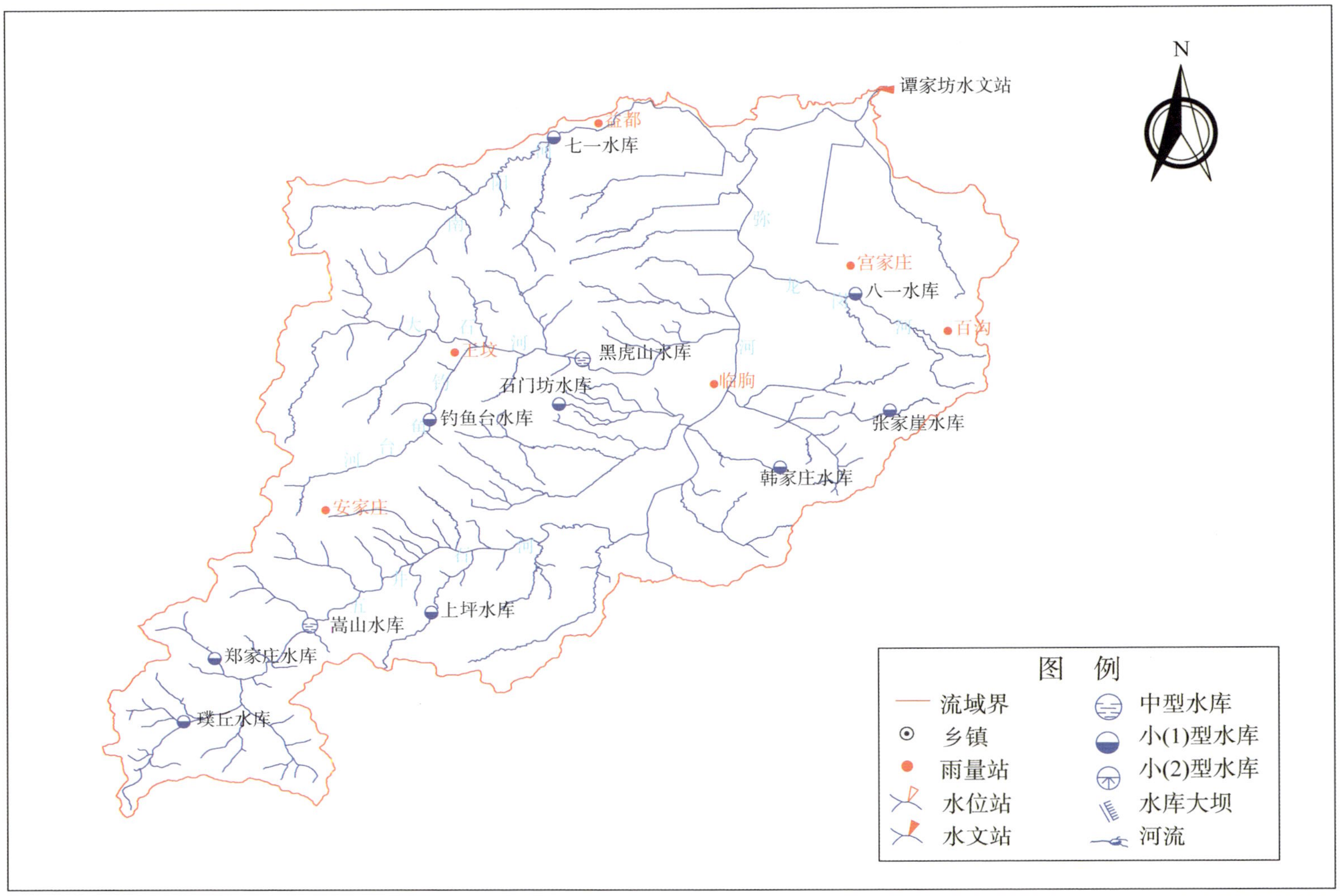

图 2-1　弥河谭家坊水文站以上流域图

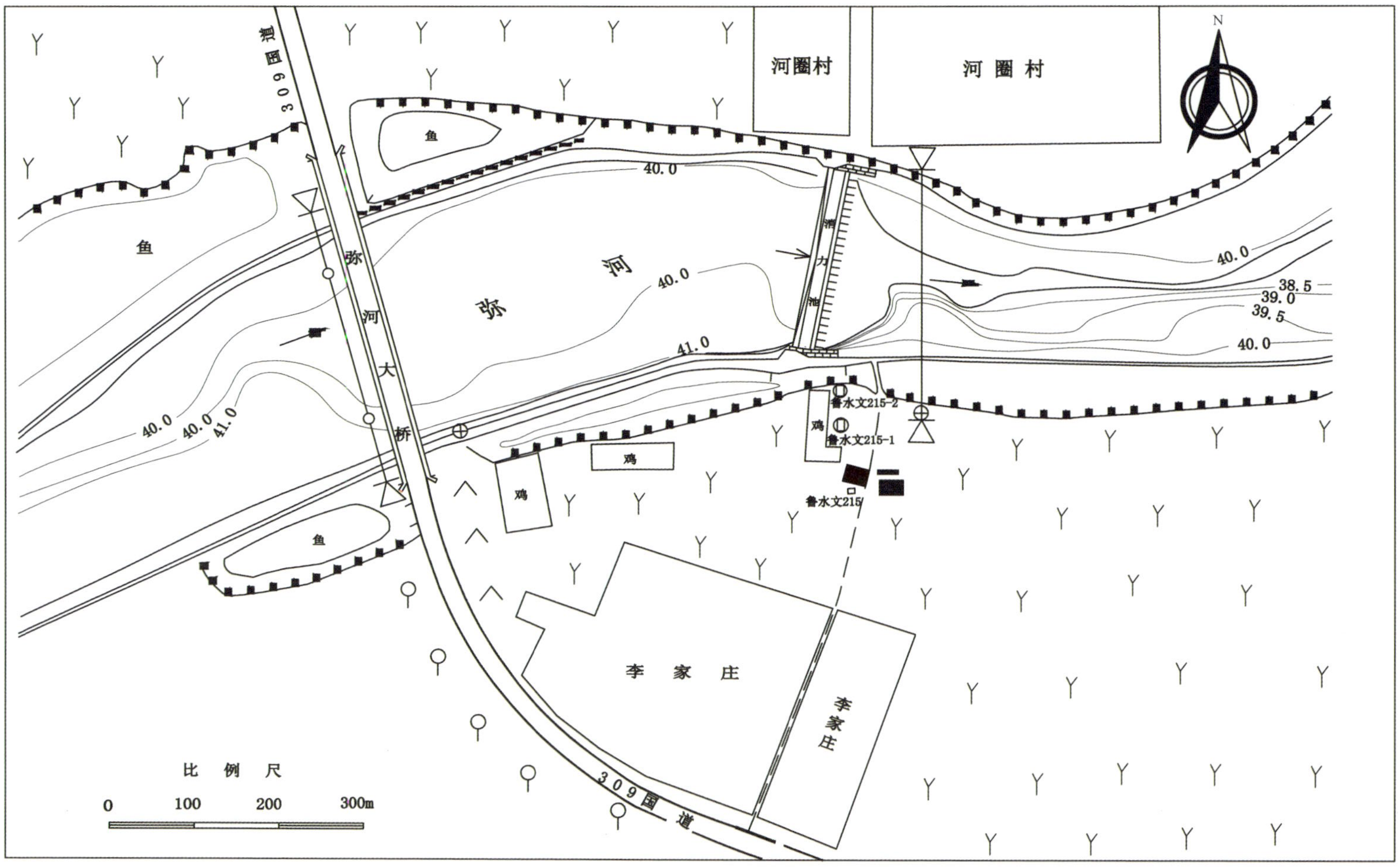

图 2-2　弥河谭家坊站测验断面位置图

表 2-5　弥河谭家坊站降雨径流分析成果表

洪号	降雨起止时间			主雨起止时间		流域平均雨量 P（mm）	前期影响雨量 P_a（mm）	降雨历时（h）		洪水起止时间			起涨流量 Q_0（m^3/s）	洪峰流量 Q_m（m^3/s）	净峰流量 $Q_{m净}$（m^3/s）	洪水总历时 $T_{洪}$（h）	涨洪历时 $T_{涨洪}$（h）	洪峰滞时 t_p（h）	有效降雨停止到径流基本结束时距 τ（h）	次洪径流量 W（万 m^3）	区间面积 F（km^2）	次洪径流深 R（mm）	径流系数 α
	起	重心	止	起	止			全部 T	有效 T_c	起涨	峰顶	落平											
780701	7月1日 14：00	7月1日 17：00	7月2日 14：00	7月1日 15：00	7月1日 20：00	90.1	84.5	24	5	7月1日 14：00	7月1日 23：00	7月4日 0：00	3	250	241	58	9	6	52	922	1 027	9.0	0.10
780711	7月11日 4：00	7月11日 6：00	7月11日 14：00	7月11日 5：00	7月11日 11：00	48.9	101.3	10	6	7月11日 4：00	7月11日 14：00	7月13日 12：00	25	314	289	56	10	8	49	955	1 027	9.3	0.19
800607	6月6日 16：00	6月6日 22：00	6月7日 6：00	6月6日 17：00	6月7日 6：00	106.1	19.6	14	13	6月6日 16：00	6月7日 12：00	6月10日 8：00	1	59.7	59.0	88	20	14	74	653	1 027	6.4	0.06
900723	7月21日 10：00	7月21日 19：00	7月23日 0：00	7月21日 15：00	7月22日 8：00	74.8	73.6	38	17	7月21日 10：00	7月23日 3：00	7月26日 22：00	0	40.9	40.9	132	41	32	110	870	1 027	8.5	0.11
910728	7月24日 12：00	7月25日 0：00	7月29日 2：00	7月24日 17：00	7月25日 8：00	45.0	35.7	110	15	7月24日 16：00	7月28日 11：00	8月2日 0：00	0	88.7	88.7	200	91	83	184	2 127	1 027	20.7	0.46
940828	8月27日 4：00	8月27日 12：00	8月28日 12：00	8月27日 5：00	8月27日 14：00	8.4	63.5	32	9	8月27日 6：00	8月28日 4：00	8月29日 0：00	33	185	152	42	22	16	34	416	1 027	4.1	0.48
940906	9月3日 20：00	9月4日 3：00	9月4日 22：00	9月3日 21：00	9月4日 20：00	34.8	35.6	26	23	9月3日 20：00	9月6日 8：00	9月7日 8：00	38	118	80.4	84	60	53	60	352	1 027	3.4	0.10
950806	8月5日 0：00	8月5日 5：00	8月6日 2：00	8月5日 1：00	8月5日 9：00	77.0	96.3	26	8	8月5日 2：00	8月6日 14：00	8月10日 14：00	8	37.8	29.4	132	36	33	125	519	1 027	5.1	0.07
950904	9月3日 4：00	9月3日 5：00	9月3日 20：00	9月3日 4：00	9月3日 18：00	29.1	54.2	16	14	9月3日 4：00	9月4日 6：00	9月4日 6：00	44	364	269	26	26	25	12	357	1 027	3.5	0.12
970821	8月19日 10：00	8月20日 5：00	8月20日 22：00	8月19日 10：00	8月20日 2：00	135.9	20.7	36	16	8月19日 10：00	8月21日 0：00	8月23日 20：00	0	101	95.7	106	38	19	70	732	1 027	7.1	0.05
980823	8月22日 8：00	8月22日 14：00	8月22日 22：00	8月22日 8：00	8月22日 20：00	86.4	42.3	14	12	8月22日 8：00	8月23日 9：00	8月26日 10：00	15	279	264	98	25	19	86	3 127	1 027	30.4	0.35
010805	8月4日 4：00	8月4日 8：00	8月4日 20：00	8月4日 5：00	8月4日 16：00	58.8	108.4	16	11	8月4日 4：00	8月5日 15：00	8月9日 20：00	16	83.3	64.8	136	35	31	124	999	1 027	9.7	0.17
030908	9月4日 0：00	9月4日 1：00	9月7日 10：00	9月4日 1：00	9月5日 12：00	73.1	67.6	82	35	9月4日 0：00	9月8日 4：00	9月13日 0：00	7	122	115	216	100	99	204	3 896	1 027	37.9	0.52
031014	10月11日 10：00	10月12日 5：00	10月13日 6：00	10月11日 11：00	10月12日 19：00	106.0	5.2	44	32	10月11日 12：00	10月14日 2：00	10月19日 20：00	17	101	77.5	200	62	45	169	2 267	1 027	22.1	0.21
040817	8月16日 0：00	8月16日 8：00	8月17日 6：00	8月16日 0：00	8月16日 12：00	37.0	31.5	30	12	8月16日 2：00	8月17日 12：00	8月19日 8：00	31	81.6	50.8	78	34	28	68	593	1 027	5.8	0.16
040829	8月26日 16：00	8月28日 2：00	8月28日 8：00	8月26日 18：00	8月28日 4：00	95.5	21.4	40	34	8月26日 16：00	8月29日 6：00	9月4日 22：00	27	207	156	222	62	28	186	4 252	1 027	41.4	0.43
050809	8月7日 14：00	8月8日 7：00	8月9日 8：00	8月7日 18：00	8月8日 8：00	67.9	76.9	42	14	8月7日 14：00	8月9日 6：00	8月11日 22：00	25	51.1	26.5	104	40	23	66	384	1 027	3.7	0.06
080725	7月23日 10：00	7月23日 13：00	7月24日 20：00	7月23日 10：00	7月24日 10：00	26.2	93.3	34	24	7月23日 10：00	7月25日 6：00	7月29日 16：00	17	123	106	150	44	41	126	2 478	1 027	24.1	0.92
100913	9月9日 22：00	9月10日 3：00	9月14日 16：00	9月9日 23：00	9月10日 21：00	44.8	68.4	114	22	9月10日 0：00	9月13日 10：00	9月18日 12：00	9	17.7	8.29	204	82	79	193	392	1 027	3.8	0.09
130727	7月23日 4：00	7月23日 8：00	7月23日 22：00	7月23日 5：00	7月23日 14：00	40.1	107.2	18	9	7月23日 8：00	7月24日 10：00	7月26日 4：00	29	77.2	51.2	68	26	26	62	652	1 027	6.3	0.16
180626	6月25日 12：00	6月25日 23：00	6月26日 8：00	6月25日 13：00	6月26日 5：00	109.3	7.7	20	16	6月25日 14：00	6月26日 18：00	6月29日 18：00	1	90.2	89.1	100	28	19	85	497	1 027	4.8	0.04
180724	7月23日 8：00	7月23日 17：00	7月24日 4：00	7月23日 8：00	7月23日 23：00	91.7	25.7	20	15	7月23日 8：00	7月24日 8：00	7月28日 0：00	24	321	297	112	24	15	97	3 250	1 027	31.6	0.35
180814	8月13日 12：00	8月13日 23：00	8月14日 20：00	8月13日 14：00	8月14日 7：00	105.1	35.2	32	17	8月13日 20：00	8月14日 6：00	8月16日 12：00	15	93.4	75.2	64	10	7	53	576	1 027	5.6	0.05
180820	8月18日 12：00	8月19日 19：00	8月20日 12：00	8月18日 18：00	8月20日 6：00	246.0	97.5	48	36	8月18日 12：00	8月20日 2：00	8月22日 22：00	1.3	1 457	1 456	106	38	7	64	13 739	1 027	133.8	0.54
190811	8月10日 10：00	8月11日 2：00	8月12日 8：00	8月10日 11：00	8月11日 16：00	365.5	56.5	46	29	8月10日 12：00	8月11日 18：00	8月15日 0：00	140.4	2 552	2 412	108	30	16	80	12 768	1 027	124.3	0.34
200820	8月20日 0：00	8月20日 5：00	8月20日 16：00	8月20日 3：00	8月20日 15：00	56.6	59.8	16	12	8月20日 0：00	8月20日 12：00	8月22日 2：00	69	239	170	50	12	7	35	881	1 027	8.6	0.15

表 2-6　弥河谭家坊站降雨径流精度评定表

序号	洪号	流域平均雨量 P（mm）	前期影响雨量 P_a（mm）	$P+P_a$（mm）	实测径流深 $R_{实}$（mm）	预报径流深 $R_{预}$（mm）	预报误差（mm）	许可误差（mm）	评定结果	
									合格	不合格
1	780701	90. 1	84. 5	174. 6	9. 0	12. 5	3. 5	3. 0		√
2	780711	48. 9	101. 3	150. 2	9. 3	8. 3	-1. 0	3. 0	√	
3	800607	106. 1	19. 6	125. 7	6. 4	5. 1	-1. 3	3. 0	√	
4	900723	74. 8	73. 6	148. 4	8. 5	8. 0	-0. 5	3. 0	√	
5	910728	45	35. 7	80. 7	20. 7	11. 6	-9. 1	4. 1		√
6	940828	8. 4	63. 5	71. 9	4. 1	1. 1	-3. 0	3. 0	√	
7	940906	34. 8	35. 6	70. 4	3. 4	1. 1	-2. 4	3. 0	√	
8	950806	77	96. 3	173. 3	5. 1	12. 2	7. 1	3. 0		√
9	950904	29. 1	54. 2	83. 3	3. 5	1. 7	-1. 8	3. 0	√	
10	970821	135. 9	20. 7	156. 6	7. 1	9. 3	2. 2	3. 0	√	
11	980823	86. 4	42. 3	128. 7	30. 4	29. 2	-1. 2	6. 1	√	
12	010805	58. 8	108. 4	167. 2	9. 7	11. 1	1. 4	3. 0	√	
13	030908	73. 1	67. 6	140. 7	37. 9	34. 5	-3. 4	7. 6	√	
14	031014	106	5. 2	111. 2	22. 1	22. 0	-0. 1	4. 4	√	
15	040817	37	31. 5	68. 5	5. 8	8. 2	2. 4	3. 0	√	
16	040829	95. 5	21. 4	116. 9	41. 4	24. 3	-17. 1	8. 3		√
17	050809	67. 9	76. 9	144. 8	3. 7	7. 5	3. 8	3. 0		√
18	080725	24. 1	93. 3	117. 4	24. 1	24. 5	0. 4	4. 8	√	
19	100913	44. 8	68. 4	113. 2	3. 8	3. 8	0. 0	3. 0	√	
20	130727	40. 1	107. 2	147. 3	6. 3	7. 8	1. 5	3. 0	√	
21	180626	109. 3	7. 7	117	4. 8	4. 2	-0. 6	3. 0	√	
22	180724	91. 7	25. 7	117. 4	31. 6	24. 5	-7. 1	6. 3		√
23	180814	105. 1	35. 2	140. 3	5. 6	6. 9	1. 3	3. 0	√	
24	180820	246	97. 5	343. 5	133. 8	137. 8	4. 0	20. 0	√	
25	190811	365. 5	56. 5	422	124. 3	124. 0	-0. 3	20. 0	√	
26	200820	56. 6	59. 8	116. 4	8. 6	24. 1	15. 5	3. 0		√

备注：1. 预报误差=预报值-实测值；2. 许可误差=实测值的 20%，许可误差大于 20. 0 mm 时以 20. 0 mm 为上限，小于 3. 0 mm 时以 3. 0 mm 为下限；3. 合格率=73. 1%，为乙级方案。

表 2-7　弥河谭家坊站峰量关系精度评定表

序号	洪号	实测径流 $R_{实}$（mm）	有效降雨历时 T_c（h）	净峰流量		预报误差（m^3/s）	许可误差（m^3/s）	评定结果	
				实测 $Q_{m净实}$（m^3/s）	预报 $Q_{m净预}$（m^3/s）			合格	不合格
1	780701	9. 0	5	241	230	-11	48. 2	√	
2	780711	9. 3	6	289	250	-39	57. 8	√	
3	800607	6. 4	13	59	52	-7	11. 8	√	
4	900723	8. 5	17	40. 9	34	-6. 9	8. 18	√	
5	910728	20. 7	15	88. 7	101	12. 3	17. 7	√	
6	940828	4. 1	9	152	27	-125	30. 4		√
7	940906	3. 4	23	80. 4	8	-72. 4	16. 1		√
8	950806	5. 1	8	29. 4	35	5. 6	5. 88	√	
9	950904	3. 5	14	269	21	-248	53. 8		√
10	970821	7. 1	14	95. 7	77	-18. 7	19. 1	√	
11	980823	30. 4	12	264	2 600	2 336	52. 8		√
12	010805	9. 7	11	64. 8	300	235. 2	13. 0		√
13	030908	37. 9	35	115	130	15	23. 0	√	
14	031014	22. 1	32	77. 5	65	-12. 5	15. 5	√	
15	040817	5. 8	12	50. 8	47	-3. 8	10. 2	√	
16	040829	41. 4	34	156	155	-1	31. 2	√	
17	050809	3. 7	14	26. 5	23	-3. 5	5. 3	√	
18	080725	24. 1	24	106	124	18	21. 2	√	
19	100913	3. 8	22	8. 29	10	1. 71	1. 66		√
20	130727	6. 3	9	51. 2	49. 5	-1. 7	10. 2	√	
21	180626	4. 8	16	89. 1	15	-74. 1	17. 8		√
22	180724	31. 6	15	297	240	-57. 0	59. 4	√	
23	180814	5. 6	17	75. 2	18	-57. 2	15. 0		√
24	180820	133. 8	36	1 456	1 450	-6	291	√	
25	190811	124. 3	29	2 412	2 460	48	482	√	
26	200820	8. 6	12	170	161	-9. 0	34. 0	√	

备注：1. 预报误差=预报值-实测值；2. 许可误差=实测值的 20%；3. 合格率=69. 2%，为丙级方案。

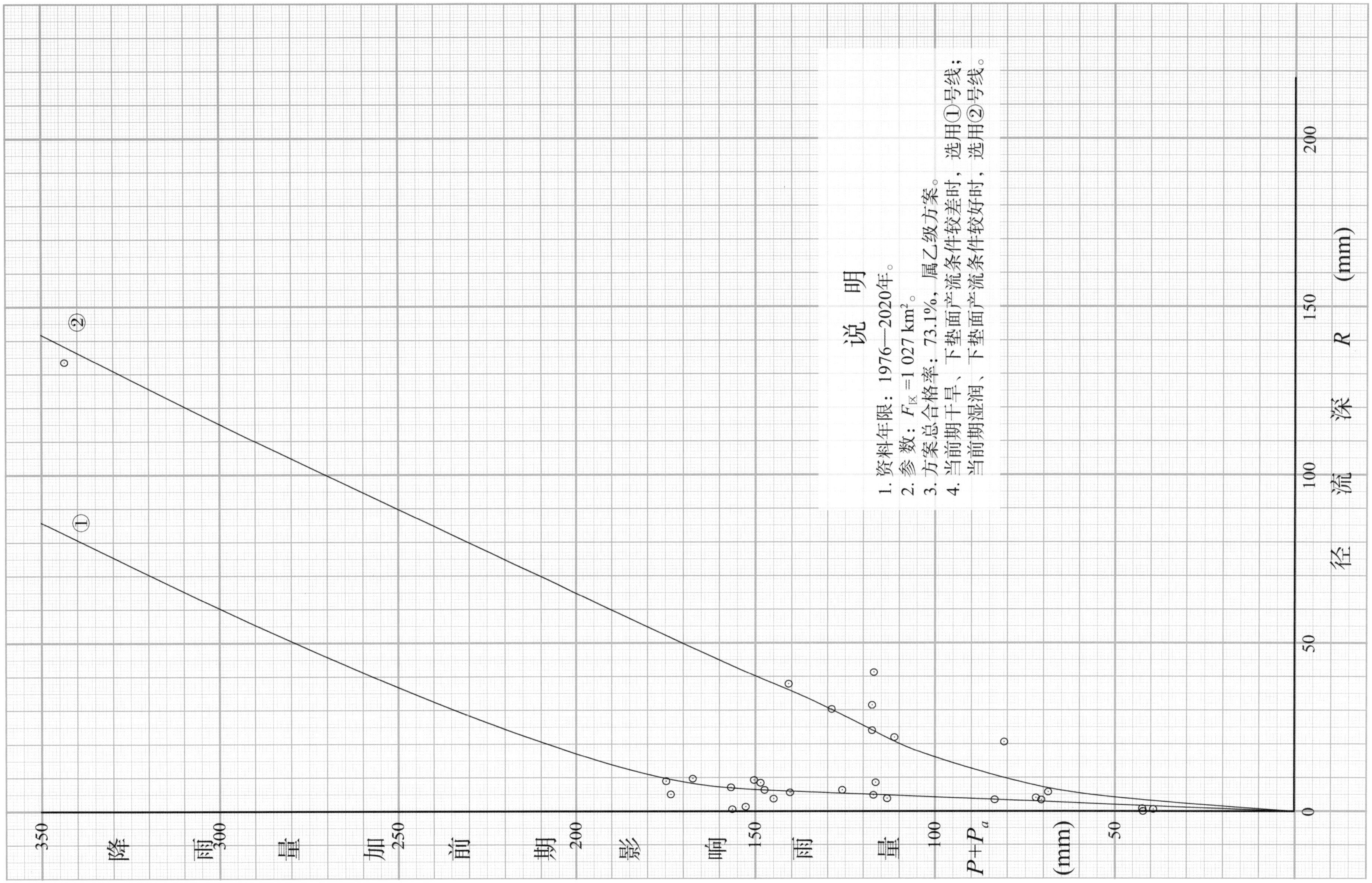

图 2-3　弥河谭家坊站降雨径流关系曲线图（$P+P_a$-R）

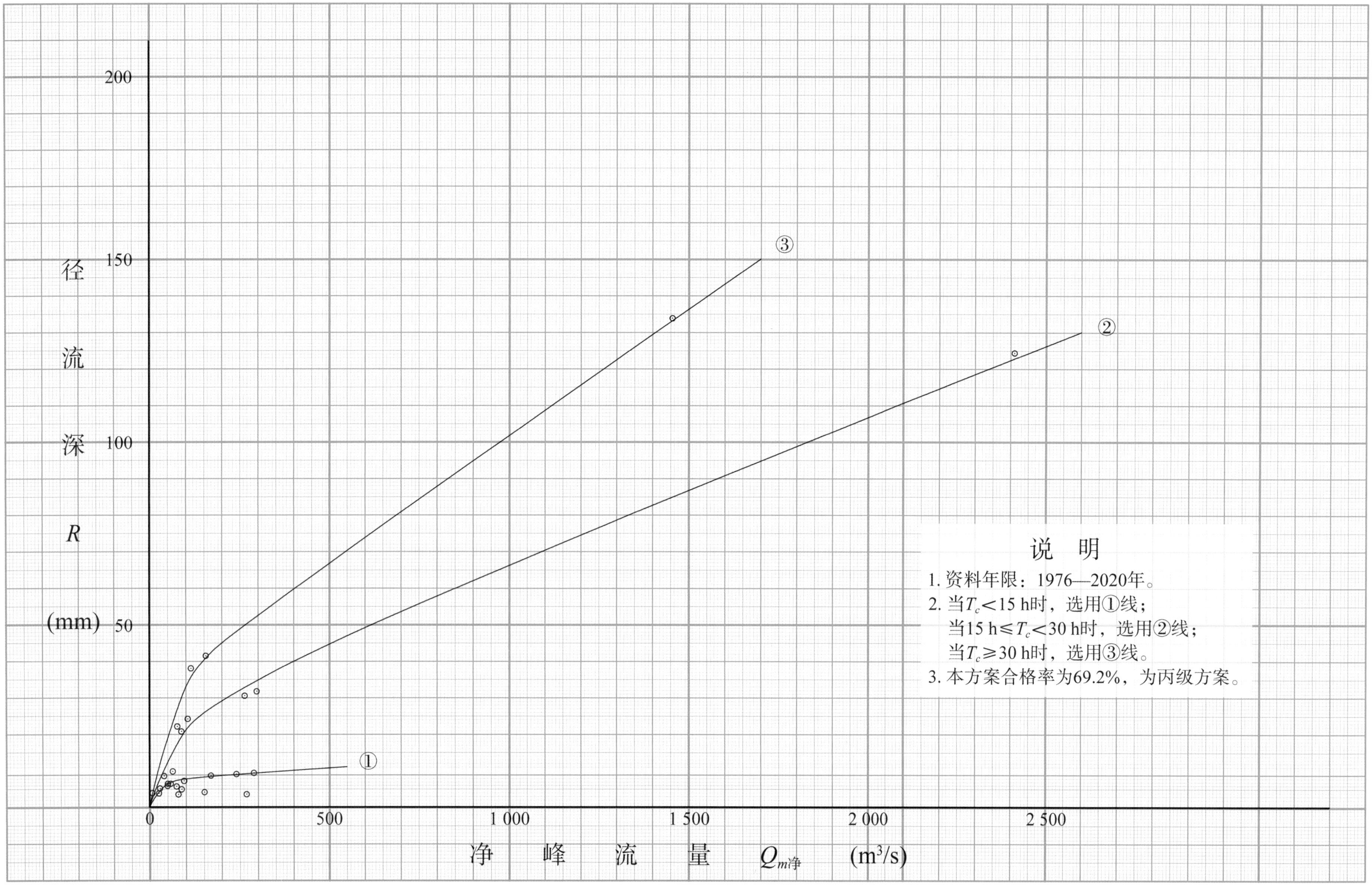

图 2-4 弥河谭家坊站峰量关系曲线图（R-T_c-$Q_{m净}$）

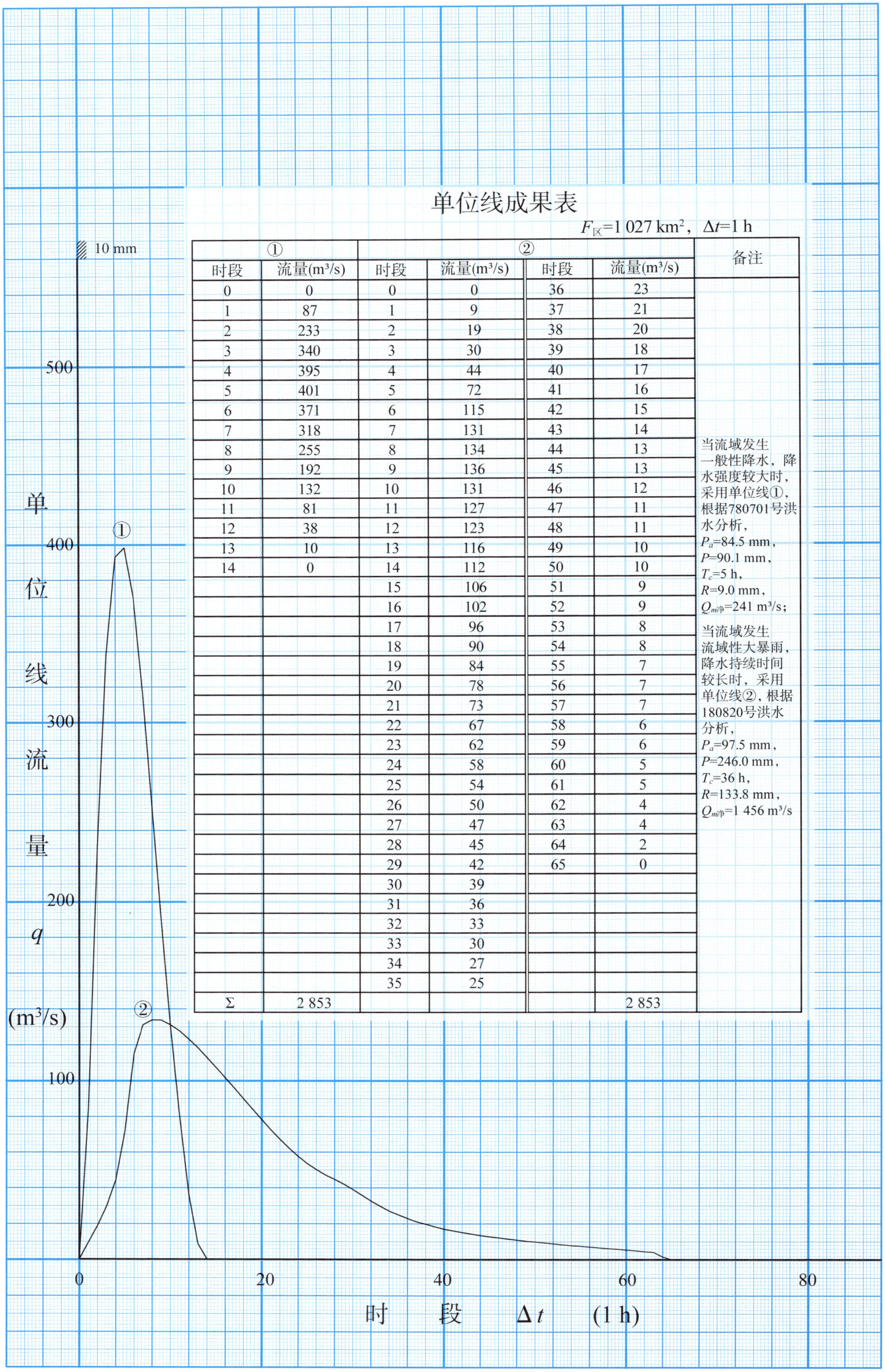

单位线成果表

$F_{区}$=1 027 km², Δ*t*=1 h

①		②				备注
时段	流量(m³/s)	时段	流量(m³/s)	时段	流量(m³/s)	
0	0	0	0	36	23	当流域发生一般性降水，降水强度较大时，采用单位线①，根据780701号洪水分析， P_a=84.5 mm， P=90.1 mm， T_c=5 h， R=9.0 mm， $Q_{m净}$=241 m³/s； 当流域发生流域性大暴雨，降水持续时间较长时，采用单位线②，根据180820号洪水分析， P_a=97.5 mm， P=246.0 mm， T_c=36 h， R=133.8 mm， $Q_{m净}$=1 456 m³/s
1	87	1	9	37	21	
2	233	2	19	38	20	
3	340	3	30	39	18	
4	395	4	44	40	17	
5	401	5	72	41	16	
6	371	6	115	42	15	
7	318	7	131	43	14	
8	255	8	134	44	13	
9	192	9	136	45	13	
10	132	10	131	46	12	
11	81	11	127	47	11	
12	38	12	123	48	11	
13	10	13	116	49	10	
14	0	14	112	50	10	
		15	106	51	9	
		16	102	52	9	
		17	96	53	8	
		18	90	54	8	
		19	84	55	7	
		20	78	56	7	
		21	73	57	7	
		22	67	58	6	
		23	62	59	6	
		24	58	60	5	
		25	54	61	5	
		26	50	62	4	
		27	47	63	4	
		28	45	64	2	
		29	42	65	0	
		30	39			
		31	36			
		32	33			
		33	30			
		34	27			
		35	25			
Σ	2 853				2 853	

图 2-5　弥河谭家坊站单位线综合图

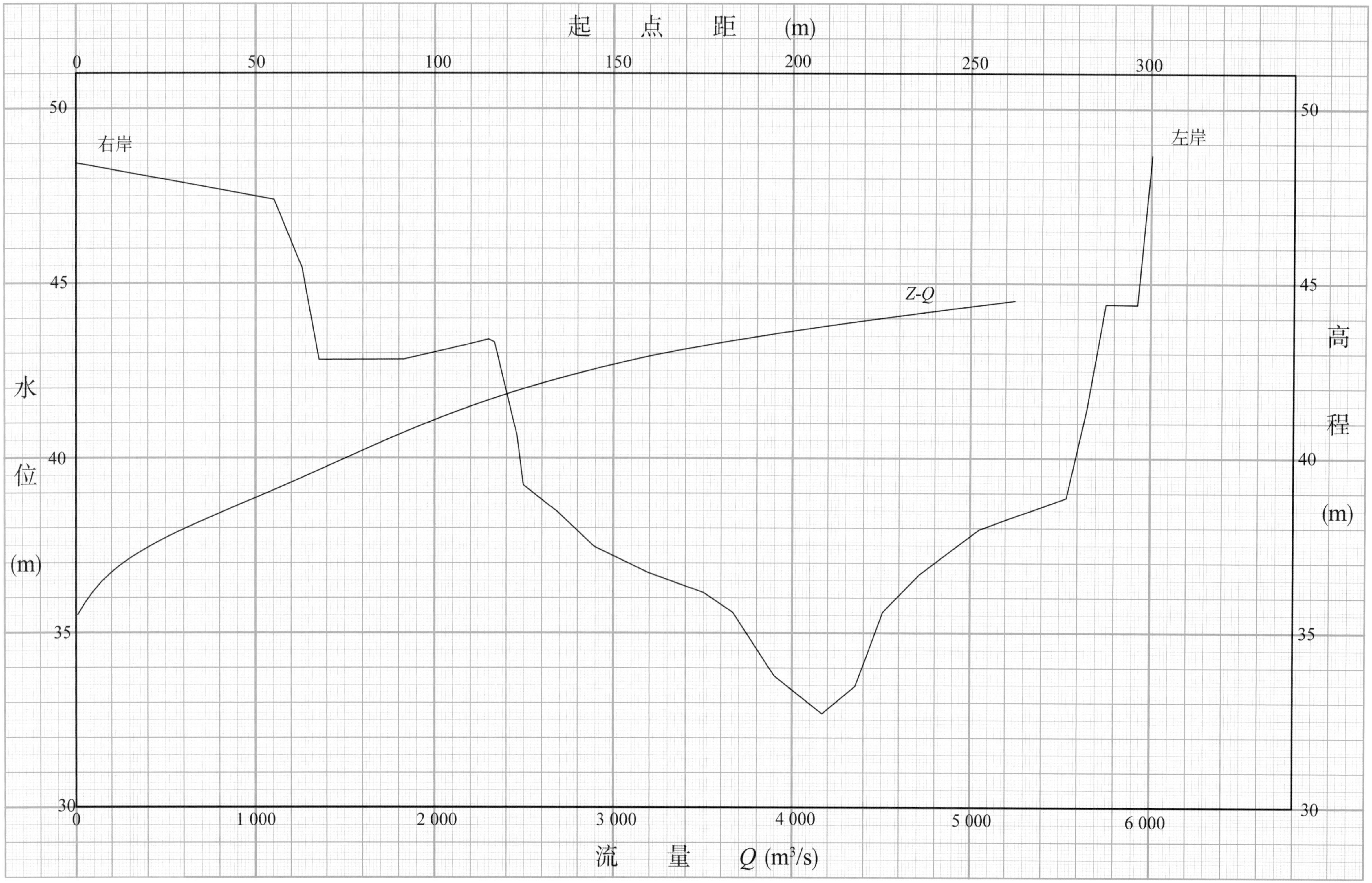

图 2-6 弥河谭家坊站水位流量关系曲线图

第三章　潍河管帅站水文预报方案编制说明

1　流域概况

管帅站位于潍河上游，站点以上流域面积 156 km^2，河道长 222 km，平均坡降 0.517‰。地形有低山丘陵、平原、洼地。本流域内多壤土，植物种类较多，约 100 种，其中药用植物、野菜资源、淀粉植物等 6 种。本流域易受台风等极端天气影响普降暴雨，局部大暴雨。管帅水文站以上流域图见图 3-1。

2　预报方案编制

2.1　资料情况

管帅站无实测年鉴水文摘录资料。

2.2　参证站选择

管帅站地形地貌和下垫面基本特征与弥河黄山站相似，故以黄山站作为管帅站的参证站。参证站黄山站以上流域面积 $F_{参}=375$ km^2；设计站管帅站以上流域面积 $F_{设}=156$ km^2。

2.3　产流方案

利用弥河黄山站的产流方案推求管帅站产流过程，管帅站降雨径流相关图（$P+P_a-R$）见图 3-2。

2.3.1　流域平均雨量 *P* 的计算

本流域内雨量站为管帅站与东莞站，面积权重分别为 0.5、0.5，采用算术平均法计算流域平均雨量 P。

2.3.2　流域平均前期影响雨量 P_a 的计算

$$P_{a,\ t+1}=K(P_{a,\ t}+P_t)$$

式中：$P_{a,t+1}$ 为第 t+1 日的前期影响雨量（mm）；$P_{a,t}$ 为第 t 日的前期影响雨量（mm）；P_t 为第 t 日的流域平均雨量（mm）；K 为前期影响雨量递减系数。

2.3.3　产流参数 I_m、K

管帅站产流参数 I_m、K 采用弥河黄山站的参数，即 $I_m=100$ mm，$K=0.9$。

2.4　汇流方案

采用参证站黄山站单位线进行缩放。将黄山站单位线（$\Delta t=1$ h）进行缩放后作为设计站管帅站单位线，详见图 3-3。

单位线的缩放按下列公式计算：

$$\alpha=(F_{设}/F_{参})^{0.5}$$

$$T_{设_i}=\alpha T_{参i}$$

$$q_{设_i}=\alpha q_{参i}$$

式中：α 为单位线缩放系数；$F_{参}$、$F_{设}$ 分别为参证站、设计站以上控制流域面积；$T_{参i}$ 为参证站单位线逐时段，$T_{参i}=1$，2，…，N；$T_{设i}$ 为设计站单位线逐时段，通常为小数，为满足实际要求，需进一步对缩放结果进行插值，从而得到整时段单位线结果；$q_{参i}$ 为参证站单位线逐时段流量；$q_{设i}$ 为设计站单位线逐时段流量。

图 3-1　潍河管帅水文站以上流域图

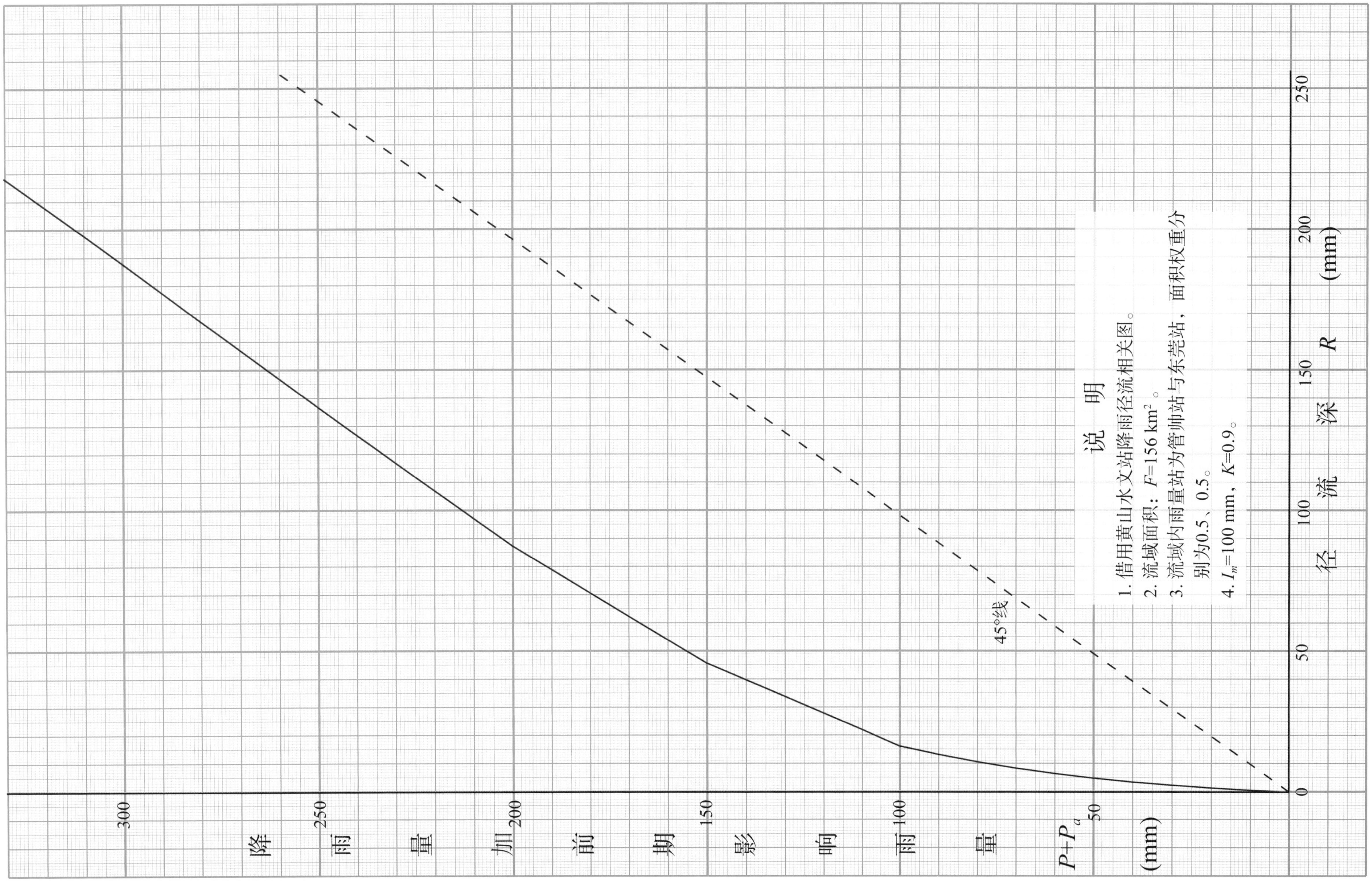

图 3-2　潍河管帅站降雨径流关系曲线图（$P+P_a$-R）

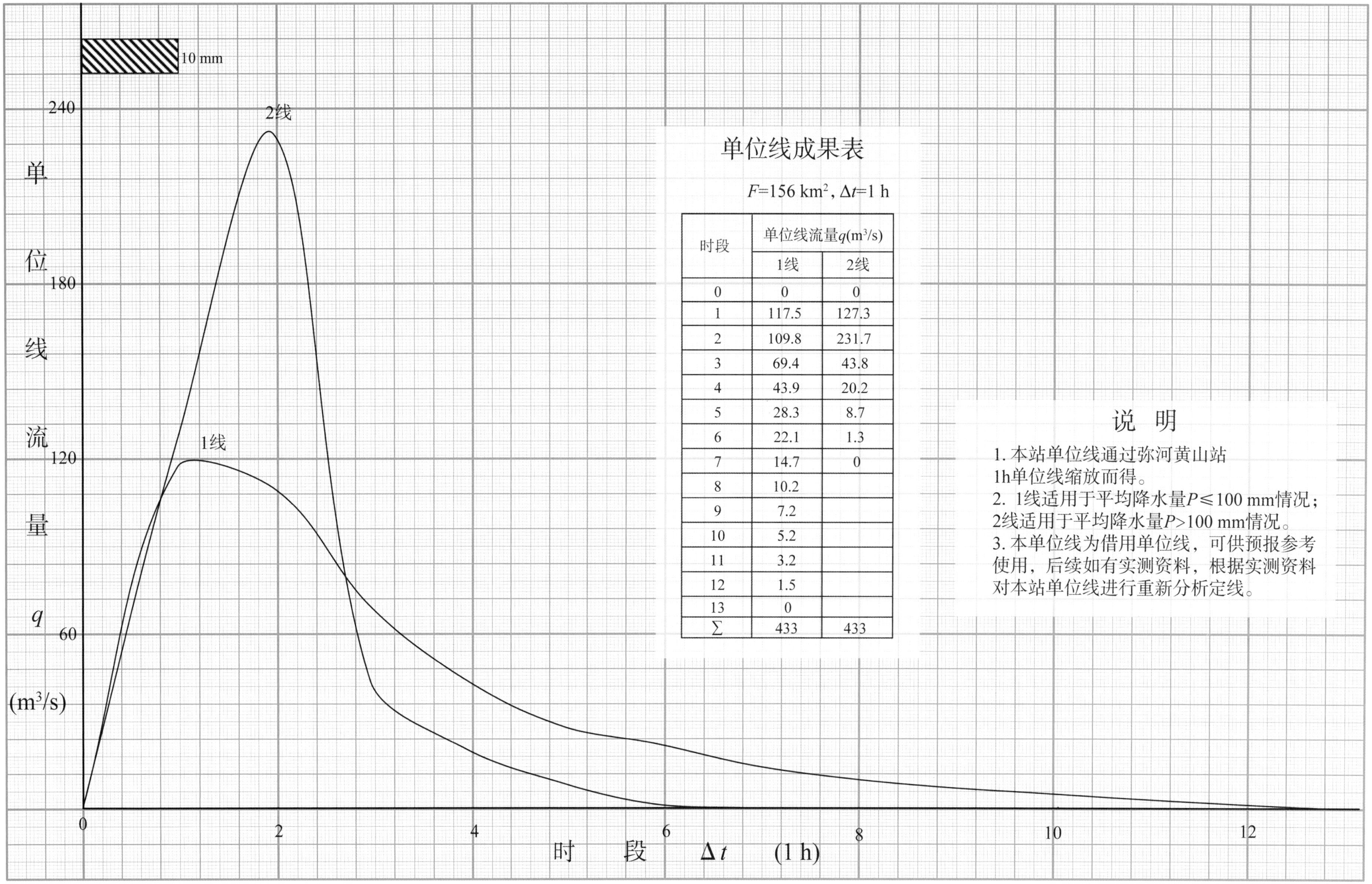

单位线成果表

F=156 km², Δt=1 h

时段	单位线流量 q (m^3/s)	
	1线	2线
0	0	0
1	117.5	127.3
2	109.8	231.7
3	69.4	43.8
4	43.9	20.2
5	28.3	8.7
6	22.1	1.3
7	14.7	0
8	10.2	
9	7.2	
10	5.2	
11	3.2	
12	1.5	
13	0	
Σ	433	433

说　明

1. 本站单位线通过弥河黄山站1h单位线缩放而得。
2. 1线适用于平均降水量$P \leqslant 100$ mm情况；2线适用于平均降水量$P>100$ mm情况。
3. 本单位线为借用单位线，可供预报参考使用，后续如有实测资料，根据实测资料对本站单位线进行重新分析定线。

图 3-3　潍河管帅站单位线综合图

第四章　中至河圣旨崖站水文预报方案编制说明

1　流域概况

圣旨崖站位于潍河支流中至河，站点以上流域面积 162 km^2，河道长 35.2 km，平均坡降 3.26‰。地形有低山丘陵、平原、洼地。本流域内多壤土，植物种类较多，约 100 种，其中药用植物、野菜资源、淀粉植物等 6 种。本流域易受台风等极端天气影响普降暴雨，局部大暴雨。圣旨崖水文站以上流域图见图 4-1。

2　预报方案编制

2.1　资料情况

圣旨崖站无实测年鉴水文摘录资料。

2.2　参证站选择

圣旨崖站地形地貌和下垫面基本特征与弥河黄山站相似，故以黄山站作为圣旨崖站的参证站。参证站黄山站以上流域面积 $F_{参}=375$ km^2；设计站圣旨崖站以上流域面积 $F_{设}=162$ km^2。

2.3　产流方案

利用黄山站的产流方案推求圣旨崖站产流过程，圣旨崖站降雨径流相关图（$P+P_a-R$）见图 4-2。

2.3.1　流域平均雨量 *P* 的计算

本流域内雨量站采用圣旨崖站、学庄水库站、中至站，面积权重分别为 0.34、0.34、0.33，采用算术平均法计算流域平均雨量 P。

2.3.2　流域平均前期影响雨量 P_a 的计算

$$P_{a,\ t+1}=K(P_{a,\ t}+P_t)$$

式中：$P_{a,t+1}$ 为第 t+1 日的前期影响雨量（mm）；$P_{a,t}$ 为第 t 日的前期影响雨量（mm）；P_t 为第 t 日的流域平均雨量（mm）；K 为前期影响雨量递减系数。

2.3.3　产流参数 I_m、K

圣旨崖站产流参数 I_m、K 采用弥河黄山站的参数，即 $I_m=100$ mm，$K=0.9$。

2.4　汇流方案

采用参证站弥河黄山站单位线进行缩放。将黄山站单位线（$\Delta t=1$ h）进行缩放后作为圣旨崖站单位线，详见图 4-3。

单位线的缩放按下列公式计算：

$$\alpha=(F_{设}/F_{参})^{0.5}$$

$$T_{设i}=\alpha T_{参i}$$

$$q_{设i}=\alpha q_{参i}$$

式中：α 为单位线缩放系数；$F_{参}$、$F_{设}$ 分别为参证站、设计站以上控制流域面积；$T_{参i}$ 为参证站单位线逐时段，$T_{参i}=1，2，\cdots，N$；$T_{设i}$ 为设计站单位线逐时段，通常为小数，为满足实际要求，需进一步对缩放结果进行插值，从而得到整时段单位线结果；$q_{参i}$ 为参证站单位线逐时段流量；$q_{设i}$ 为设计站单位线逐时段流量。

图 4-1　中至河圣旨崖水文站以上流域图

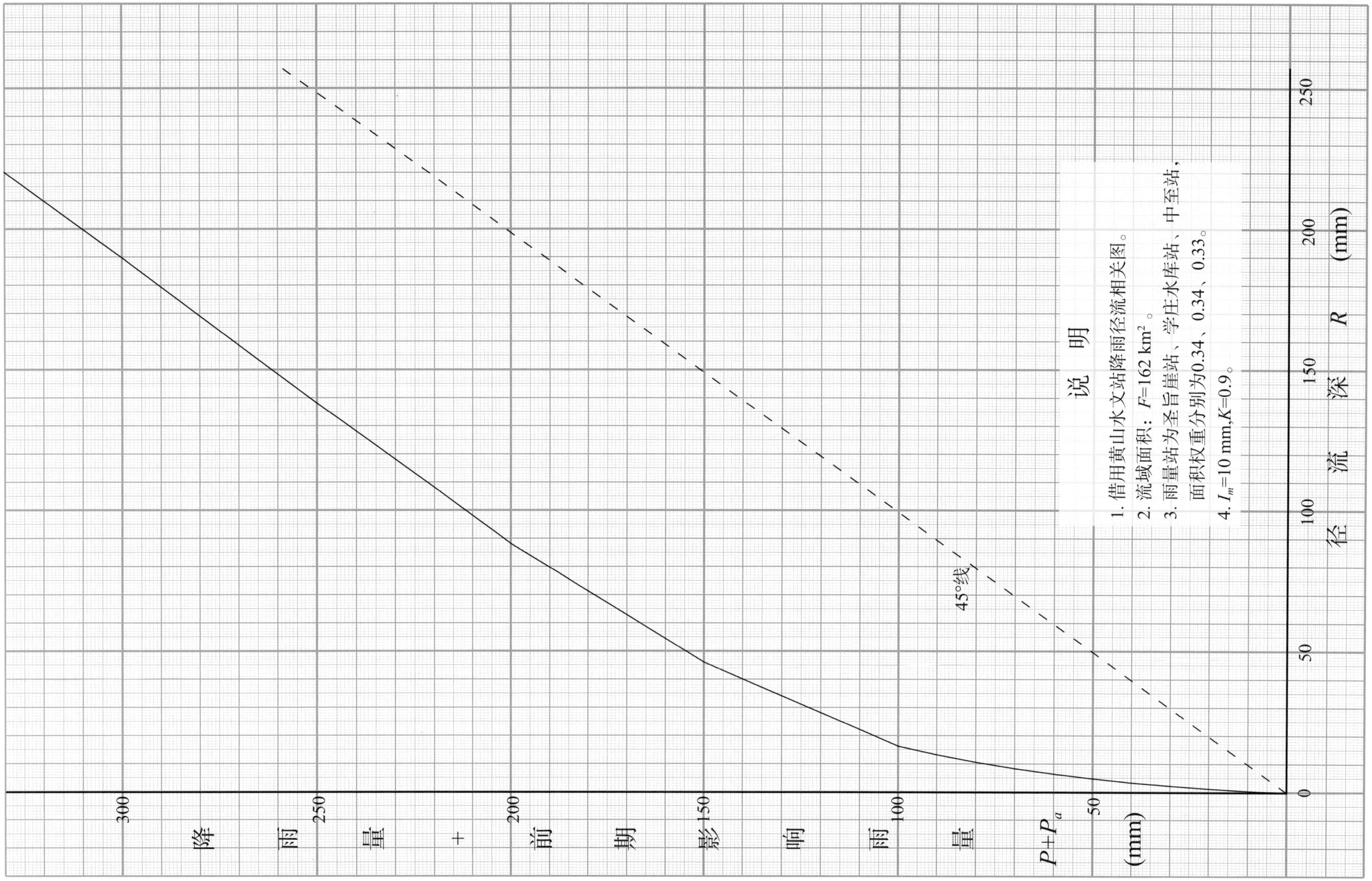

图 4-2　中至河圣旨崖站降雨径流关系曲线图（$P+P_a$-R）

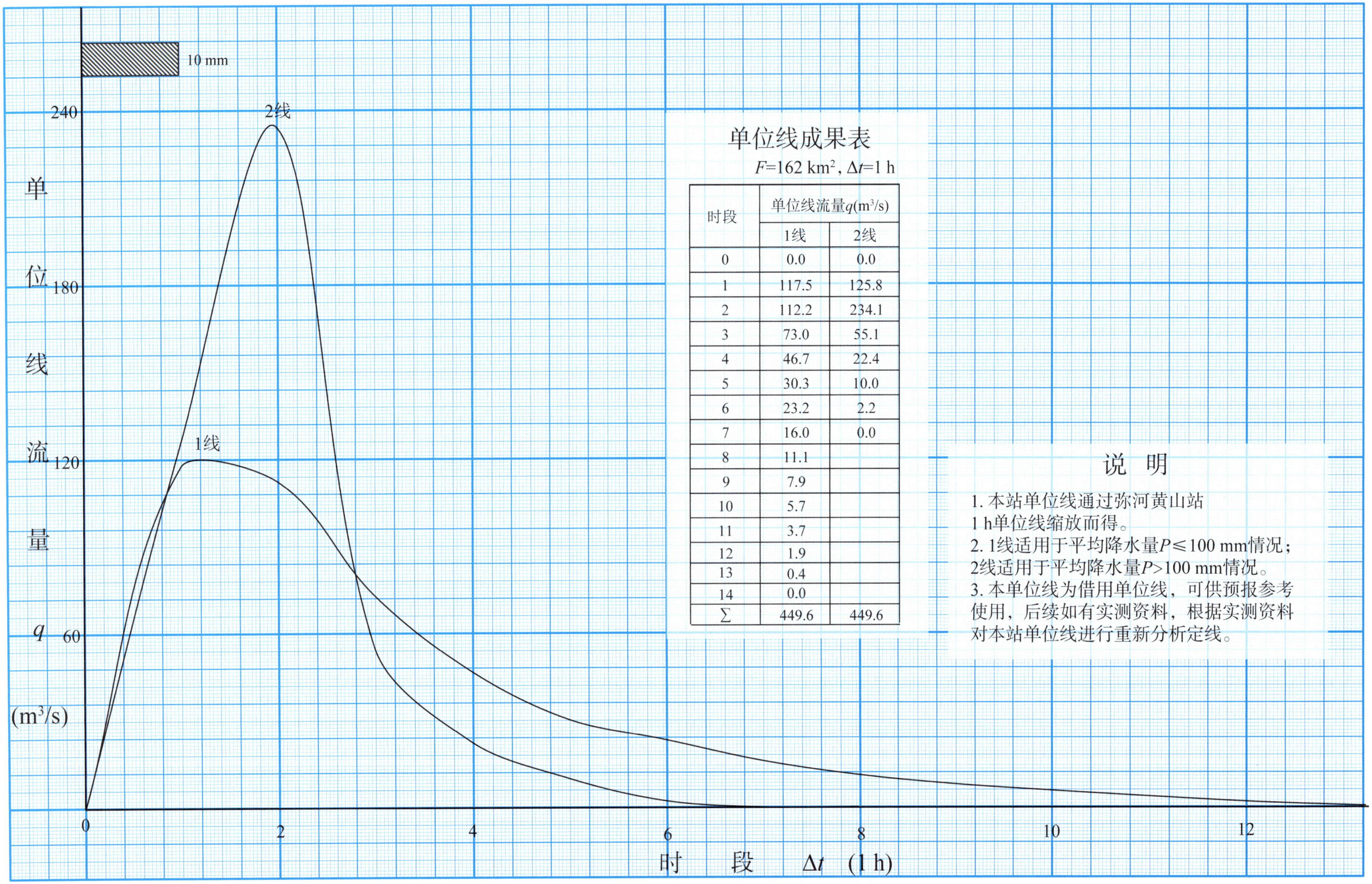

单位线成果表

F=162 km², Δt=1 h

时段	单位线流量q(m³/s)	
	1线	2线
0	0.0	0.0
1	117.5	125.8
2	112.2	234.1
3	73.0	55.1
4	46.7	22.4
5	30.3	10.0
6	23.2	2.2
7	16.0	0.0
8	11.1	
9	7.9	
10	5.7	
11	3.7	
12	1.9	
13	0.4	
14	0.0	
Σ	449.6	449.6

说 明

1. 本站单位线通过弥河黄山站1 h单位线缩放而得。
2. 1线适用于平均降水量$P\leqslant$100 mm情况；2线适用于平均降水量P>100 mm情况。
3. 本单位线为借用单位线，可供预报参考使用，后续如有实测资料，根据实测资料对本站单位线进行重新分析定线。

图 4-3 中至河圣旨崖站单位线综合图

第五章 潍河诸城（二）站水文预报方案编制说明*

1 流域概况

1.1 流域自然地理特征

诸城（二）水文站所处的潍河流域位于山东省半岛中部，流域呈扇形。潍河发源于日照市莒县箕屋山北麓，流域面积 6 367 km²，干流长 246 km，由日照市的莒县、临沂市的沂水两县向东，经日照市五莲县流入潍坊境内，流经诸城、安丘、高密、坊子、寒亭、昌邑等县（市、区），在昌邑市下营镇北入渤海莱州湾。

诸城（二）站至墙夼水库站区间流域深山区约占 2%，浅山区约占 25%，主要分布在干支流上游地带；丘陵、平原区约占 73%，主要分布在干支流中下游。山丘区主要由石灰岩组成，上游丘陵区为岭黄土，山区为岭沙土，潍河干流和涓河支流、河套地带多为河淤土，中下游平原区为黄土，干流下游局部地带有洼地。本区域多种植树木，种植面积约占 20%，农作物约占 70%，草皮约占 5%，植被覆盖情况比较好，水土流失不严重。诸城（二）水文站以上流域图见图 5-1，诸城（二）水文站测验断面位置图见图 5-2。

1.2 水利工程情况

诸城（二）水文站以上共有大型水库（墙夼水库）1 座，控制面积 656 km²，系国家重要水文站；中型水库（河西、长城岭、小王疃、青墩子、三里庄）5 座，总控制面积 360.5 km²；小型水库 4 座，总控制面积 33.4 km²；区间还建有栗园拦河闸、密州拦河闸、拙村拦河闸等，对防汛抗旱起到了重要作用。

诸诚（二）站以上流域内主要水利工程基本情况见表 5-1。

表 5-1 诸诚（二）站以上流域内主要水利工程基本情况表

序号	河名	工程名称	地点	控制面积（km²）	总库容（万 m³）	建成年月	附注
1	潍河	墙夼水库	山东省诸城市枳沟镇墙夼村	656	38 693	1960 年 8 月	
2	汪湖河	河西水库	山东省五莲县汪湖镇河西村	45.0	2 008	1960 年 4 月	
3	涓河	长城岭水库	山东省五莲县松柏镇长城岭村	42.0	1 096	1960 年 3 月	
4	涓河	小王疃水库	山东省五莲县许孟镇小王疃村	33.5	1 909	1960 年 4 月	
5	扶淇河	青墩子水库	山东省诸城市皇华镇青墩子村	（102）	4 419	1960 年 7 月	套入三里庄水库
6	扶淇河	三里庄水库	山东省诸城市密州街道三里庄村	240	9 036	1958 年 8 月	
7	扶淇河	大福田水库	山东省诸城市林家村镇大福田村	（4.40）	124.1	1979 年 5 月	套入三里庄水库
8	扶淇河	石龙口水库	山东省诸城市皇华镇焦家庄子村	（5.00）	245	1967 年 6 月	套入莎沟水库
9	扶淇河	莎沟水库	山东省诸城市皇华镇西莎沟村	（19.4）	337	1960 年 4 月	套入三里庄水库
10	涓河	山王庄水库	山东省五莲县许孟镇山王庄村	4.00	288	1967 年 6 月	

备注：（）表示存在嵌套流域。

1.3 测站概况

1.3.1 基本情况

诸城（二）水文站系潍河干流控制站，1951 年 6 月由华东军政委员会水利部设立诸城水文站，1961 年 1 月基本断面下迁 4.0 km，更名为九台水文站，1999 年 9 月停测，2010 年 1 月基本断面上迁 5.0 km，更名为诸城（二）水文站。2010 年 1 月本站所采用基面为冻结基面，1985 年国家高程基面与冻结基面换算关系为 $Z_{85基准}=Z_{冻结}+0.000$ m。

由于测站基本水尺断面发生了变化，集水面积也有所变化，其中 1951 年 6 月至 1965 年 1 月，集水面积为 1 790 km²，1965 年 1 月至 1999 年 9 月，集水面积为 1 900 km²，2010 年 1 月，集水面积为 1 831 km²。诸城（二）水文站概况说明见表 5-2。

1.3.2 报汛站情况

诸城（二）站至墙夼水库站区间共设有报汛雨量站 6 处，分别为墙夼水库、枳沟、贾悦、长城岭、三里庄、九台，详见表 5-3。

表 5-2　诸城（二）水文站概况说明表

基础信息	测站编码	41806850	集水面积	1 831 km^2	设站时间	2010 年 1 月
	流域	淮河	水系	潍河	河流	潍河
	基面	1985 年国家高程基准	高程	58. 250 m		
	测站地址	山东省诸城市舜王街道潍河拙村闸				
	管理机构	山东省潍坊市水文中心				
	监测项目	水位、流量、水质、冰情、泥沙、水准测量、断面测量、降水、蒸发、墒情、水文调查				
	流量测验方法	流速仪法、声学多普勒法、水工建筑物法、电波流速仪法				
	测站位置特点	本流域深山区极少，占 2%；浅山区约占 25%，主要分布在干支流上游地带；丘陵、平原区约占 73%，主要分布在干支流中下游。流域内山丘区，主要由石灰岩组成，干流和涓河支流、河套地带多为河淤土，中下游平原区为黄土，上游丘陵区为岭黄土，山区为岭沙土，干流下游局部地带有洼地。凡山岭区，不宜种植农作物地带，多种植树木，种植面积约占 20%，农作物约占 70%，草皮约占 5%，裸岩约占 5%，由于植被覆盖情况比较好，水土流失不严重				
	测验河段特征	测验河段上游 3 km 处有一弯道，弯曲度约为 90°，上游 800 m 处建有大桥一座，下游 10 km 处有道明橡胶坝。两岸为人工砌石护坡，河道顺直部分长约4 500 m，测验断面为梯形，最大河宽 402 m，河床由泥沙组成。闸门开启时，采用水力学公式推求，公式为 $Q=\mu nbe(2gh)^{1/2}$，其中 $\mu=0.454(e/h)^{-0.138}$				
任务作用	系统积累水文资料，研究区域水文规律；为防汛抗旱、工程运行管理、水资源管理、水生态保护等服务					
历史沿革	设立或变动	发生年月	站名	站别	领导机关	说明
	设立	1951 年 6 月	诸城	水文	华东军政委员会水利部	常年站，集水面积 1 790 km^2
	更改站名	1961 年 1 月	九台	水文	山东省水利厅	下迁 4. 0 km
	集水面积变动	1965 年 1 月	九台	水文	山东省水文总站	重新量算，面积为 1 900 km^2
	停测	1999 年 9 月	九台	水文	山东省水文水资源勘测局	
	变更站名	2010 年 1 月	诸城（二）	水文	山东省水文水资源勘测局	上迁 5. 0 km，恢复观测，集水面积 1 831 km^2

表 5-3　诸城（二）水文站以上流域雨量站情况表

站名	权重	建站年月
墙夼水库	0. 12	1960 年 6 月
枳沟	0. 15	1952 年 6 月
贾悦	0. 20	1965 年 6 月
长城岭	0. 18	1961 年 6 月
三里庄	0. 26	1959 年 6 月
诸城（二）	0. 09	1951 年 6 月

2　预报方案编制

2. 1　资料情况及预报区间

本站在 1999 年前为九台水文站，由于九台水文站在 1999 年 9 月至 2010 年期间停测，2010 年恢复后的诸城（二）水文站所实测流量均为拙村闸开闸所放流量，不代表天然洪水情况，因此本方案不选用 1999 年之后的资料，最终采用 1965—1999 年共 35 年资料。

现状断面流域面积为 1 831 km^2，同九台站以上流域面积 1 900 km^2 相差 4% 以内，故以现状断面条件下直接移用原断面相关资料进行分析。本站上游建有墙夼水库 1 座大型水库和河西、长城岭、小王疃、青墩子、三里庄等 5 座中型水库，由于 1999 年前上游墙夼水库为无闸门控制水库，因此预报区间未扣除墙夼水库，确定为流域以上大区间。当全流域产流时，各大中型水库溢流，集水面积采用全流域面积 1 831 km^2；当流域部分产流时，则扣除上游中型水库流域面积，集水面积采用 1 831 km^2 减去上游河西、长城岭、小王疃、青墩子、三里庄 5 座中型水库控制面积 360. 5 km^2 得到。

2. 2　产流方案

产流方案采用降雨径流相关法（$P+P_a-R$），利用分析计算的 65 个点据点绘定线，诸城（二）站降雨径流关系图见图 5-3。其中：P 为次降雨流域平均雨量（mm）；P_a 为流域平均前期影响雨量（mm）；R 为次降雨所产生的径流深（mm）。当 $P_a \geq 70$ mm 时，选用①号线；当 $P_a<70$ mm 时，选用②号线。

2. 2. 1　主要参数的计算

2. 2. 1. 1　流域平均雨量 P 的计算

该站流域平均降水量用加权平均法计算，所采用的代表站及其权重：墙夼水库 0. 12、枳沟 0. 15、贾悦 0. 20、长城岭 0. 18、三里庄 0. 26、九台 0. 09。

2. 2. 1. 2　流域平均前期影响雨量 P_a 的计算

每年自汛初开始连续计算，先以面积加权法计算流域平均雨量，然后计算前期影响雨量 P_a，其计算公式如下：

$$P_{a,\ t+1}=K(P_{a,\ t}+P_t)$$

式中：$P_{a,t+1}$ 为第 t+1 日的前期影响雨量（mm）；$P_{a,t}$ 为第 t 日的前期影响雨量（mm）；P_t 为第 t 日的流域平均雨量（mm）；K 为前期影响雨量递减系数，$K_{晴}=0.90$，$K_{雨}=0.95$。

2. 2. 1. 3　最大初损值 I_m 的确定

在历年实测雨洪资料中，选择久旱少雨、降雨较大、前期影响雨量接近 0（P_a 较小）、产生径流较小的 5 场洪水资料，求得 $I_m=100$ mm。其中 I_m 值采用下式计算：

$$I_m=P+P_a-R-E$$

式中：P 为流域平均降雨量（mm）；P_a 为前期影响雨量（mm）；R 为径流深（mm）；E 为雨间蒸发量（mm）。

2.2.1.4　径流深 R 的推求

在实测洪水过程线上采用斜线分割法切除基流，本次洪水径流深 R 等于洪水总量 W（扣除基流量）除以集水面积 F，其中区间流域面积 $F_{区}=1\ 470.5\ km^2$，全流域面积 $F=1\ 900\ km^2$。诸城（二）水文站降雨径流分析成果见表 5-5。

2.2.1.5　暴雨中心位置的确定

暴雨中心位置是指单次降雨最大点雨量所在的位置，一般用上、中、下游来划分。上游：墙夼水库站—长城岭站；中游：枳沟站—贾悦站；下游：三里庄站—诸城（二）站。

2.2.2　精度评定

按许可误差=20%实测值的标准（并当许可误差大于 20.0 mm 时以 20.0 mm 为上限，小于 3.0 mm 时以 3.0 mm 为下限）进行逐次洪水评定。$P+P_a$-R 相关图共选用 65 个点据，有 46 个点据合格，合格率为 70.8%，属于乙级方案，详见表 5-6。

2.3　汇流方案

汇流方案主要采用峰量关系图、经验单位线等方法。

2.3.1　峰量关系曲线 R-T_c-$Q_{m净}$

以有效降雨历时 T_c 作为参数，建立峰量关系曲线 R-T_c-$Q_{m净}$，详见图 5-4。其中，R 为一次降雨径流深，由次洪水总量除以相应集水面积而得；T_c 为有效降雨历时，是指实际能产生径流、对造峰有明显影响的降雨历时。根据实测点据分析，确定当 $T_c<20$ h 时，采用①号线；当 $30>T_c\geqslant 20$ h 时，采用②号线；当 $T_c\geqslant 30$ h 时，峰量关系用③号线。

精度评定：按许可误差 = 20% 实测值的标准进行逐次洪水评定。本方案共选用 1965—1999 年 65 个点据，41 个合格，合格率为 63.1%，属丙级方案，详见表 5-7。

2.3.2　经验单位线

根据上游水利工程是否泄洪及降雨量级分析得出 3 条单位线，分别适用于上游水利工程不泄洪、上游水利工程泄洪且发生特大暴雨、上游水利工程泄洪且发生普通降雨等情况，Δt 均取 1 h。诸城（二）水文站单位线图见图 5-5。

3　方案使用说明

3.1　径流深预报

首先计算出流域平均雨量和流域平均前期影响雨量，再根据降雨径流关系图 $P+P_a$-R 的查算结果进行综合分析，最后确定地表径流深 R 的预报值。

3.2　洪峰流量及洪水历时

3.2.1　单位线法

由次雨径流深 R、时段降雨量采用扣损法割除 R 得到各时段净雨，然后根据 P_a 选择相应单位线，各时段净雨错时段与 0.1 倍的单位线各时段流量相乘，同时段流量相加，再加上基流量即为流量过程，洪峰流量及其出现时间即可得出。

3.2.2　洪水总量的预报

根据下式可得到区间洪水总量 $W_{区}$。

$$W_{区}=0.1F_{区}R$$

式中：$W_{区}$为区间洪水总量（万 m^3）；$F_{区}$为区间流域面积（km^2）。

3.3　方案合理性检查及评定

在方案建立过程中，随时根据规范要求及有关文件规定进行合理性检查，特别将突出点据与原始资料反复查对，对中间处理过程也进行了认真审查，发现不合理的问题基本上都做了检查改正。方案建立后，先从线形进行比较，防止出现矛盾现象，然后尽量根据规范规定采用表格形式对每个方案进行了精度评定（许可误差法）。其中，$P+P_a$-R 相关图合格率为 70.8%，属于乙级方案；R-T_c-$Q_{m净}$相关图合格率为 63.1%，属丙级方案。

3.4　方案适应能力

本方案适用于防洪标准以下的洪水作业预报。如遇超标准洪水，则需根据当时具体情况酌情修正。

3.5　注意事项

（1）方案的制作未考虑上游塘坝的影响，作业预报时也要根据前期降雨情况进行适当修正。

（2）应随时掌握上游工程蓄水及泄洪情况，对预报值要根据实际情况及时进行修正。

（3）局部暴雨时要注意超渗产流，可适当加大查算的 R 值；久旱初雨时产流偏小，应适当修正所查 R 值。

（4）由于本方案用于参考性预报，同时考虑本站位于拦河闸，其上游受栗园拦河闸、密州拦河闸拦蓄影响较大，同时受上游墙夼水库泄洪及支流涓河卧龙湖水库泄洪影响较大，区间内的洪水洪峰出现时间难以预报，可按照最危险情况分析峰现时间。

总之，由于影响因素太多，本方案不能完全反映实际情况，因而不能照搬，应具体问题具体分析，并采用多种方法，考虑各种因素进行综合分析，确定采用的预报值。

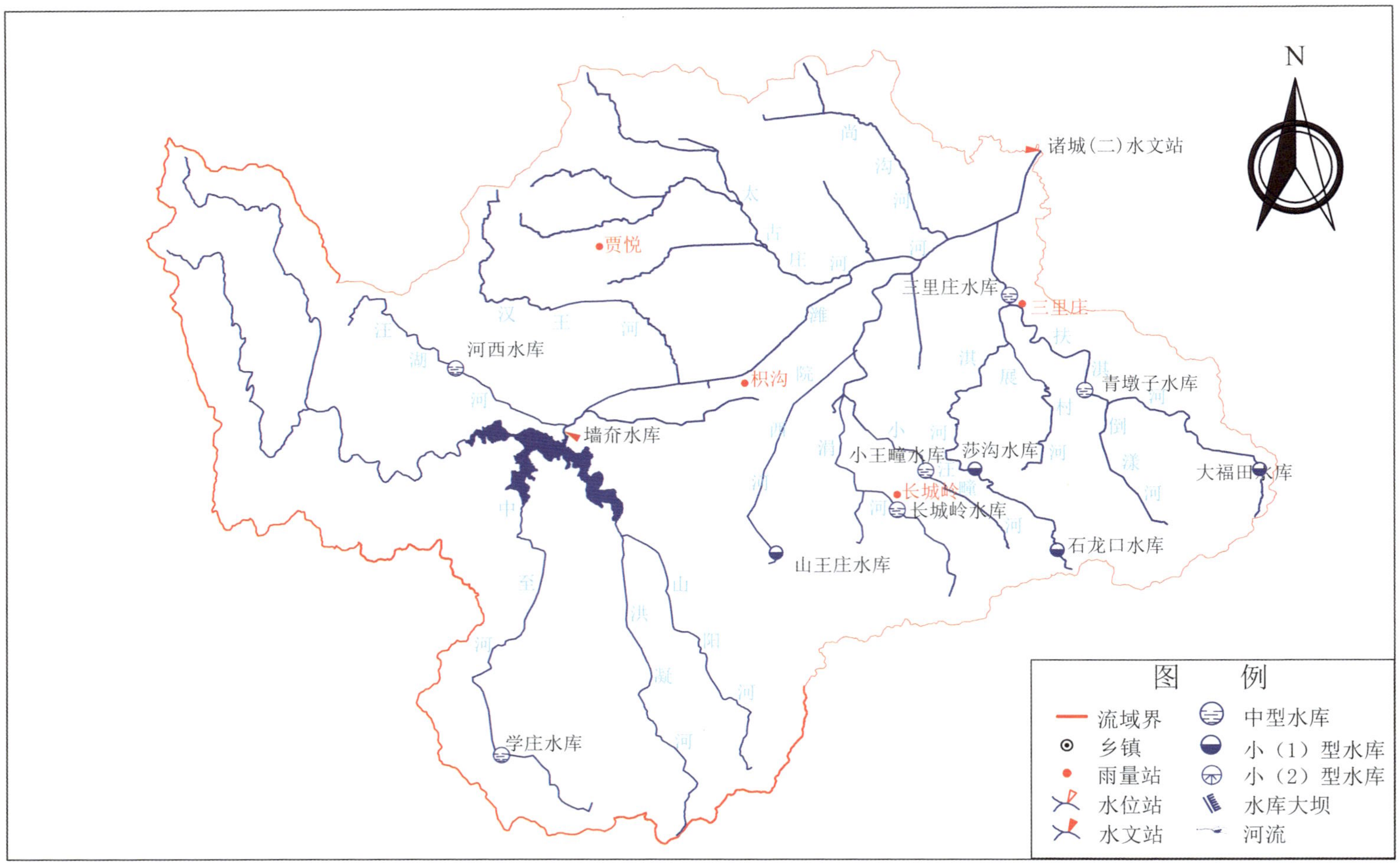

图 5-1　潍河诸城(二)水文站以上流域图

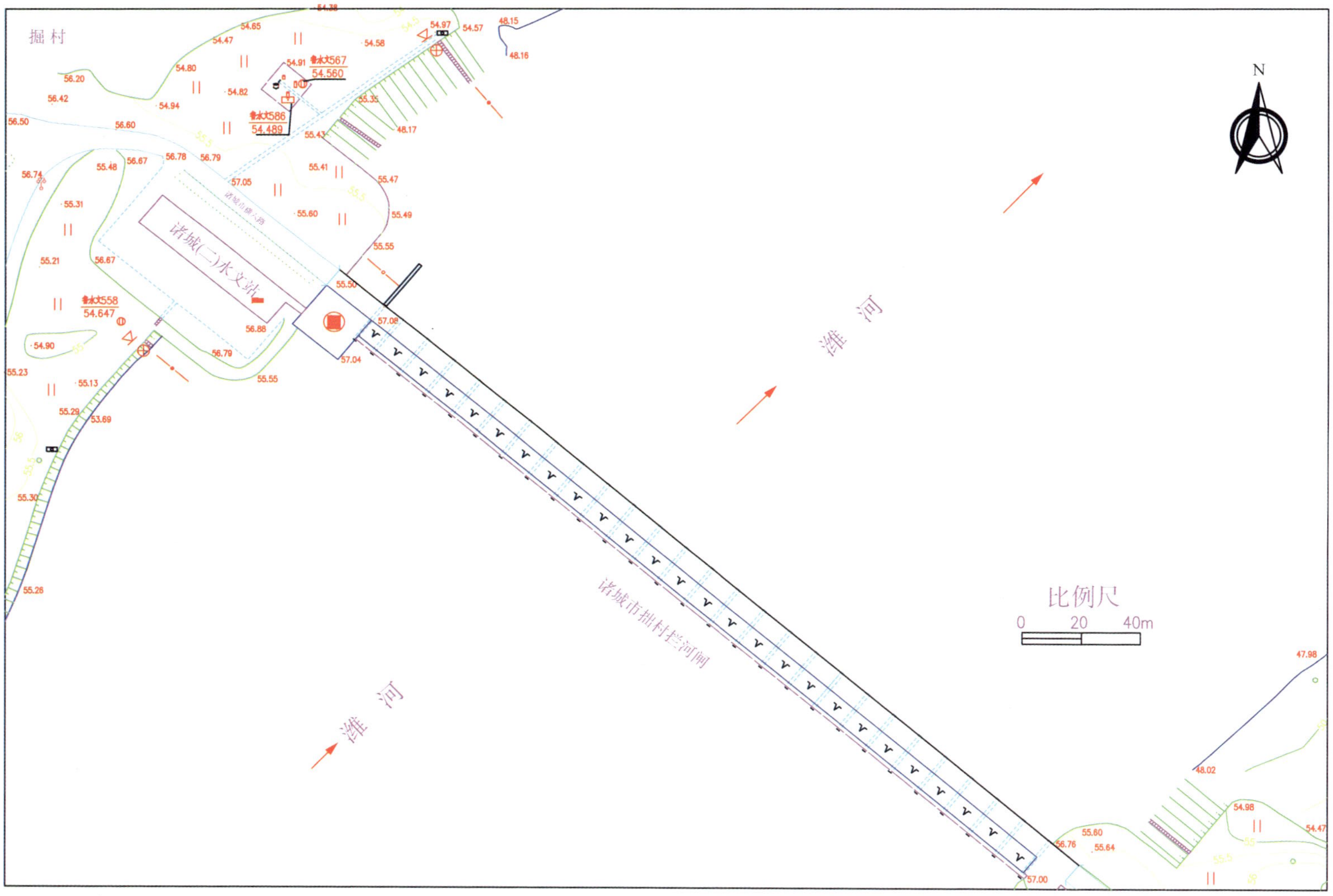

图 5-2　潍河诸城(二)水文站测验断面位置图

表 5-5　潍河诸城（二）站降雨径流分析成果表

洪号	降雨起止时间			主雨起止时间		流域平均雨量 P（mm）	前期影响雨量 P_a（mm）	降雨历时（h）		洪水起止时间			起涨流量 Q_0（m^3/s）	洪峰流量 Q_m（m^3/s）	净峰流量 $Q_{m净}$（m^3/s）	洪水总历时 $T_{洪}$（h）	涨洪历时 $T_{涨洪}$（h）	洪峰滞时 t_p（h）	次洪径流量 W（万 m^3）	集水面积 F（km^2）	次洪径流深 R（mm）	径流系数 α
	起	重心	止	起	止			全部 T	有效 T_c	起涨	峰顶	落平										
650710	7月9日 6：00	7月9日 21：00	7月10日 12：00	7月9日 12：00	7月10日 12：00	74.4	16.3	30	24	7月9日 16：00	7月10日 6：00	7月12日 22：00	4	206	202	78	14	9	967	1 470.5	6.6	0.09
650728	7月27日 12：00	7月27日 17：00	7月28日 12：00	7月27日 16：00	7月28日 11：00	49.4	41.3	24	19	7月27日 20：00	7月28日 13：00	7月31日 18：00	15	158	143	94	17	20	1 550	1 470.5	10.5	0.21
650811	8月10日 16：00	8月10日 19：00	8月11日 2：00	8月10日 17：00	8月11日 1：00	18.6	59.5	10	8	8月10日 20：00	8月11日 5：00	8月12日 2：00	28	238	210	30	9	10	704	1 470.5	4.8	0.26
650817	8月15日 6：00	8月15日 17：00	8月16日 6：00	8月15日 11：00	8月16日 6：00	37.8	67.0	24	19	8月15日 16：00	8月16日 5：00	8月17日 12：00	24	510	486	44	13	12	1 948	1 470.5	13.3	0.35
660721	7月20日 18：00	7月21日 0：00	7月21日 16：00	7月20日 19：00	7月21日 16：00	99.5	33.6	22	21	7月20日 20：00	7月21日 13：00	7月24日 18：00	3	394	391	94	17	13	2 450	1 470.5	16.7	0.17
670701	6月30日 0：00	7月1日 10：00	7月2日 0：00	6月30日 3：00	7月1日 17：00	74.4	45.3	48	38	6月30日 22：00	7月1日 21：00	7月6日 10：00	12	169	157	132	23	11	1 333	1 470.5	9.1	0.12
670728	7月27日 12：00	7月27日 17：00	7月28日 2：00	7月27日 14：00	7月28日 1：00	19.8	58.0	14	11	7月27日 20：00	7月28日 3：00	7月30日 6：00	8	185	177	58	7	10	910	1 470.5	6.2	0.31
690930	9月28日 22：00	9月29日 15：00	9月30日 14：00	9月29日 4：00	9月30日 12：00	71.9	26.8	40	32	9月29日 12：00	9月30日 6：00	10月2日 16：00	2	159	157	76	18	15	772	1 470.5	5.3	0.07
700727	7月24日 20：00	7月26日 4：00	7月27日 2：00	7月25日 7：00	7月27日 2：00	89.9	71.2	54	43	7月25日 18：00	7月27日 2：00	7月29日 6：00	11	295	284	84	32	22	972	1 831	5.3	0.06
700730	7月29日 8：00	7月29日 23：00	7月30日 6：00	7月29日 8：00	7月30日 5：00	57.0	90.3	22	21	7月29日 18：00	7月30日 7：00	8月1日 0：00	42	741	699	54	13	8	3 349	1 831	18.3	0.32
700904	9月3日 6：00	9月3日 15：00	9月4日 0：00	9月3日 10：00	9月4日 0：00	39.3	34.4	18	14	9月3日 12：00	9月4日 7：00	9月6日 14：00	0	87.7	87.7	74	19	16	781	1 470.5	5.3	0.14
700917	9月15日 22：00	9月16日 9：00	9月17日 12：00	9月16日 5：00	9月17日 12：00	66.7	50.0	38	31	9月16日 6：00	9月17日 11：00	9月22日 18：00	1	178	177	156	29	26	2 456	1 470.5	16.7	0.25
710701	6月30日 18：00	7月1日 5：00	7月2日 2：00	6月30日 18：00	7月2日 1：00	103.0	95.2	32	31	7月1日 4：00	7月1日 13：00	7月4日 22：00	52	866	814	90	9	8	6 379	1 831	34.8	0.34
710710	7月9日 20：00	7月10日 6：00	7月10日 20：00	7月9日 23：00	7月10日 18：00	48.4	67.5	24	19	7月10日 2：00	7月10日 14：00	7月13日 0：00	51	356	305	70	12	8	1 382	1 470.5	9.4	0.19
710722	7月21日 8：00	7月21日 15：00	7月22日 10：00	7月21日 13：00	7月22日 10：00	41.8	48.7	26	21	7月21日 12：00	7月22日 2：00	7月24日 8：00	20	323	303	68	14	11	1 739	1 470.5	11.8	0.28
710803	8月2日 16：00	8月2日 16：00	8月3日 2：00	8月2日 16：00	8月3日 0：00	33.7	29.0	10	8	8月2日 16：00	8月3日 0：00	8月5日 4：00	29	179	150	60	8	8	937	1 470.5	6.4	0.19
710809	8月8日 10：00	8月9日 10：00	8月10日 4：00	8月8日 15：00	8月10日 1：00	177.9	39.4	42	34	8月8日 16：00	8月9日 21：00	8月13日 6：00	18	1 470	1 452	110	29	11	9 626	1 470.5	65.5	0.37
710822	8月21日 6：00	8月22日 3：00	8月22日 12：00	8月21日 10：00	8月22日 12：00	91.9	66.8	30	26	8月21日 16：00	8月22日 11：00	8月24日 10：00	48	1 130	1 082	66	19	8	6 845	1 470.5	46.6	0.51
710829	8月28日 16：00	8月29日 4：00	8月29日 12：00	8月28日 18：00	8月29日 10：00	31.4	84.4	20	16	8月29日 0：00	8月29日 15：00	9月1日 6：00	82	331	249	78	15	11	2 151	1 831	11.8	0.37
720508	5月7日 10：00	5月7日 17：00	5月8日 16：00	5月7日 15：00	5月8日 15：00	57.1	5.8	30	24	5月7日 18：00	5月8日 14：00	5月12日 20：00	7	71.8	64.8	122	20	21	908	1 470.5	6.2	0.11
720708	7月7日 14：00	7月8日 9：00	7月9日 0：00	7月7日 15：00	7月8日 18：00	57.3	25.3	34	27	7月8日 2：00	7月8日 20：00	7月12日 22：00	3	128	125	116	18	11	991	1 470.5	6.7	0.12
720902	9月1日 8：00	9月2日 2：00	9月2日 12：00	9月1日 12：00	9月2日 10：00	37.5	54.3	28	22	9月1日 20：00	9月2日 13：00	9月5日 8：00	5	64.7	59.7	84	17	11	673	1 470.5	4.6	0.12

续表

洪号	降雨起止时间			主雨起止时间		流域平均雨量 P (mm)	前期影响雨量 P_a (mm)	降雨历时 (h)		洪水起止时间			起涨流量 Q_0 (m^3/s)	洪峰流量 Q_m (m^3/s)	净峰流量 $Q_{m净}$ (m^3/s)	洪水总历时 $T_洪$ (h)	涨洪历时 $T_{涨洪}$ (h)	洪峰滞时 t_p (h)	次洪径流量 W (万 m^3)	集水面积 F (km^2)	次洪径流深 R (mm)	径流系数 α
	起	重心	止	起	止			全部 T	有效 T_c	起涨	峰顶	落平										
720907	9月5日 12：00	9月6日 7：00	9月7日 0：00	9月5日 18：00	9月6日 23：00	48.1	62.2	36	29	9月5日 22：00	9月7日 1：00	9月10日 16：00	7	149	142	114	27	18	1 485	1 470.5	10.1	0.21
730716	7月14日 22：00	7月16日 12：00	7月16日 22：00	7月15日 0：00	7月16日 6：00	76.5	39.6	48	30	7月15日 16：00	7月16日 17：00	7月20日 4：00	9	264	255	108	25	5	1 866	1 470.5	12.7	0.17
730831	8月30日 12：00	8月31日 0：00	8月31日 20：00	8月30日 14：00	8月31日 16：00	102.1	17.7	32	26	8月31日 0：00	8月31日 16：00	9月4日 0：00	7	372	365	96	16	16	2 480	1 470.5	16.9	0.17
731005	10月3日 14：00	10月3日 21：00	10月5日 14：00	10月3日 20：00	10月5日 10：00	14.6	34.4	48	38	10月4日 0：00	10月5日 22：00	10月10日 2：00	6	56.6	50.6	146	46	49	686	1 470.5	4.7	0.32
740724	7月23日 12：00	7月23日 16：00	7月24日 4：00	7月23日 15：00	7月24日 4：00	33.0	34.8	16	13	7月23日 16：00	7月24日 5：00	7月27日 0：00	17	145	128	80	13	13	640	1 470.5	4.4	0.13
740814	8月12日 0：00	8月13日 13：00	8月14日 20：00	8月12日 1：00	8月14日 7：00	316.1	71.9	68	54	8月13日 2：00	8月14日 4：00	8月18日 6：00	59	5 060	5 001	124	26	15	34 765	1 831	189.9	0.60
750710	7月9日 4：00	7月9日 19：00	7月10日 12：00	7月9日 8：00	7月10日 10：00	74.0	33.4	32	26	7月9日 14：00	7月10日 9：00	7月13日 2：00	8	103	95	84	19	14	755	1 470.5	5.1	0.07
750721	7月21日 4：00	7月21日 10：00	7月21日 18：00	7月21日 6：00	7月21日 17：00	24.5	91.8	14	11	7月21日 10：00	7月21日 19：00	7月23日 2：00	55	346	291	40	9	9	1 278	1 831	7.0	0.28
750726	7月26日 4：00	7月26日 8：00	7月26日 22：00	7月26日 5：00	7月26日 19：00	45.0	79.6	18	14	7月26日 6：00	7月26日 20：00	7月30日 2：00	22	230	208	92	14	12	2 468	1 831	13.5	0.30
750731	7月30日 6：00	7月30日 22：00	7月31日 14：00	7月30日 10：00	7月31日 12：00	44.8	88.2	32	26	7月30日 16：00	7月31日 7：00	8月3日 4：00	46	203	157	84	15	9	1 170	1 831	6.4	0.14
750815	8月13日 6：00	8月14日 13：00	8月16日 8：00	8月13日 20：00	8月16日 7：00	275.1	40.1	74	59	8月14日 0：00	8月15日 12：00	8月20日 22：00	33	2 510	2 477	166	36	23	13 942	1 470.5	94.8	0.34
750920	9月19日 12：00	9月19日 22：00	9月20日 14：00	9月19日 15：00	9月20日 12：00	46.0	24.5	26	21	9月19日 18：00	9月20日 12：00	9月24日 10：00	9	60.6	51.6	112	18	14	597	1 470.5	4.1	0.09
760607	6月6日 16：00	6月7日 0：00	6月7日 10：00	6月6日 17：00	6月7日 7：00	59.0	6.6	18	14	6月7日 0：00	6月7日 13：00	6月10日 2：00	8	110	102	74	13	13	761	1 470.5	5.2	0.09
760630	6月29日 0：00	6月29日 20：00	6月30日 16：00	6月29日 8：00	6月30日 16：00	135.3	16.9	40	32	6月29日 14：00	6月30日 9：00	7月3日 2：00	5	588	583	84	19	13	3 921	1 470.5	26.7	0.20
760715	7月14日 20：00	7月15日 3：00	7月15日 12：00	7月14日 22：00	7月15日 11：00	28.7	48.5	16	13	7月15日 4：00	7月15日 12：00	7月17日 6：00	37	122	85	50	8	9	697	1 470.5	4.7	0.17
780816	8月15日 16：00	8月15日 22：00	8月16日 14：00	8月15日 17：00	8月16日 11：00	43.1	63.9	22	18	8月15日 22：00	8月16日 11：00	8月18日 6：00	11	144	133	56	13	13	947	1 470.5	6.4	0.15
790713	7月12日 4：00	7月12日 13：00	7月13日 8：00	7月12日 10：00	7月13日 6：00	45.8	63.8	28	20	7月12日 12：00	7月13日 2：00	7月14日 16：00	15	115	100	52	14	13	697	1 470.5	4.7	0.10
790802	8月1日 14：00	8月1日 15：00	8月2日 6：00	8月1日 15：00	8月2日 4：00	56.4	73.5	16	13	8月1日 18：00	8月2日 3：00	8月4日 4：00	81	364	283	58	9	12	2 386	1 831	13.0	0.23
790805	8月4日 0：00	8月4日 6：00	8月5日 6：00	8月4日 5：00	8月4日 13：00	32.8	90.4	30	8	8月4日 16：00	8月5日 7：00	8月6日 12：00	93	236	143	44	15	25	1 432	1 831	7.8	0.24
800616	6月15日 6：00	6月16日 0：00	6月16日 20：00	6月15日 22：00	6月16日 18：00	131.3	31.4	38	20	6月16日 0：00	6月16日 15：00	6月18日 22：00	2	798	796	70	15	15	3 309	1 470.5	22.5	0.17
810709	7月8日 6：00	7月8日 16：00	7月8日 22：00	7月8日 7：00	7月8日 20：00	58.9	52.1	16	13	7月8日 18：00	7月9日 0：00	7月11日 4：00	15	530	515	58	6	8	1 130	1 470.5	7.7	0.13
820706	7月5日 18：00	7月5日 23：00	7月7日 6：00	7月5日 22：00	7月7日 3：00	58.8	46.3	36	29	7月6日 0：00	7月6日 11：00	7月8日 6：00	0	229	229	54	11	12	925	1 470.5	6.3	0.11

续表

洪号	降雨起止时间			主雨起止时间		流域平均雨量 P (mm)	前期影响雨量 P_a (mm)	降雨历时 (h)		洪水起止时间			起涨流量 Q_0 (m^3/s)	洪峰流量 Q_m (m^3/s)	净峰流量 $Q_{m净}$ (m^3/s)	洪水总历时 $T_{洪}$ (h)	涨洪历时 $T_{涨洪}$ (h)	洪峰滞时 t_p (h)	次洪径流量 W (万 m^3)	集水面积 F (km^2)	次洪径流深 R (mm)	径流系数 α
	起	重心	止	起	止			全部 T	有效 T_c	起涨	峰顶	落平										
820809	8月8日 2：00	8月8日 11：00	8月9日 10：00	8月8日 8：00	8月9日 10：00	60.7	17.6	32	26	8月8日 12：00	8月9日 12：00	8月11日 2：00	6	99.8	93.8	62	24	25	778	1 470.5	5.3	0.09
820818	8月18日 0：00	8月18日 0：00	8月20日 17：00	8月18日 0：00	8月20日 4：00	19.1	34.5	65	52	8月18日 0：00	8月18日 14：00	8月22日 10：00	12	98.5	86.5	106	14	14	702	1 470.5	4.8	0.25
850821	8月20日 0：00	8月20日 11：00	8月21日 20：00	8月20日 6：00	8月21日 17：00	85.5	73.0	44	35	8月20日 8：00	8月21日 11：00	8月29日 6：00	3	149	146	214	27	24	2 208	1 831	12.1	0.14
900722	7月22日 2：00	7月22日 6：00	7月22日 14：00	7月22日 4：00	7月22日 14：00	37.6	48.2	12	10	7月22日 8：00	7月22日 17：00	7月24日 4：00	0	263	263	44	9	11	1 415	1 470.5	9.6	0.26
900816	8月16日 0：00	8月16日 7：00	8月17日 6：00	8月16日 4：00	8月17日 6：00	126.7	46.0	30	26	8月16日 6：00	8月16日 15：00	8月20日 16：00	27	1 230	1 203	106	9	8	6 682	1 470.5	45.4	0.36
900910	9月9日 22：00	9月10日 3：00	9月10日 18：00	9月10日 0：00	9月10日 16：00	62.1	65.6	20	16	9月10日 2：00	9月10日 19：00	9月12日 22：00	40	269	229	68	17	16	2 537	1 470.5	17.3	0.28
910729	7月28日 10：00	7月29日 5：00	7月29日 14：00	7月28日 12：00	7月29日 10：00	22.6	72.9	28	22	7月28日 20：00	7月29日 18：00	7月31日 18：00	0	101	101	70	22	13	906	1 831	5.0	0.22
930713	7月12日 16：00	7月13日 2：00	7月13日 18：00	7月12日 18：00	7月13日 14：00	103.8	69.2	26	20	7月12日 22：00	7月13日 9：00	7月15日 6：00	0	528	528	56	11	7	2 105	1 470.5	14.3	0.14
930716	7月15日 20：00	7月16日 4：00	7月16日 10：00	7月15日 21：00	7月16日 8：00	58.0	82.4	14	11	7月16日 2：00	7月16日 11：00	7月17日 4：00	0	571	571	26	9	7	1 996	1 831	10.9	0.19
930802	8月1日 6：00	8月1日 13：00	8月2日 8：00	8月1日 10：00	8月2日 7：00	35.2	59.8	26	21	8月1日 14：00	8月2日 2：00	8月4日 10：00	28	247	219	68	12	13	993	1 470.5	6.8	0.19
940824	8月24日 6：00	8月24日 10：00	8月24日 22：00	8月24日 6：00	8月24日 19：00	65.0	30.4	16	13	8月24日 10：00	8月24日 19：00	8月27日 8：00	0	321	321	70	9	9	2 040	1 470.5	13.9	0.21
940830	8月29日 22：00	8月30日 6：00	8月30日 14：00	8月29日 23：00	8月30日 12：00	24.7	78.1	16	13	8月30日 4：00	8月30日 17：00	9月2日 0：00	23	104	81	68	13	11	1 047	1 831	5.7	0.23
940904	9月4日 14：00	9月4日 17：00	9月5日 4：00	9月4日 17：00	9月5日 4：00	24.4	76.7	14	11	9月4日 18：00	9月4日 20：00	9月5日 16：00	0	414	414	22	2	3	628	1 831	3.4	0.14
950818	8月17日 22：00	8月18日 1：00	8月18日 16：00	8月18日 0：00	8月18日 14：00	55.4	100.0	18	14	8月18日 2：00	8月18日 8：00	8月20日 20：00	89	544	455	66	6	7	1 985	1 831	10.8	0.20
950823	8月22日 4：00	8月22日 12：00	8月23日 12：00	8月22日 7：00	8月23日 9：00	47.7	81.6	32	26	8月22日 12：00	8月23日 3：00	8月25日 10：00	29	295	266	70	15	15	1 754	1 831	9.6	0.20
950904	9月2日 22：00	9月3日 5：00	9月4日 10：00	9月3日 1：00	9月4日 8：00	62.3	38.6	36	31	9月3日 2：00	9月4日 2：00	9月8日 0：00	16	122	106	118	24	21	1 621	1 470.5	11.0	0.18
960629	6月28日 12：00	6月29日 3：00	6月29日 20：00	6月28日 18：00	6月29日 14：00	99.7	43.4	32	20	6月28日 22：00	6月29日 10：00	7月1日 10：00	0	590	590	60	12	7	2 526	1 470.5	17.2	0.17
960808	8月6日 14：00	8月6日 22：00	8月7日 16：00	8月6日 18：00	8月7日 15：00	47.7	34.5	26	21	8月6日 20：00	8月8日 6：00	8月11日 12：00	29	67.8	38.8	112	34	32	1 213	1 470.5	8.3	0.17
980804	8月3日 22：00	8月4日 7：00	8月4日 18：00	8月4日 0：00	8月4日 16：00	84.6	20.8	20	16	8月4日 4：00	8月4日 17：00	8月6日 20：00	0	279	279	64	13	10	1 425	1 470.5	9.7	0.11
980808	8月7日 8：00	8月7日 16：00	8月8日 0：00	8月7日 11：00	8月8日 0：00	18.6	76.6	16	13	8月8日 0：00	8月8日 12：00	8月10日 6：00	0	60.4	60.4	54	12	20	337	1 831	1.8	0.10
980815	8月15日 0：00	8月15日 7：00	8月16日 0：00	8月15日 3：00	8月16日 0：00	70.1	60.8	24	21	8月15日 6：00	8月15日 15：00	8月18日 12：00	5	656	651	78	9	8	3 651	1 470.5	24.8	0.35

表 5-6　潍河诸城（二）站降雨径流精度评定表

序号	洪号	流域平均雨量 P（mm）	前期影响雨量 P_a（mm）	$P+P_a$（mm）	实测径流深 $R_{实}$（mm）	预报径流深 $R_{预}$（mm）	预报误差（mm）	许可误差（mm）	评定结果		序号	洪号	流域平均雨量 P（mm）	前期影响雨量 P_a（mm）	$P+P_a$（mm）	实测径流深 $R_{实}$（mm）	预报径流深 $R_{预}$（mm）	预报误差（mm）	许可误差（mm）	评定结果	
									合格	不合格										合格	不合格
1	650710	74.4	16.3	90.7	6.6	7.1	0.5	3.0	√		34	750920	46.0	24.5	70.5	4.1	5.1	1.0	3.0	√	
2	650728	49.4	41.3	90.7	10.5	7.1	-3.4	3.0		√	35	760607	59.0	6.6	65.6	5.2	4.6	-0.6	3.0	√	
3	650811	18.6	59.5	78.1	4.8	5.8	1.0	3.0	√		36	760630	135.3	16.9	152.2	26.7	25.0	-1.7	5.3	√	
4	650817	37.8	67.0	104.8	13.3	9.1	-4.2	3.0		√	37	760715	28.7	48.5	77.2	4.7	5.7	1.0	3.0	√	
5	660721	99.5	33.6	133.1	16.7	16.0	-0.7	3.3	√		38	780816	43.1	63.9	107.0	6.4	9.4	3.0	3.0	√	
6	670701	74.4	45.3	119.7	9.1	12.0	2.9	3.0	√		39	790713	45.8	63.8	109.6	4.7	9.9	5.2	3.0		√
7	670728	19.8	58.0	77.8	6.2	5.8	-0.4	3.0	√		40	790802	56.4	73.5	129.9	13.0	6.9	-6.1	3.0		√
8	690930	71.9	26.8	98.7	5.3	8.1	2.8	3.0	√		41	790805	32.8	90.4	123.2	7.8	5.8	-2.0	3.0	√	
9	700727	89.9	71.2	161.1	5.3	14.7	9.4	3.0		√	42	800616	131.3	31.4	162.7	22.5	29.5	7.0	4.5		√
10	700730	57.0	90.3	147.3	18.3	10.7	-7.6	3.7		√	43	810709	58.9	52.1	111.0	7.7	10.1	2.4	3.0	√	
11	700904	39.3	34.4	73.7	5.3	5.4	0.1	3.0	√		44	820706	58.8	46.3	105.1	6.3	9.1	2.8	3.0	√	
12	700917	66.7	50.0	116.7	16.7	11.3	-5.4	3.3		√	45	820809	60.7	17.6	78.3	5.3	5.8	0.5	3.0	√	
13	710701	103.0	95.2	198.2	34.8	31.9	-2.9	7.0	√		46	820818	19.1	34.5	53.6	4.8	3.5	-1.3	3.0	√	
14	710710	48.4	67.5	115.9	9.4	11.1	1.7	3.0	√		47	850821	85.5	73.0	158.5	12.1	13.8	1.7	3.0	√	
15	710722	41.8	48.7	90.5	11.8	7.1	-4.7	3.0		√	48	900722	37.6	48.2	85.8	9.6	6.6	-3.0	3.0	√	
16	710803	33.7	29.0	62.7	6.4	4.3	-2.1	3.0	√		49	900816	126.7	46.0	172.7	45.4	34.2	-11.2	9.1		√
17	710809	177.9	39.4	217.3	65.5	60.3	-5.2	13.1	√		50	900910	62.1	65.6	127.7	17.3	14.2	-3.1	3.5	√	
18	710822	91.9	66.8	158.7	46.6	27.8	-18.8	9.3		√	51	910729	22.6	72.9	95.5	5.0	2.8	-2.2	3.0	√	
19	710829	31.4	84.4	115.8	11.8	4.8	-7.0	3.0		√	52	930713	103.8	69.2	173.0	14.3	34.3	20.0	3.0		√
20	720508	57.1	5.8	62.9	6.2	4.4	-1.8	3.0	√		53	930716	58.0	82.4	140.4	10.9	9.0	-1.9	3.0	√	
21	720708	57.3	25.3	82.6	6.7	6.3	-0.4	3.0	√		54	930802	35.2	59.8	95.0	6.8	7.7	0.9	3.0	√	
22	720902	37.5	54.3	91.8	4.6	7.3	2.7	3.0	√		55	940824	65.0	30.4	95.4	13.9	7.7	-6.2	3.0		√
23	720907	48.1	62.2	110.3	10.1	10.0	-0.1	3.0	√		56	940830	24.7	78.1	102.8	5.7	3.5	-2.2	3.0	√	
24	730716	76.5	39.6	116.1	12.7	11.2	-1.5	3.0	√		57	940904	24.4	76.7	101.1	3.4	3.3	-0.1	3.0	√	
25	730831	102.1	17.7	119.8	16.9	12.0	-4.9	3.4		√	58	950818	55.4	100.0	155.4	10.8	12.9	2.1	3.0	√	
26	731005	14.6	34.4	49.0	4.7	3.1	-1.6	3.0	√		59	950823	47.7	81.6	129.3	9.6	6.8	-2.8	3.0	√	
27	740724	33.0	34.8	67.8	4.4	4.8	0.4	3.0	√		60	950904	62.3	38.6	100.9	11.0	8.5	-2.5	3.0	√	
28	740814	316.1	71.9	388.0	189.9	196.7	6.8	20.0	√		61	960629	99.7	43.4	143.1	17.2	20.0	2.8	3.4	√	
29	750710	74.0	33.4	107.4	5.1	9.5	4.4	3.0		√	62	960808	47.7	34.5	82.2	8.3	6.2	-2.1	3.0	√	
30	750721	24.5	91.8	116.3	7.0	4.9	-2.1	3.0	√		63	980804	84.6	20.8	105.4	9.7	9.2	-0.5	3.0	√	
31	750726	45.0	79.6	124.6	13.5	6.0	-7.5	3.0		√	64	980808	18.6	76.6	95.2	1.8	2.7	0.9	3.0	√	
32	750731	44.8	88.2	133.0	6.4	7.5	1.1	3.0	√		65	980815	70.1	60.8	130.9	24.8	15.2	-9.6	5.0		√
33	750815	275.1	40.1	315.2	94.8	146.9	52.1	19.0		√											

备注：1. 预报误差=预报值-实测值；2. 许可误差=实测值的20%，许可误差大于20.0 mm时以20.0 mm为上限，小于3.0 mm时以3.0 mm为下限；3. 合格率=70.8%，为乙级方案。

表 5-7 潍河诸城（二）站峰量关系精度评定表

序号	洪号	实测径流深 $R_{实}$（mm）	有效降雨历时 T_c（h）	净峰流量（m^3/s）		预报误差（m^3/s）	许可误差（m^3/s）	评定结果		序号	洪号	实测径流深 $R_{实}$（mm）	有效降雨历时 T_c（h）	净峰流量（m^3/s）		预报误差（m^3/s）	许可误差（m^3/s）	评定结果	
				实测 $Q_{m净实}$	预报 $Q_{m净预}$			合格	不合格					实测 $Q_{m净实}$	预报 $Q_{m净预}$			合格	不合格
1	650710	6.6	24	202	112	-90	40.4		√	34	750920	4.1	21	51.6	55.0	3.4	10.3	√	
2	650728	10.5	19	143	320	177	28.6		√	35	760607	5.2	14	102	121	19	20.4	√	
3	650811	4.8	8	210	112	-98	42.0		√	36	760630	26.7	32	583	476	-107	117	√	
4	650817	13.3	19	486	445	-41	97.2	√		37	760715	4.7	13	85.0	110	25	17.0		√
5	660721	16.7	21	391	378	-13	78.2	√		38	780816	6.4	18	133	157	24	26.6	√	
6	670701	9.1	38	157	173	16	31.4	√		39	790713	4.7	20	100	110	10	20.0	√	
7	670728	6.2	11	177	149	-28	35.4	√		40	790802	13.0	13	283	582	299	56.6		√
8	690930	5.3	32	157	26.6	-130.4	31.4		√	41	790805	7.8	8	143	286	143	28.6		√
9	700727	5.3	43	284	114	-170	56.8		√	42	800616	22.5	20	796	951	155	159	√	
10	700730	18.3	21	699	562	-137	140	√		43	810709	7.7	13	515	200	-315	103		√
11	700904	5.3	14	87.7	125	37.3	17.5		√	44	820706	6.3	29	229	106	-123	45.8		√
12	700917	16.7	31	177	208	31	35.4	√		45	820809	5.3	26	93.8	82.4	-11.4	18.8	√	
13	710701	34.8	31	814	961	147	163	√		46	820818	4.8	52	86.5	70.8	-15.7	17.3	√	
14	710710	9.4	19	305	270	-35	61.0	√		47	850821	12.1	35	146	333	187	29.2		√
15	710722	11.8	21	303	244	-59	60.6	√		48	900722	9.6	10	263	279	16	52.6	√	
16	710803	6.4	8	150	155	5	30.0	√		49	900816	45.4	26	1 203	1 260	57	241	√	
17	710809	65.5	34	1 452	1 610	158	290	√		50	900910	17.3	16	229	627	398	45.8		√
18	710822	46.6	26	1 082	1 290	208	216	√		51	910729	5.0	22	101	103	2	20.2	√	
19	710829	11.8	16	249	510	261	49.8		√	52	930713	14.3	20	528	493	-35	106	√	
20	720508	6.2	24	64.8	103	38.2	13.0		√	53	930716	10.9	11	571	462	-109	114	√	
21	720708	6.7	27	125	116	-9	25.0	√		54	930802	6.8	21	219	116	-103	43.8		√
22	720902	4.6	22	59.7	66.3	6.6	11.9	√		55	940824	13.9	13	321	473	152	64.2		√
23	720907	10.1	29	142	199	57	28.4		√	56	940830	5.7	13	81.0	181	100	16.2		√
24	730716	12.7	30	255	268	13	51.0	√		57	940904	3.4	11	414	100	-314	82.8		√
25	730831	16.9	26	365	384	19	73.0	√		58	950818	10.8	14	455	458	3	91.0	√	
26	731005	4.7	38	50.6	68.3	17.7	10.1		√	59	950823	9.6	26	266	248	-18	53.2	√	
27	740724	4.4	13	128	102	-26	25.6		√	60	950904	11.0	31	106	95.0	-11	21.2	√	
28	740814	189.9	54	5 001	6 000	999	1 000	√		61	960629	17.2	20	590	624	34	118	√	
29	750710	5.1	26	95.0	79.0	-16	19.0	√		62	960808	8.3	21	38.8	153	114.2	7.76		√
30	750721	7.0	11	291	241	-50	58.2	√		63	980804	9.7	16	279	282	3	55.8	√	
31	750726	13.5	14	208	608	400	41.6		√	64	980808	1.8	13	60.4	62.1	1.7	12.1	√	
32	750731	6.4	26	157	146	-11	31.4	√		65	980815	24.8	21	651	622	-29	130	√	
33	750815	94.8	59	2 477	2 440	-37	495	√											

备注：1. 预报误差=预报值-实测值；2. 许可误差=实测值的 20%；3. 合格率=63.1%，为丙级方案。

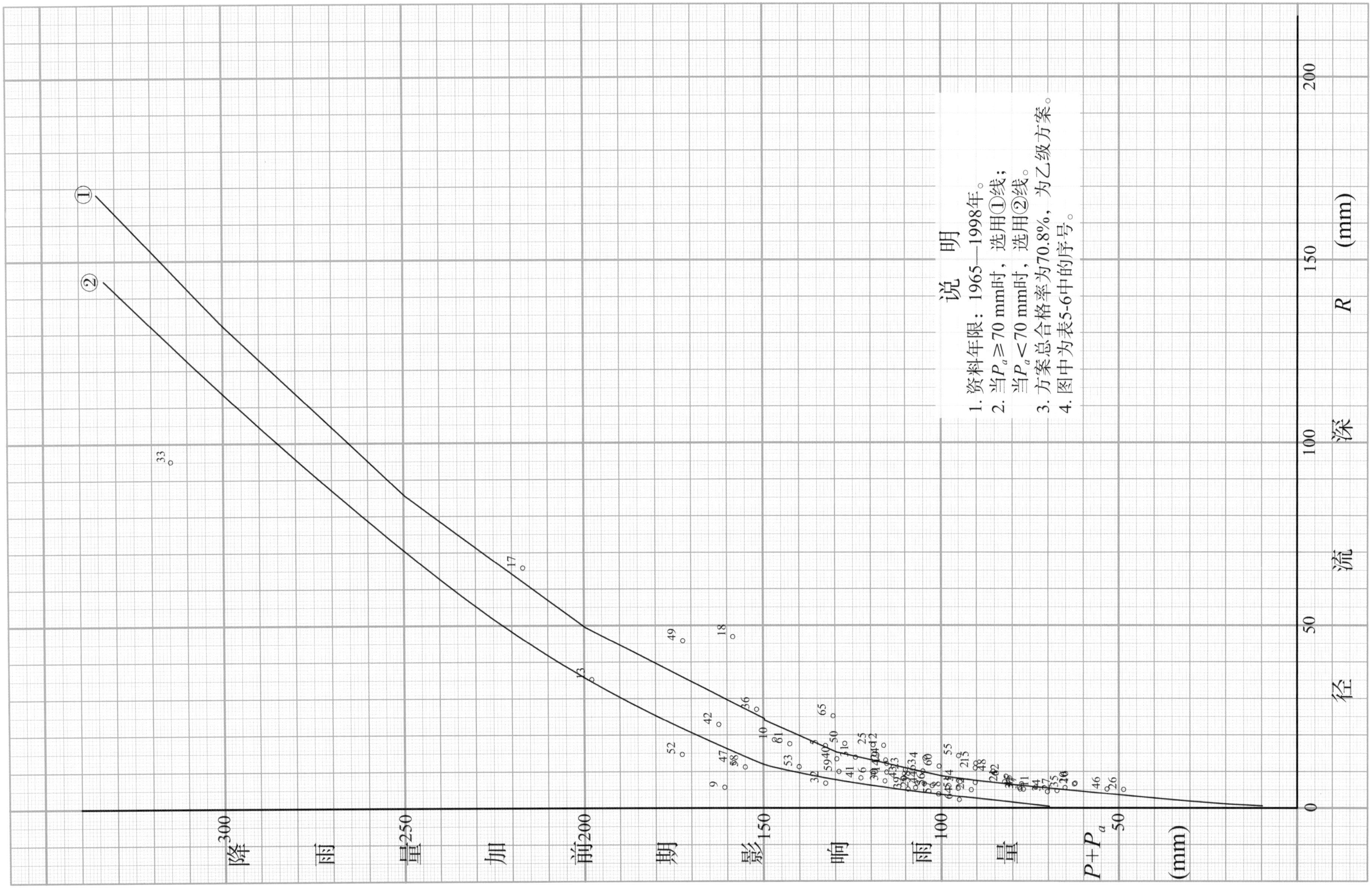

图 5-3 潍河诸城（二）水文站降雨径流关系曲线图（$P+P_a$-R）

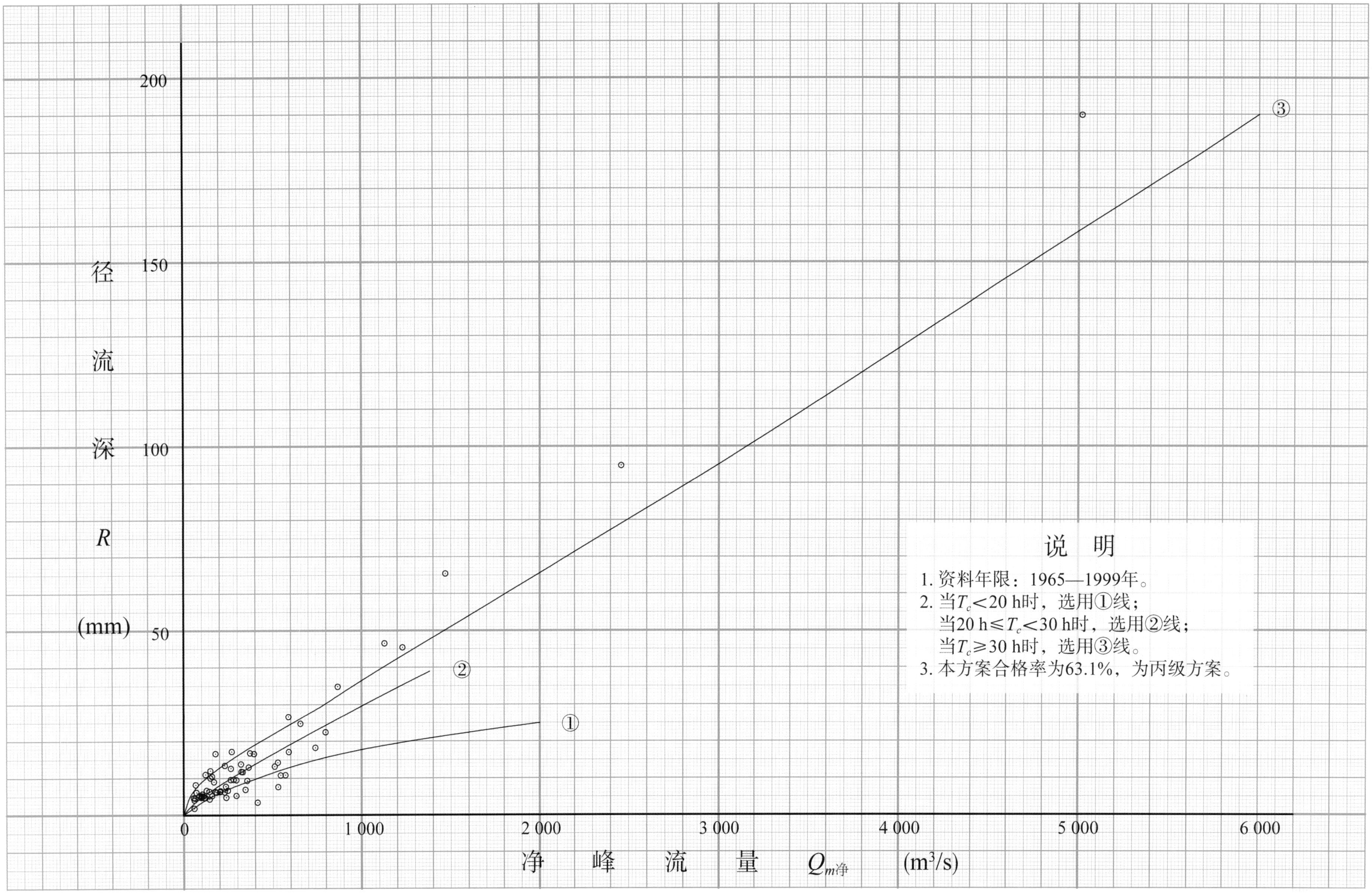

图 5-4 潍河诸城（二）水文站峰量关系曲线图（R-T_c-$Q_{m净}$）

单位线成果表

F=1 831 km^2，$F_{区}$=1 470.5 km^2，Δt=1 h

① 时段(1h)	① 流量（m³/s）	② 时段(1h)	② 流量（m³/s）	③ 时段(1h)	③ 流量（m³/s）	备注
0	0	0	0	0	0	
1	49	1	31	1	42	
2	63	2	66	2	61	
3	79	3	114	3	110	
4	101	4	194	4	210	
5	139	5	347	5	324	
6	200	6	507	6	384	当上游水利工程不泄洪时，F=1 470.5 km²，前期干旱采用单位线①，根据750815号洪水分析，P_a=40.1 mm，P=275.1 mm，有效降雨历时T_c=59 h，径流深R=94.8 mm，净峰流量$Q_{m净}$=2 477 m³/s；
7	261	7	417	7	392	
8	311	8	360	8	370	
9	334	9	323	9	339	
10	311	10	294	10	305	
11	279	11	271	11	274	
12	262	12	249	12	243	
13	243	13	232	13	219	当上游水利工程泄洪时，F=1 831 km²，发生特大暴雨采用单位线②，根据740814号洪水分析，P_a=71.9 mm，P=316.1 mm，有效降雨历时T_c=54 h，径流深R=189.9 mm，净峰流量$Q_{m净}$=5 001 m³/s；
14	222	14	215	14	196	
15	200	15	199	15	177	
16	177	16	185	16	162	
17	155	17	172	17	147	
18	133	18	158	18	135	
19	113	19	145	19	124	
20	94	20	133	20	114	
21	78	21	120	21	105	发生普通降雨时采用单位线③，根据750731号洪水分析，P_a=88.2 mm，P=44.8 mm，有效降雨历时T_c=26 h，径流深R=6.4 mm，净峰流量$Q_{m净}$=157m³/s
22	64	22	108	22	97	
23	54	23	95	23	89	
24	46	24	83	24	81	
25	43	25	45	25	75	
26	32	26	25	26	68	
27	25	27	0	27	62	
28	18			28	55	
29	0			29	49	
				30	42	
				31	35	
				32	0	
Σ	4 084	Σ	5 086	Σ	5 086	

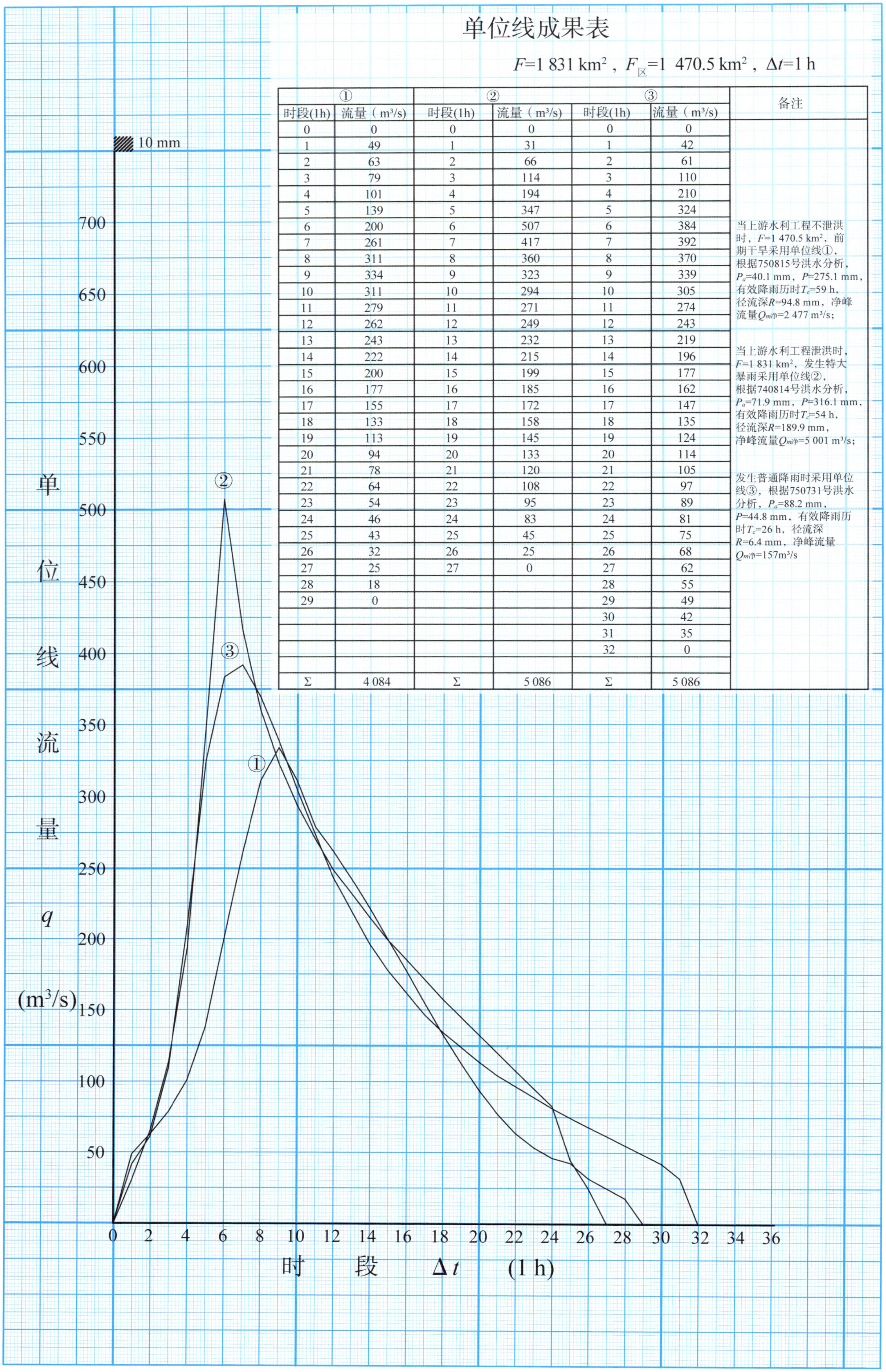

图 5-5　潍河诸城（二）水文站单位线综合图

第六章　渠河郭家屯站水文预报方案编制说明*

1　流域概况

1.1　流域自然地理特征

郭家屯水文站位于渠河下游，渠河流域位于山东省潍坊市东部。渠河水系发达，支流较多，主要有大苑河、老子河、闸河、店子河、孝廉河等。流域呈扇形，流域中上游处于山岳丘陵地带，中下游至峡山水库入河口之间处于平原地带，流域植被状况良好。渠河是潍河流域一条较大的一级支流，主河道长约100 km，河道平均纵比降为3.62‰，流域面积1 059 km^2。

流域洪水主要由暴雨形成，且中大洪水主要由台风型暴雨产生，每年8月中旬为暴雨洪水集中期（如1974年8月13日、2018年8月19日和2019年8月11日等），一般6月底至7月初和8月底至9月初均会有一场洪水。洪水特性：若前期降水充沛，来水较快，一般为单峰型洪水；若降水时空分布不均或流域内中型水库溢洪，断面会出现复式洪水，洪水持续时间一般为3~5天。

郭家屯水文站以上流域图见图6-1，郭家屯水文站测验断面位置图见图6-2。

1.2　水利工程情况

郭家屯水文站以上流域内自1959年以来先后建成中型水库于家河水库、下株梧水库和吴家楼水库3座，总控制面积为165 km^2，占郭家屯水文站以上流域面积的17%，总库容8 125万 m^3；流域上游建有李家沟拦河闸一座，在流域的中下游河道上还兴建了拦河坝等水利工程，对防洪抗旱起到了重要的作用。郭家屯水文站以上流域内主要水利工程情况见表6-1。

表6-1　渠河郭家屯水文站以上流域内主要水利工程统计表

工程类别	水库名称	所在乡镇	流域面积（km^2）	总库容（万 m^3）	兴利库容（万 m^3）	建成年份
中型	于家河	安丘市柘山镇	100	5 402	3 007	1968年
中型	下株梧	安丘市石埠子镇	32	1 634	942	1959年
中型	吴家楼	诸城市石桥子镇	33	1 089	428	1960年

1.3　测站情况

1.3.1　基本情况

郭家屯水文站位于山东省安丘市景芝镇葛家彭旺村南渠河北岸，测站编码为41808350。本站设立于2004年1月，由原石埠子水文站（安丘市石埠子镇境内，1955年设立观测）下迁至206国道渠河大桥东20 m处，属国家基本水文站、省级重要水文站，是渠河流域的重要控制站。站址以上控制流域面积963 km^2，河长85.2 km，至峡山水库入河口14.8 km。郭家屯水文站测验任务有水位、流量、降水量、冰情、水质、泥沙、墒情、水准测量、水文调查等；该站还担负着向国家防总，省、市防指提供水情、雨情、墒情和洪水预报等报汛任务。郭家屯水文站概况说明见表6-2。

表6-2　渠河郭家屯水文站概况说明表

基础信息	测站编码	41808350	集水面积	963 km^2	设站时间	2004年1月
	流域	淮河流域	水系	潍河水系	河流	渠河
	基面	1985年国家高程基准		高程	47.140 m	
	测站地址	山东省安丘市景芝镇葛家彭旺村				
	管理机构	山东省潍坊市水文中心				
	监测项目	水位、流量、泥沙、冰情、水质、水准测量、墒情、降水量、蒸发量、水文调查等				
	流量测验方法及渡河方式	流量测验方法：流速仪法、声学多普勒法、电波流速仪法 渡河方式：缆道				
	多年平均年径流量	1.001亿 m^3		多年平均年降水量	626.3 mm	
	最大年径流量	2.770亿 m^3		出现时间	2018年	
	最小年径流量	0亿 m^3		出现时间	2016年	
	最大流量	2 030 m^3/s		出现时间	2018年8月20日	
	最小流量	0 m^3/s		出现时间	2015年	
	最高水位	45.52 m		出现时间	2018年8月8日	
	最低水位	河干		出现时间	2015年	
	测站位置特点	郭家屯水文站位于潍坊市安丘市境内的淮河流域潍河水系，距峡山水库入河口14.8 km，水文站以上河道干流长度85.2 km，主要有渠河、荆河、贾悦河、闸河等支流汇入，其中较大支流为渠河，全长100 km，流域内有中型水库3座、小（1）型水库5座				
	测验河段特征	测验河段顺直长约1 800 m，上游1 000 m处有一弯道，向左弯曲约18°，下游800 m处有一弯道，向右弯曲约26°，左、右岸坝堤和河床均为黏壤土。由于2003年对河床和大坝进行了治理，2018年建设了标准化测流断面，因此河床比较规则，测验河段顺直平整。右岸河床比较平坦，左岸河床坡度较大				

续表

任务作用	系统积累水文资料，研究区域水文规律；为防汛抗旱、水资源管理、水生态保护等服务					
历史沿革	设立或变动	发生年月	站名	站别	领导机关	说明
	设立	2004 年 1 月	郭家屯	水文	山东省水文水资源勘测局	常年站，集水面积为 963 km^2
	基线变动	2019 年 6 月	郭家屯	水文	山东省水文局	

1.3.2 基面换算关系

本站冻结基面高程-0.134 m=1985 年国家高程基准高程。

1.3.3 报汛情况

本站以上共有报汛雨量站 8 处，分别为圈里、隋家河、马时沟、阿陀、井丘、石埠子、雹泉、景芝，详见表 6-3。

表 6-3 渠河郭家屯水文站以上流域雨量站情况表

站名	设站年份	详细地址
圈里	1957 年	山东省沂水县圈里乡圈里村
隋家河	1988 年	山东省安丘市柘山镇隋家河村
马时沟	1976 年	山东省安丘市柘山镇马时沟村
阿陀	1976 年	山东省安丘市石埠子镇阿陀村
井丘	1966 年	山东省诸城市贾悦镇井丘村
石埠子	1951 年	山东省安丘市石埠子镇石埠子村
雹泉	1961 年	山东省安丘市辉渠镇雹泉村
景芝	1952 年	山东省安丘市景芝镇葛家彭旺村

2 预报方案编制

2.1 预报区间确定

本方案预报区间为于家河水库、下株梧水库、吴家楼水库至郭家屯站区间，区间面积为 798 km^2，即郭家屯站以上总控制面积 963 km^2 减去上游于家河水库、下株梧水库、吴家楼水库控制面积 165 km^2 得到。

2.2 资料情况

本站实测资料年限为 17 年（2004—2020 年），本着高中水不漏、小洪水筛选的原则，共选用 20 场洪水资料分析，由于郭家屯水文站于 2004 年自上游石埠子水文站下迁而来，上游石埠子水文站历史资料对本站也具有重要参考价值，为增强预报方案代表性，故从 1962—2004 年间选取石埠子站 5 场较大场次洪水进行分析，因此本方案共选用 25 场洪水资料进行分析制作，时段长为 1 h。

2.3 产流方案

本方案采用降雨径流经验相关图 $P+P_a-R$，用分析计算的 25 个点据点绘定线，详见图 6-3。汛期前期 6 月份选用①号线，汛期中后期 7、8、9 月份选用②号线。其中：P 为次降雨流域平均雨量（mm）；P_a 为流域平均前期影响雨量（mm）；R 为次降雨所产生的径流深（mm）。

2.3.1 主要参数的计算

2.3.1.1 流域平均雨量 P 的计算

流域平均雨量采用面积加权法计算求得，各雨量站的面积控制权重见表 6-4。

表 6-4 郭家屯水文站以上流域内雨量站的控制权重表

站名	圈里	隋家河	马石沟	阿陀	井丘	石埠子	雹泉	景芝
权重	0.13	0.08	0.08	0.17	0.10	0.22	0.15	0.07

2.3.1.2 流域平均前期影响雨量 P_a 的计算

每年自汛初（5 月 1 日）开始连续计算，先以面积加权法计算流域平均雨量，然后计算前期影响雨量 P_a，其计算公式如下：

$$P_{a,\ t+1} = K(P_{a,\ t} + P_t)$$

式中：$P_{a,t+1}$ 为第 t+1 日的前期影响雨量（mm）；$P_{a,t}$ 为第 t 日的前期影响雨量（mm）；P_t 为第 t 日的流域平均雨量（mm）；K 为前期影响雨量递减系数，$K_{晴}=0.90$，$K_{雨}=0.95$。

2.3.1.3 最大初损值 I_m 的确定

在历年实测雨洪资料中，选择久旱少雨、降雨较大、前期影响雨量接近 0（P_a 较小）、产生径流较小的 5 场洪水资料求得 I_m=120 mm。其中 I_m 值采用下式计算：

$$I_m = P - R - E$$

式中：P 为流域平均降雨量（mm）；R 为径流深（mm）；E 为雨间蒸发量（mm）。

2.3.1.4 径流深 R 的推求

在实测洪水过程线上采用斜线分割法切除基流，本次洪水径流深 R 等于洪水总量 W（扣除基流量）除以区间面积 $F_{区}$，其中区间面积 $F_{区}$=798 km^2。郭家屯水文站降雨径流分析成果详见表 6-6。

2.3.2 精度评定

按许可误差=20%实测值的标准（并当许可误差大于 20.0 mm 时以 20.0 mm 为上限，小于 3.0 mm 时以 3.0 mm 为下限）进行逐次洪水评定。$P+P_a-R$ 相关图共选用 25 个点据，其中

20 个合格，合格率为 80.0%，属于乙级方案，详见表 6-7。

2.4 汇流方案

本方案主要采用峰量关系图和经验单位线等方法。

2.4.1 峰量关系曲线 R-T_c-$Q_{m净}$

以有效降雨历时 T_c 作为参数，建立峰量关系曲线 R-T_c-$Q_{m净}$，详见图 6-4。其中，R 为一次降雨径流深，由次洪水总量除以相应区间面积而得；T_c 是有效降雨历时。根据实测点据分析，确定当 $T_c \leqslant 12$ h 时，选用①号线；当 $T_c > 12$ h 时，选用②号线。

精度评定：按许可误差=20%实测值的标准进行逐次洪水评定。本方案共选用 20 个点据，14 个合格，合格率为 70.0%，为乙级方案，详见表 6-8。

2.4.2 经验单位线

根据流域暴雨洪水特性及下垫面变化情况，采用 180820、200804 场次洪水资料分析出 1 h 单位线 2 条，详见图 6-5。单位线返回验证评定情况见表 6-5。

表 6-5 郭家屯水文站单位线验证评定汇总表

洪号	单位线	实测洪峰（m^3/s）	计算洪峰（m^3/s）	相对误差（%）	峰现时距（h）	确定性系数
180820	1 h	1 748	1 699	−2.8	0	0.842 5
200804	1 h	333	341	2.48	0	0.875 2

在进行洪水作业预报时，应视不同降雨情况，选定相应的经验单位线。

2.4.3 水库调洪影响

因郭家屯站上游有中型水库于家河水库、下株梧水库、吴家楼水库，上游水库调洪直接影响本站洪水流量过程，而上游水库至本站区间无足够河道资料，故采用传播时间法进行流量演算：于家河水库至郭家屯站流量传播时间一般为 8 h，下株梧水库至郭家屯站流量传播时间一般为 5 h，吴家楼水库至郭家屯站流量传播时间一般为 3.5 h。将上游水库实测下泄流量与本方案计算得到的径流过程错时段叠加，从而得到郭家屯站的预报流量过程。

2.5 水位流量关系的确定及水位预报

根据郭家屯站实测水位流量资料定线，绘制了该站水位流量关系曲线，详见图 6-6。

根据该站低水实测流量和断面情况，应用导向现断面法和曼宁公式对水位流量关系进行了修改和延长。

在实际应用中，可通过拟定的水位流量关系曲线根据预报流量查算预报水位。

3 方案使用说明

3.1 径流深预报

首先计算出流域平均降雨量和流域平均前期影响雨量，再根据降雨径流关系图 $P+P_a$-R 的查算结果进行综合分析，最后确定地表径流深 R 的预报值。

3.2 经验单位线

由次雨径流深 R、时段降雨量采用扣损法分割 R 得到各时段净雨，然后根据暴雨中心位置选择相应单位线，各时段净雨错时段与 0.1 倍的单位线各时段流量相乘，同时段流量相加，再加上基流量即为流量过程。

3.3 洪水总量预报

根据下式可得到区间洪水总量 $W_区$。

$$W_区 = 0.1 F_区 R$$

式中：$W_区$为区间洪水总量（万 m^3）；$F_区$为区间流域面积（km^2）。

3.4 方案合理性检查及评定

在方案建立过程中，随时根据规范要求及有关文件规定进行合理性检查，特别将突出点据与原始资料反复查对，对中间处理过程也进行了认真审查，发现不合理的问题基本上都做了检查改正。方案建立后，先从线形进行比较，防止出现矛盾现象，然后尽量根据规范规定采用表格形式对每个方案进行了精度评定（许可误差法）。其中，$P+P_a$-R 相关图合格率为 80.0%，属乙级方案；R-T_c-$Q_{m净}$相关图合格率为 70.0%，为乙级方案。

3.5 方案适应能力

本方案适用于防洪标准以下的洪水作业预报。如遇超标准洪水，则需根据当时具体情况酌情修正。

3.6 注意事项

（1）方案的制作未考虑上游塘坝的影响，作业预报时也要根据前期降雨情况进行适当修正。

（2）应随时掌握上游工程蓄水及泄洪情况，对预报值要根据实际情况及时进行修正。

（3）局部暴雨时要注意超渗产流，可适当加大查算的 R 值；久旱初雨时产流偏小，应适当修正所查 R 值。

总之，由于影响因素太多，本方案不能完全反映实际情况，因而不能照搬，应具体问题具体分析，并采用多种方法，考虑各种因素进行综合分析，确定采用的预报值。

图 6-1　渠河郭家屯水文站以上流域图

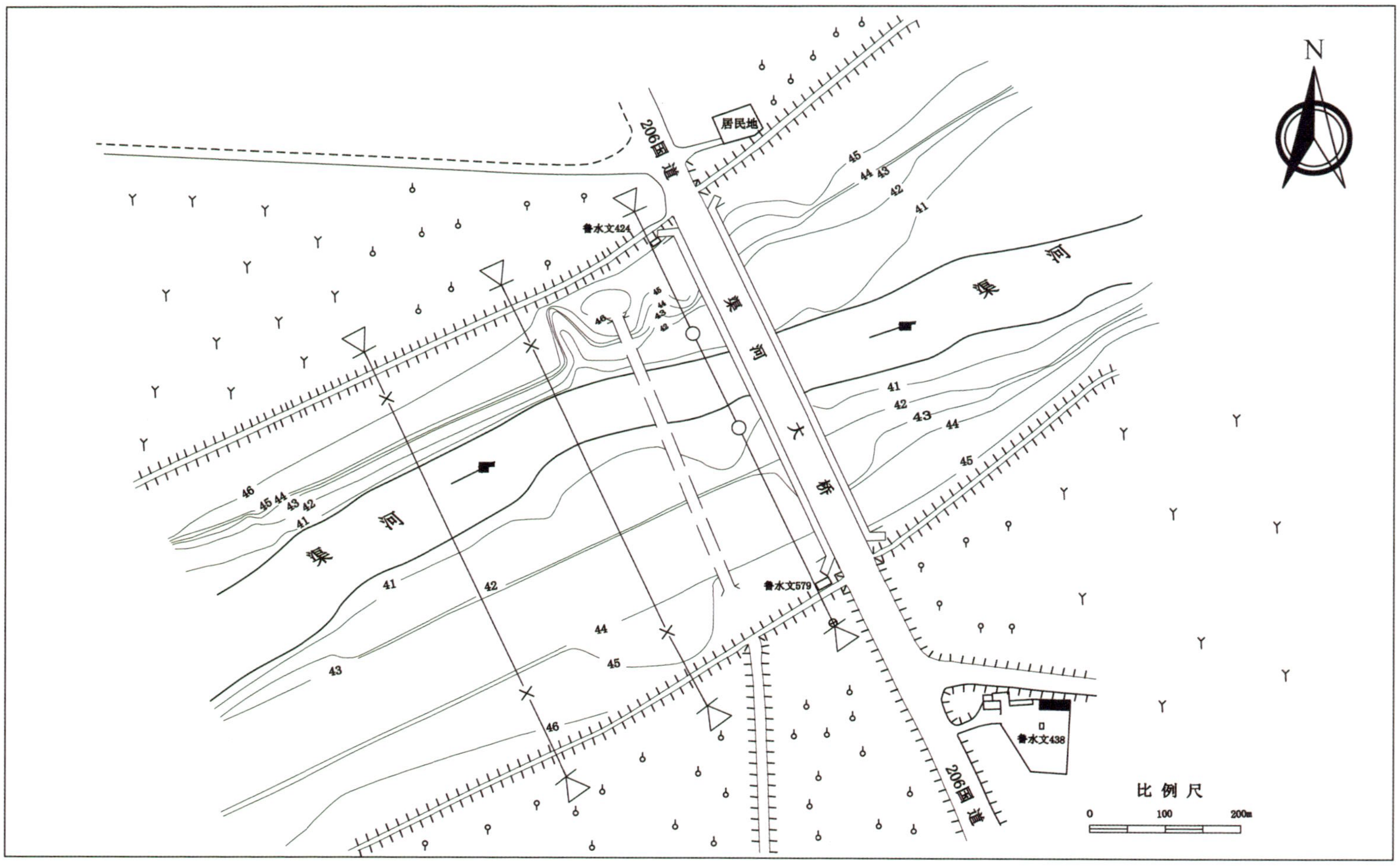

图 6-2　渠河郭家屯水文站测验断面位置图

表 6-6　渠河郭家屯水文站降雨径流分析成果表

洪号	降雨起止时间			主雨起止时间		流域平均雨量 P (mm)	前期影响雨量 P_a (mm)	降雨历时（h）		洪水起止时间			起涨流量 Q_0 (m^3/s)	洪峰流量 Q_m (m^3/s)	净峰流量 $Q_{m净}$ (m^3/s)	洪水总历时 $T_{洪}$ (h)	涨洪历时 $T_{涨洪}$ (h)	洪峰滞时 t_p (h)	有效降雨停止到径流基本结束时距 (h)	次洪径流量 W (万 m^3)	区间面积 $F_{区}$ (km^2)	次洪径流深 R (mm)	径流系数 α
	起	重心	止	起	止			全部 T	有效 T_c	起涨	峰顶	落平											
740813	8月13日 0：00	8月13日 17：00	8月14日 1：00	8月13日 8：00	8月14日 0：00	323. 0	119. 4	25	16	8月13日 6：00	8月13日 8：00	8月15日 20：00	0	4 560	4 560	62	2	0	0	20 943	798	262. 4	0. 81
850711	7月11日 2：00	7月11日 20：00	7月12日 2：00	7月11日 18：00	7月11日 22：00	95. 5	70. 1	24	4	7月11日 21：00	7月12日 8：00	7月13日 13：00	0	1 210	1 210	40	11	0	0	3 024	798	37. 9	0. 40
900816	8月16日 2：00	8月16日 8：00	8月16日 22：00	8月16日 4：00	8月16日 12：00	105. 2	105. 3	20	8	8月16日 7：00	8月16日 8：00	8月18日 4：00	0	854	854	45	1	0	0	4 796	798	60. 1	0. 57
990904	9月4日 0：00	9月4日 8：00	9月5日 1：00	9月4日 4：00	9月4日 12：00	124. 6	30. 4	25	8	9月4日 12：00	9月4日 18：00	9月6日 16：00	0	432	432	52	6	0	0	3 112	798	39. 0	0. 31
990910	9月9日 2：00	9月9日 8：00	9月9日 14：00	9月9日 4：00	9月9日 8：00	64. 5	120. 0	12	4	9月9日 7：00	9月10日 8：00	9月11日 12：00	0	741	741	53	25	0	0	4 724	798	59. 2	0. 92
040718	7月17日 18：00	7月17日 23：00	7月18日 6：00	7月17日 19：00	7月18日 6：00	59. 3	56. 1	12	11	7月18日 6：00	7月18日 12：00	7月22日 2：00	0	145	140	92	6	13	92	770	798	9. 7	0. 16
040817	8月16日 8：00	8月16日 10：00	8月16日 22：00	8月16日 8：00	8月16日 22：00	64. 2	25. 4	14	14	8月16日 16：00	8月17日 6：00	8月22日 8：00	4	65. 4	62	136	14	20	130	690	798	8. 7	0. 13
040915	9月14日 10：00	9月14日 18：00	9月15日 0：00	9月14日 10：00	9月14日 22：00	59. 5	21. 7	14	12	9月15日 0：00	9月15日 7：00	9月18日 12：00	7	61. 6	57. 2	84	7	13	86	507	798	6. 4	0. 11
050808	8月7日 16：00	8月7日 22：00	8月8日 12：00	8月7日 18：00	8月8日 9：00	86. 2	47. 0	20	15	8月8日 6：00	8月8日 16：00	8月16日 10：00	0	136	136	196	10	18	193	1 771	798	22. 2	0. 26
050921	9月20日 2：00	9月20日 6：00	9月21日 12：00	9月20日 2：00	9月21日 10：00	85. 4	75. 2	34	32	9月20日 8：00	9月21日 15：00	9月25日 20：00	50	274	269	132	31	33	106	3 870	798	48. 5	0. 57
070811	8月10日 10：00	8月11日 2：00	8月11日 10：00	8月10日 21：00	8月11日 6：00	71. 3	87. 4	24	9	8月10日 18：00	8月11日 14：00	8月12日 22：00	10	255	250	52	20	12	40	1 711	798	21. 4	0. 30
070818	8月18日 2：00	8月18日 5：00	8月18日 10：00	8月18日 3：00	8月18日 8：00	37. 5	80. 9	8	5	8月18日 6：00	8月18日 18：00	8月22日 6：00	24	260	237	96	12	13	94	1 500	798	18. 8	0. 50
080723	7月22日 22：00	7月23日 3：00	7月24日 10：00	7月23日 1：00	7月24日 6：00	104. 7	81. 1	36	29	7月23日 8：00	7月23日 20：00	7月27日 16：00	30	308	276	104	12	17	82	3 560	798	44. 6	0. 43
080822	8月21日 10：00	8月21日 15：00	8月22日 0：00	8月21日 10：00	8月21日 22：00	50. 5	66. 5	14	12	8月21日 16：00	8月22日 7：00	8月25日 0：00	37	145	139	80	15	16	74	1 526	798	19. 1	0. 38
090712	7月11日 10：00	7月11日 21：00	7月12日 2：00	7月11日 10：00	7月12日 2：00	54. 3	81. 5	16	16	7月12日 0：00	7月12日 11：00	7月14日 6：00	7	158	151	54	11	14	52	638	798	8. 0	0. 15
090721	7月20日 20：00	7月20日 23：00	7月21日 6：00	7月20日 21：00	7月21日 2：00	25. 1	70. 6	10	5	7月20日 22：00	7月21日 8：00	7月23日 12：00	23	104	93. 4	62	10	9	58	602	798	7. 6	0. 30
110821	8月19日 14：00	8月19日 23：00	8月20日 14：00	8月19日 15：00	8月20日 6：00	25. 7	58. 4	24	15	8月20日 8：00	8月21日 2：00	8月25日 2：00	12	55. 2	42. 5	114	18	27	116	650	798	8. 2	0. 32
120803	8月2日 18：00	8月3日 4：00	8月3日 14：00	8月2日 19：00	8月3日 10：00	75. 4	50. 7	20	15	8月3日 10：00	8月3日 23：00	8月6日 8：00	11	214	202	70	13	19	70	1 687	798	21. 1	0. 28
120810	8月9日 22：00	8月10日 1：00	8月10日 8：00	8月9日 22：00	8月10日 5：00	35. 0	59. 1	10	7	8月10日 0：00	8月10日 9：00	8月13日 20：00	38	203	172	92	9	8	87	1 101	798	13. 8	0. 39
180724	7月23日 2：00	7月23日 14：00	7月24日 4：00	7月23日 3：00	7月23日 20：00	114. 5	12. 9	26	17	7月23日 12：00	7月24日 12：00	7月29日 10：00	2	95. 8	93. 9	142	24	22	134	907	798	11. 4	0. 10
180820	8月18日 14：00	8月19日 23：00	8月20日 4：00	8月19日 10：00	8月20日 0：00	204. 3	75. 5	38	14	8月19日 4：00	8月20日 6：00	8月23日 18：00	72	1 820	1 748	110	26	7	90	7 048	798	88. 3	0. 43
190811	8月10日 6：00	8月10日 22：00	8月11日 22：00	8月10日 9：00	8月11日 4：00	228. 2	67. 0	40	19	8月10日 22：00	8月11日 11：00	8月17日 10：00	2	559	557	156	13	13	150	2 791	798	35. 0	0. 15
200804	8月3日 20：00	8月4日 5：00	8月4日 10：00	8月4日 3：00	8月4日 7：00	90. 1	89. 6	14	4	8月4日 2：00	8月4日 17：00	8月8日 0：00	23	336	333	94	15	12	89	2 737	798	34. 3	0. 38
200814	8月13日 20：00	8月13日 20：00	8月14日 6：00	8月13日 20：00	8月14日 2：00	59. 2	59. 1	10	6	8月13日 22：00	8月14日 11：00	8月18日 2：00	24	222	199	100	13	15	96	1 354	798	17. 0	0. 29
200826	8月26日 2：00	8月26日 6：00	8月26日 20：00	8月26日 4：00	8月26日 17：00	59. 3	46. 7	18	13	8月26日 2：00	8月26日 21：00	8月30日 6：00	24	184	182	100	19	15	85	2 239	798	28. 1	0. 47

表 6-7　渠河郭家屯水文站降雨径流精度评定表

序号	洪号	流域平均雨量 P（mm）	前期影响雨量 P_a（mm）	$P+P_a$（mm）	实测径流深 $R_{实}$（mm）	预报径流深 $R_{预}$（mm）	预报误差（mm）	许可误差（mm）	评定结果	
									合格	不合格
1	740813	323.0	119.4	442.4	262.4	243.0	-19.4	20.0	√	
2	850711	95.5	70.1	165.6	37.9	30.8	-7.1	7.6	√	
3	900816	105.2	105.3	210.5	60.1	61.2	1.1	12.0	√	
4	990904	124.6	30.4	155.0	39.0	36.3	-2.7	7.8	√	
5	990910	64.5	120.0	184.5	59.2	49.5	-9.7	11.8	√	
6	040718	59.3	56.1	115.4	9.7	9.7	0.0	3.0	√	
7	040817	64.2	25.4	89.6	8.7	9.7	1.0	3.0	√	
8	040915	59.5	21.7	81.2	6.4	7.8	1.4	3.0	√	
9	050808	86.2	47.0	133.2	22.2	26.5	4.3	4.4	√	
10	050921	85.4	75.2	160.6	48.5	38.8	-9.7	9.7	√	
11	070811	71.3	87.4	158.7	21.4	38.0	16.6	4.3		√
12	070818	37.5	80.9	118.4	18.8	19.9	1.1	3.8	√	
13	080723	104.7	81.1	185.8	44.6	41.1	-3.5	8.9	√	
14	080822	50.5	66.5	117.0	19.1	19.3	0.2	3.8	√	
15	090712	54.3	81.5	135.8	8.0	16.5	8.5	3.0		√
16	090721	25.1	70.6	95.7	7.6	6.5	-1.1	3.0	√	
17	110821	25.7	58.4	84.1	8.2	8.4	0.2	3.0	√	
18	120803	75.4	50.7	126.1	21.1	23.3	2.2	4.2	√	
19	120810	35.0	59.1	94.1	13.8	10.9	-2.9	3.0	√	
20	180724	114.5	12.9	127.4	11.4	13.2	1.8	3.0	√	
21	180820	204.3	75.5	279.8	88.3	93.7	5.4	17.7	√	
22	190811	228.2	67.0	295.2	35.0	101.5	66.5	7.0		√
23	200804	90.1	89.6	179.7	34.3	47.3	13.0	6.9		√
24	200814	59.2	59.1	118.3	17.0	19.9	2.9	3.4	√	
25	200826	59.3	46.7	106.0	28.1	14.8	-13.3	5.6		√

备注：1. 预报误差=预报值-实测值；2. 许可误差=实测值的 20%，以 20.0 mm 为上限，以 3.0 mm 为下限；3. 合格率=80.0%，为乙级方案。

表 6-8　渠河郭家屯水文站峰量关系精度评定表

序号	洪号	实测径流 $R_{实}$（mm）	有效降雨历时 T_c（h）	净峰流量（m^3/s）		预报误差（m^3/s）	许可误差（m^3/s）	评定结果	
				实测 $Q_{m净实}$	预报 $Q_{m净预}$			合格	不合格
1	040718	9.7	11	140	130	-10	28.0	√	
2	040817	8.7	14	62.0	66.0	4	12.4	√	
3	040915	6.4	12	57.2	89.0	31.8	11.4		√
4	050808	22.2	15	136	130	-6	27.2	√	
5	050921	48.5	32	269	311	42	53.8	√	
6	070811	21.4	9	250	262	12	50.0	√	
7	070818	18.8	5	237	233	-4	47.4	√	
8	080723	44.6	29	276	271	-5	55.2	√	
9	080822	19.1	12	139	236	97	27.8		√
10	090712	8.0	16	151	62.0	-89	30.2		√
11	090721	7.6	5	93.4	104	10.6	18.7	√	
12	110821	8.2	15	42.5	50.5	8	8.50	√	
13	120803	21.1	15	202	125	-77	40.4		√
14	120810	13.8	7	172	177	5	34.4	√	
15	180724	11.4	17	93.9	81.0	-12.9	18.8	√	
16	180820	88.3	14	1748	1055	-693	39.2		√
17	190811	35.0	19	557	196	-361	154		√
18	200804	34.3	4	333	399	66	66.6	√	
19	200814	17.0	6	199	213	14	38.8	√	
20	200826	28.1	13	182	157	-25	36.4	√	

备注：1. 2004 年之前的洪水移用上游石埠子站，因两站流域面积差别较大，流量难以移用至郭家屯站预报断面，故不参加峰量关系评定；2. 预报误差=预报值-实测值；3. 许可误差=实测值的 20%；4. 合格率=70.0%，为乙级方案。

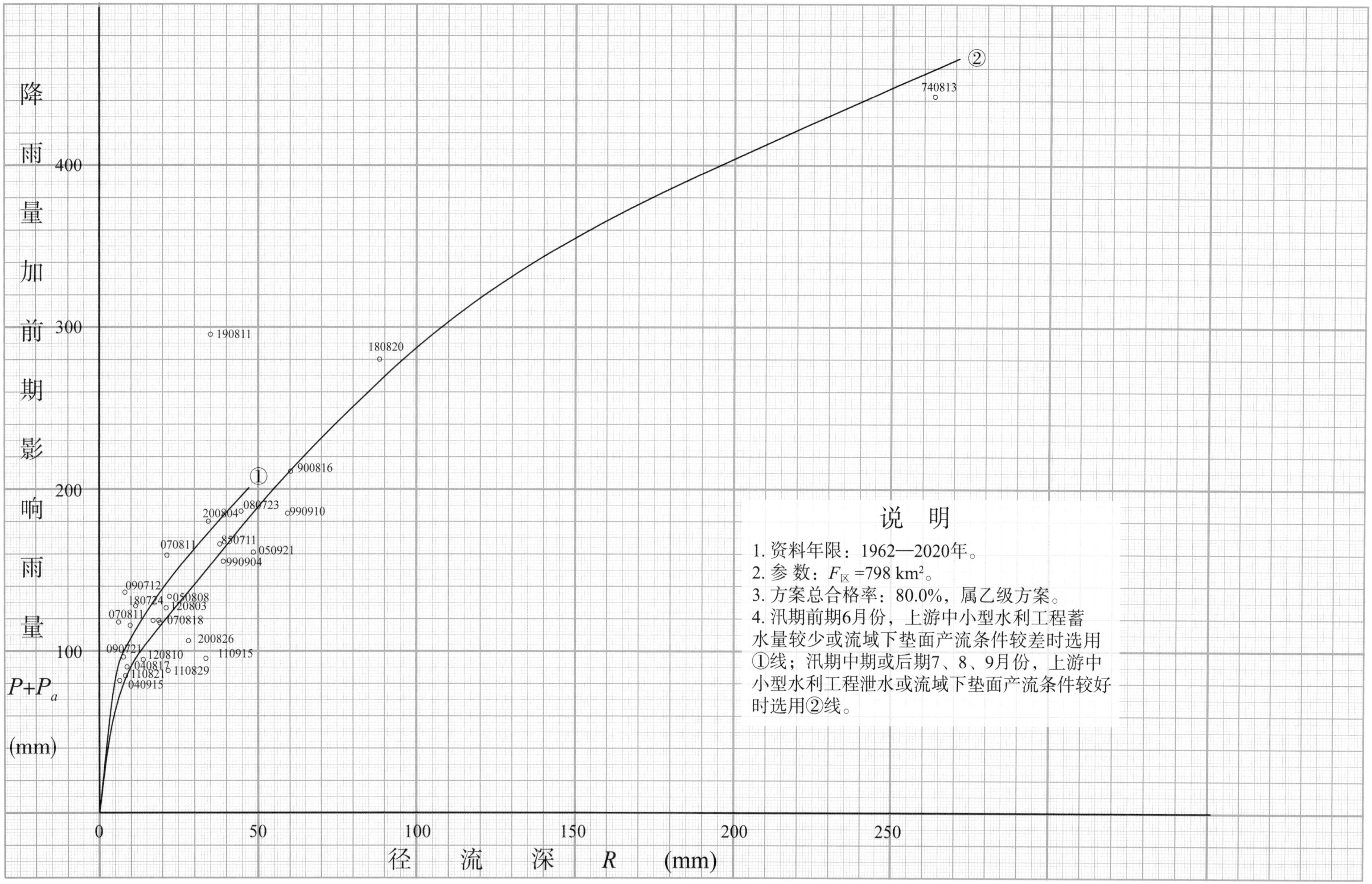

图 6-3　渠河郭家屯水文站降雨径流关系曲线图（$P+P_a$-R）

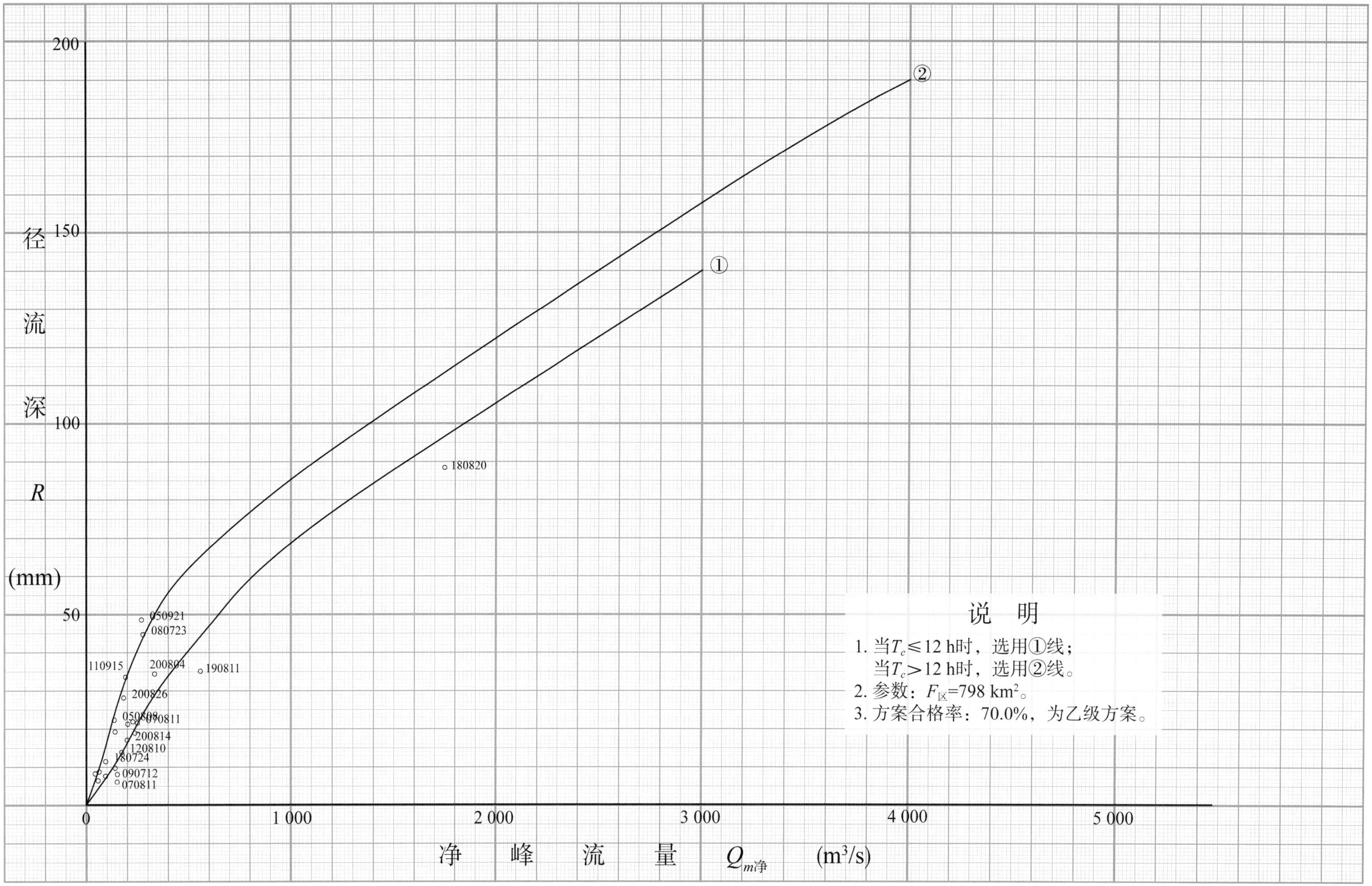

图 6-4　渠河郭家屯水文站峰量关系曲线图（R-T_c-$Q_{m净}$）

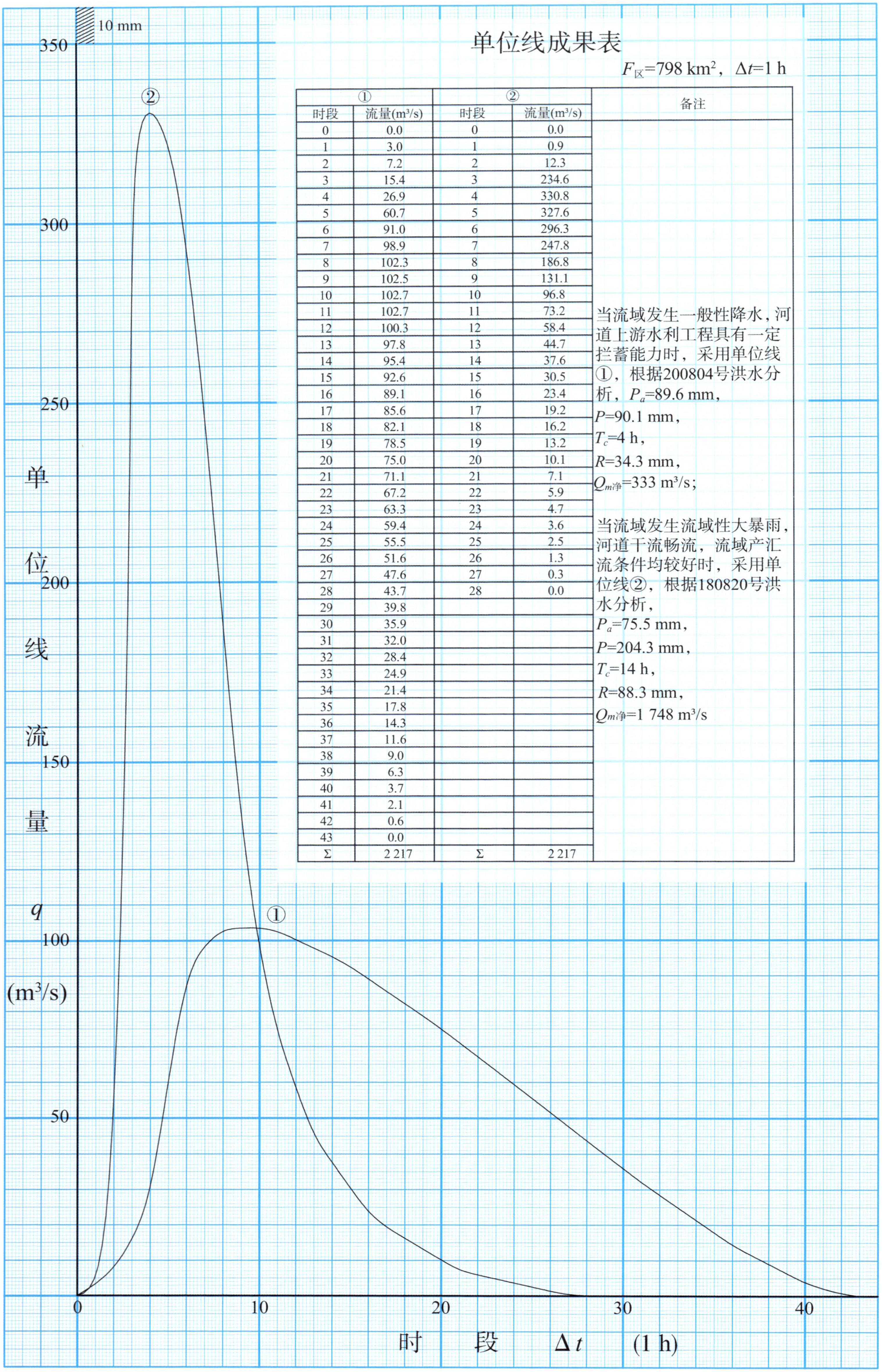

单位线成果表

$F_{区}=798\ km^2$，$\Delta t=1\ h$

① 时段	① 流量(m^3/s)	② 时段	② 流量(m^3/s)	备注
0	0.0	0	0.0	
1	3.0	1	0.9	
2	7.2	2	12.3	
3	15.4	3	234.6	
4	26.9	4	330.8	
5	60.7	5	327.6	
6	91.0	6	296.3	
7	98.9	7	247.8	
8	102.3	8	186.8	
9	102.5	9	131.1	
10	102.7	10	96.8	
11	102.7	11	73.2	当流域发生一般性降水，河道上游水利工程具有一定拦蓄能力时，采用单位线①，根据200804号洪水分析，P_a=89.6 mm， P=90.1 mm， T_c=4 h， R=34.3 mm， $Q_{m净}$=333 m^3/s；
12	100.3	12	58.4	
13	97.8	13	44.7	
14	95.4	14	37.6	
15	92.6	15	30.5	
16	89.1	16	23.4	
17	85.6	17	19.2	
18	82.1	18	16.2	
19	78.5	19	13.2	
20	75.0	20	10.1	
21	71.1	21	7.1	
22	67.2	22	5.9	
23	63.3	23	4.7	
24	59.4	24	3.6	当流域发生流域性大暴雨，河道干流畅流，流域产汇流条件均较好时，采用单位线②，根据180820号洪水分析， P_a=75.5 mm， P=204.3 mm， T_c=14 h， R=88.3 mm， $Q_{m净}$=1 748 m^3/s
25	55.5	25	2.5	
26	51.6	26	1.3	
27	47.6	27	0.3	
28	43.7	28	0.0	
29	39.8			
30	35.9			
31	32.0			
32	28.4			
33	24.9			
34	21.4			
35	17.8			
36	14.3			
37	11.6			
38	9.0			
39	6.3			
40	3.7			
41	2.1			
42	0.6			
43	0.0			
Σ	2 217	Σ	2 217	

图 6–5 渠河郭家屯水文站单位线综合图

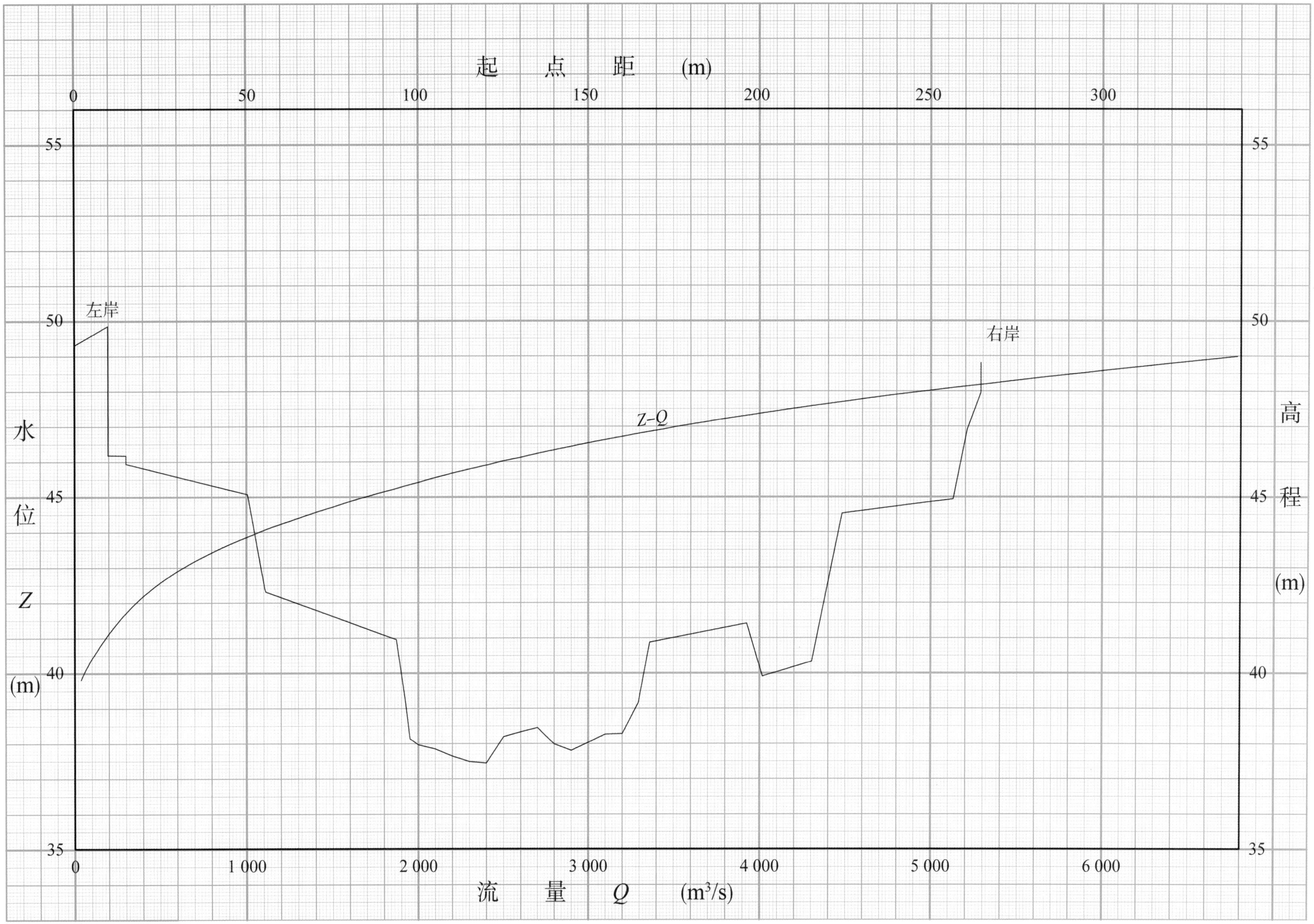

图 6-6 渠河郭家屯水文站水位流量关系曲线图

第七章　临朐丹河丹河水库站水文预报方案编制说明

1　流域概况

1.1　自然地理特征

1.1.1　河流水系

丹河水库位于山东省泰沂山北区、弥河支流——临朐丹河中上游，距冶源水库 11 km，汇流于冶源水库，是一座以防洪为主、兼顾灌溉和水产养殖的综合利用的中型水库。丹河水库控制流域面积 37 km²，流域形状呈叶形，整个流域东北高，西南低，高度相差较大。东北部安头山高程 175 m，流域平均宽度 2.72 km。临朐丹河发源于临朐上林马山，于临朐县辛寨街道关爷庙村附近汇入冶源水库，全长 32.0 km，流域面积 106.9 km²。丹河水库流域图见图 7-1。

1.1.2　地形、地质、地貌

丹河水库流域属丘陵区，丘陵占流域面积的 80%，山区占 20%。

1.1.3　气象水文特征

丹河水库流域属暖温带半湿润大陆性气候区，四季分明，日照期长，年平均气温 12.4 ℃，多年平均月最低气温-3.2 ℃，月最高气温 31.3 ℃，全年无霜期一般 185 天，最长 206 天。多年平均年降水量 638 mm，受季风影响，降水有明显的季节性，汛期降水量占全年降水量的 64%，降水量年内分布极不均匀。降水量年际变化也很大，年最大值是年最小值的 4 倍，丹河水库多年平均年径流量为 851 万 m³。该流域内河流属山溪性河流，洪水暴涨暴落，洪峰持续时间短，丹河水库建成前常年平均流量 0.3 m³/s。

1.2　水库工程概况

1.2.1　水库概述

丹河水库控制流域面积 37 km²，流域内建有小（1）型水库 1 座、小（2）型水库 4 座。丹河水库总库容 1 243 万 m³，调洪库容 615 万 m³，兴利库容 629 万 m³，按 50 年一遇洪水标准设计，1 000 年一遇洪水标准校核。丹河水库工程特性见表 7-1。

表 7-1　丹河水库工程特性表

水库名称			丹河水库
管理机构名称			临朐县丹河水库运行维护中心
主管部门			临朐县水利局
所在地点			临朐县辛寨街道大后河村
所在河流			弥河支流临朐丹河
集水面积			37 km²
水文特征	多年平均年降水量		638 mm
水文特征	多年平均年径流量		0.085 1 m³
水文特征	多年平均年输沙量		0.000 4 亿 t
水文特征	设计	重现期	50 年
水文特征	设计	洪峰流量	396 m³/s
水文特征	设计	洪水总量	0.084 9 亿 m³
水文特征	校核	重现期	1 000 年
水文特征	校核	洪峰流量	796.8 m³/s
水文特征	校核	洪水总量	0.109 9 亿 m³
水库特征	调节性能		多年调节
水库特征	校核洪水位		193.39 m
水库特征	设计洪水位		191.31 m
水库特征	汛中限制水位		189.00 m
水库特征	正常蓄水位		189.00 m
水库特征	死水位		178.38 m
水库特征	总库容		1 243 万 m³
水库特征	其中	调洪库容	615 万 m³
水库特征	其中	兴利库容	629 万 m³
水库特征	其中	死库容	0

主坝	坝型	心墙坝
主坝	坝顶高程	193.50 m
主坝	最大坝高	20.12 m
主坝	坝顶长度	300 m
主坝	坝顶宽度	6.0 m
主坝	坝基防渗型式	混凝土防渗墙
副坝	座数	1 座
副坝	总长度	550 m
副坝	最大坝高	15.0 m
副坝	坝顶宽度	6.0 m
正常溢洪道	型式	宽顶堰
正常溢洪道	堰顶高程	186.50 m
正常溢洪道	堰顶净宽	3 m×5 m（高×宽）
正常溢洪道	闸门型式	平板钢闸门
正常溢洪道	闸门尺寸	3 m×5 m（高×宽）
正常溢洪道	最大泄量	402.18 m³/s
正常溢洪道	消能型式	消力池
正常溢洪道	启闭设备	卷扬式
非常溢洪道	型式	爆破引溃式
非常溢洪道	堰顶高程	189.00 m
非常溢洪道	堰顶净宽	75.00 m
非常溢洪道	最大泄量	866 m³/s
放水洞	型式	（南/北）浆砌石廊道钢筋混凝土有压圆管/浆砌石涵洞
放水洞	断面尺寸	Φ0.1 m/0.5 m×0.5 m（高×宽）
放水洞	进口底高程	177.38 m/185.38 m
放水洞	闸门型式	钢闸门/铸铁闸门
放水洞	最大流量	7.09 m³/s/0.3 m³/s
放水洞	启闭设备	螺杆式

1.2.2 水库工程主体

丹河水库枢纽工程由大坝、溢洪道、放水洞三部分组成。

（1）大坝：大坝全长 850 m，从 0+000 至 0+300 为主坝，长 300 m。从 0+300 到 0+850 为副坝，长 550 m。丹河水库主坝为宽心墙砂壳坝，副坝为均质坝，坝顶宽 6.0 m，主坝坝顶高程 193.50 m，戗台高程 184.00 m。

（2）溢洪道（闸）：现状溢洪道设有 3 孔 3 m×5 m 平板钢闸门，位于河道南岸、大坝南头、水库运行维护中心东边。

（3）放水洞：放水洞分为南放水洞和北放水洞。南放水洞位于主坝南端，为廊道式衬管，内径 1.0 m，洞身长 70.10 m，进口底高程 177.38 m，设计流量 7.09 m^3/s，有一扇 1.0 m×1.0 m 平面钢闸门控制。北放水洞位于主坝北端，为 0.5 m×0.5 m 的浆砌石涵洞，有闸门控制，进口底高程 185.38 m，设计流量 0.3 m^3/s。

1.2.3 历次重大改建、扩建、加固情况

丹河水库于 1959 年 11 月动土兴建，1960 年 8 月建成蓄水。

丹河水库除险加固工程于 2000 年 12 月开工建设，至 2010 年 11 月全部完工。丹河水库除险加固工程的主要建设内容包括：大坝工程、溢洪道（闸）工程、放水洞工程及其他工程。

1.2.4 主要控制运用指标（2022 年）

丹河水库主要控制运用指标见表 7-2。

表 7-2 丹河水库主要控制运用指标（2022 年）

控制运用指标名称	水位 Z（m）	相应库容 V（万 m^3）
溢洪道底高程	186.50	
汛中限制水位	189.00	629
汛中允许超蓄水位	189.00	629
汛末蓄水位	189.00	629
警戒水位	191.31	
允许最高水位	193.39	

1.3 测站概况

丹河水库站主要测验项目有水位、降水、出库流量、水文调查等。本站采用冻结基面（1956 年黄海基面），1985 年国家高程基准高程与冻结基面高程换算关系为 $Z_{85}=Z_{冻结}$。

2 预报方案编制

2.1 资料情况

丹河水库站无实测年鉴水文摘录资料。

2.2 参证站选择

丹河水库站以上流域地形地貌和下垫面基本特征与前城子站以上流域相似，二者流域面积相差较小，故以沂河前城子站作为丹河水库站的参证站。参证站前城子站以上流域面积 $F_{参}=55\ km^2$；设计站丹河水库站以上流域面积 $F_{设}=37\ km^2$。虽然两站不属于同一流域，考虑到流域面积、地形地貌、下垫面条件等流域相似性，认为以前城子站为参证站较为合适。

2.3 产流方案

利用前城子站的产流方案推求丹河水库站的产流过程，丹河水库站降雨径流相关图（$P+P_a-R$）见图 7-2。

2.3.1 流域平均雨量 P 的计算

选取丹河水库、张家台子、百沟 3 个雨量站，采用算术平均法计算求得流域平均雨量 P。

2.3.2 流域平均前期影响雨量 P_a 的计算

$$P_{a,t+1}=K(P_{a,t}+P_t)$$

式中：$P_{a,t+1}$ 为第 t+1 日的前期影响雨量（mm）；$P_{a,t}$ 为第 t 日的前期影响雨量（mm）；P_t 为第 t 日的流域平均雨量（mm）；K 为前期影响雨量递减系数，$K_{晴}=0.90$，$K_{雨}=0.95$。

其中，K 值计算公式如下：

$$K=1-E_m/I_m$$

式中：E_m 为最大蒸发能力（借用前城子站历年平均各月最大日蒸发量）；I_m 为最大损失量，采用 60 mm，并作为 P_a 值的上限控制数。

2.4 汇流方案

采用参证站前城子站单位线进行缩放。将前城子站单位线（$\Delta t=1$ h）进行缩放后作为丹河水库站单位线，详见图 7-3。

单位线的缩放按下列公式计算：

$$\alpha=(F_{设}/F_{参})^{0.5}$$

$$T_{设i}=\alpha T_{参i}$$

$$q_{设i}=\alpha q_{参i}$$

式中：α 为单位线缩放系数；$F_{参}$ 为参证站以上控制流域面积；$F_{设}$ 为设计站以上控制流域面积；$T_{参i}$ 为参证站单位线逐时段，$T_{参i}=1, 2, \cdots, N$；$T_{设i}$ 为设计站单位线逐时段，通常为小数，为满足实际要求，需进一步对缩放结果进行插值，从而得到整时段单位线结果；$q_{参i}$ 为参证站单位线逐时段流量；$q_{设i}$ 为设计站单位线逐时段流量。

图 7-1　临朐丹河丹河水库流域图

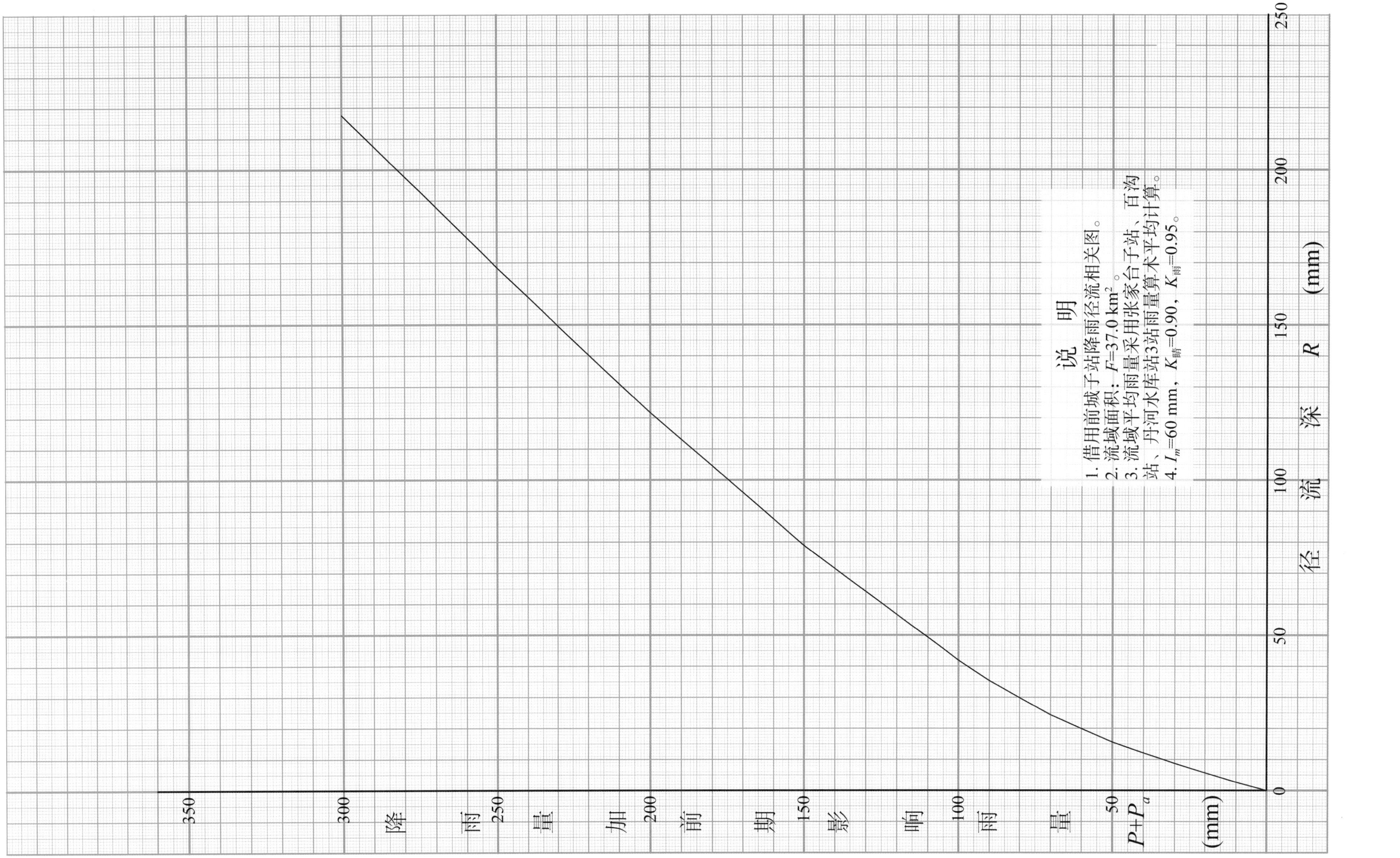

图 7-2　临朐丹河丹河水库站降雨径流关系曲线图（$P+P_a$-R）

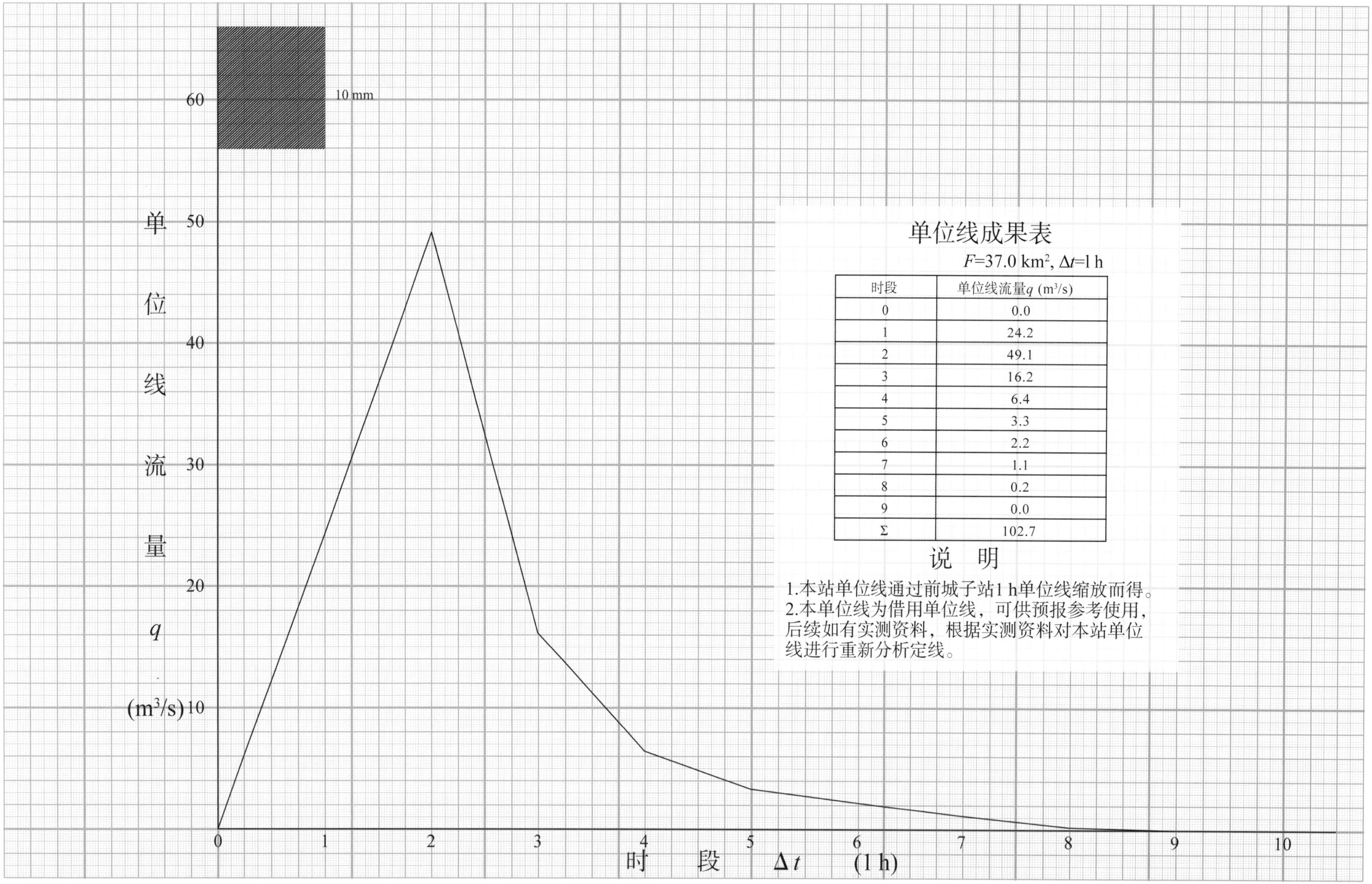

单位线成果表

F=37.0 km², Δt=1 h

时段	单位线流量q (m³/s)
0	0.0
1	24.2
2	49.1
3	16.2
4	6.4
5	3.3
6	2.2
7	1.1
8	0.2
9	0.0
Σ	102.7

说 明

1.本站单位线通过前城子站1 h单位线缩放而得。
2.本单位线为借用单位线，可供预报参考使用，后续如有实测资料，根据实测资料对本站单位线进行重新分析定线。

图 7-3　临朐丹河丹河水库站单位线综合图

第八章　丹河荆山水库站水文预报方案编制说明

1　流域概况

1.1　自然地理特征

1.1.1　河流水系

荆山水库位于潍坊市昌乐县乔官镇荆山坡村西北 1 km 处，弥河支流丹河上游。丹河位于潍坊市中西部，发源于临朐县纪山沟村，自南向北流经临朐、昌乐、寿光、滨海经济技术开发区等 4 县（市、区），在潍坊滨海经济技术开发区韩家庙子村北汇入弥河，河道全长 101.0 km（其中丹河干流 88.1 km，分洪道 12.9 km），总流域面积 770 km^2。1971 年在侯镇马家村西北方向开挖丹河分洪道，向北流经神树坡村，在北宋岭村北 1.5 km 处入弥河，全长 12.9 km。荆山水库流域图见图 8-1。

1.1.2　地形、地质、地貌

荆山水库坝址以上流域形状呈椭圆形，南高北低，河流自西南流向东北，河沟密集，坝址以上干流长度 10.5 km，流域平均宽度 3.43 km，干流平均坡降 14.3‰。库区地处鲁中南丘陵地区，位于泰沂山脉北麓、沂沭断裂带西侧，为低山丘陵地形。库区地面高程一般为 150~200 m，相对高差在 50 m 左右。库区内主要地貌类型为丘陵、河流、阶地，周围为起伏的“山体”，“山体”低矮，顶部浑圆，植被发育，上游最高峰苍山海拔 352.00 m。区内主要河流有大丹河，属于山溪雨源性河流，雨季源短流急。冲沟一般发育成“V”形谷，谷底坡度 1°~5°，地面坡度 5°~15°。

1.1.3　气象水文特征

荆山水库流域属暖温带半湿润大陆性季风气候区，具有显著的大陆性气候特征：四季变化明显，光照充足；冬季干冷，雨雪稀少，风向多偏北；春季干燥，易发生春旱，风向多偏南；夏季高温湿润，雨量集中；秋季天高气爽，少雨干旱。多年平均气温 12.3 ℃，极端最高气温 41.7 ℃，极端最低气温-24 ℃。多年平均年降水量 558.0 mm，其中汛期（6—9 月）多年平均降水量 394.0 mm，占年降水量的 70.6%。

1.2　水库工程概况

1.2.1　水库概述

荆山水库位于昌乐县乔官镇荆山坡村西北 1 km 处，弥河支流大丹河上游，始建于 1966 年 10 月，1967 年 10 月建成蓄水，控制流域面积 36 km^2，是一座集防洪、灌溉、养殖及供水等综合利用于一体的国家重点中型水库。水库影响下游 15 km 内的胶王公路、济胶铁路、309 国道、济青高速公路和昌乐县城，以及下游丹河两岸 22 万人口和 28 万亩耕地，故水库的安全运行具有十分重要的意义。

1.2.2　水库工程主体

荆山水库总库容 1 210 万 m^3，兴利库容 546 万 m^3，正常蓄水位 149.00 m。设计洪水标准为 50 年一遇，相应的库水位为 151.67 m，校核洪水标准为 1 000 年一遇，相应库水位为 154.22 m。荆山水库枢纽工程由大坝、溢洪道、放水洞三部分组成。

大坝为均质土坝，坝顶高程 154.50 m，最大坝高 24.50 m，坝顶长度 1 200 m；溢洪闸闸室为 2 孔一联的整体式钢筋混凝土结构，每孔净宽 6.0 m，闸门高度 4.5 m，闸孔总净宽 12.0 m，闸室总长 16.0 m，闸底板顶面高程 146.00 m；放水洞为涵洞内衬钢管型式。荆山水库工程技术特性见表 8-1。

1.2.3　历次重大改建、扩建、加固情况

1968—1969 年荆山水库大坝多次发生裂缝。

1971 年对大坝大开挖，并进行回填处理，未再发现大的裂缝。

1990 年 12 月，当库水位达到 148.30 m 时，桩号 0+360 处坝后坡台阶水泥抹面拱起。

2004 年 12 月至 2010 年 8 月进行除险加固工程，主要加固内容包括：大坝坝基坝体防渗、上游护坡、下游补坡及排水设施、坝顶加宽硬化、防浪墙重建；新建溢洪闸及消能防冲设施；放水洞加固；防汛道路及管理设施建设。

1.2.4　主要控制运用指标（2022 年）

荆山水库主要控制运用指标见表 8-2。

表 8-1　荆山水库工程技术特性表

水库名称	荆山水库	工程总投资	6 139.65 万元	主坝	坝型	均质土坝
管理机构名称	昌乐县荆山水库运行维护中心	设计单位	昌乐县水利局		坝顶高程	154.50 m
主管部门	昌乐县水利局	施工单位	原荆山水库工程指挥部		最大坝高	24.50 m
所在地点	昌乐县乔官镇	建设日期 开工	1966 年 10 月		坝顶长度	1 200 m
所在河流	弥河支流丹河	建设日期 竣工	1967 年 10 月		坝顶宽度	7.0 m
集水面积	36 km^2	基本地震烈度	8 度		坝基防渗型式	混凝土防渗墙+帷幕灌浆

续表

类别	子类	项目	数值	类别	子类	项目	数值	类别	项目	数值
水文特征		多年平均年降水量	588.0 mm			设计地震烈度	8 度	正常溢洪道	型式	河岸式溢洪道
		多年平均年径流量	0.041 2 亿 m^3			高程基准面	1985 年国家高程基准面		堰顶高程	146.00 m
	设计	重现期	50 年	库区迁淹		赔偿高程	149.50 m		堰顶净宽	2×6.0 m
		洪峰流量	387 m^3/s			移民高程	151.50 m		闸门型式	平板钢闸门
		洪水总量	0.082 2 亿 m^3			淹没耕地	0.005 8 万亩		闸门尺寸	4.5 m×6 m
	校核	重现期	1 000 年			迁移人口	1 088 人		最大泄量	399 m^3/s
		洪峰流量	759 m^3/s	工程量		土方	150.8 万 m^3		消能型式	消力池+挑流鼻坎
		洪水总量	0.160 5 亿 m^3			石方	7.1 万 m^3		启闭设备	卷扬式
库容特征		调节性能	多年调节			混凝土	4.45 万 m^3	放水洞	型式	浆砌石涵洞内衬钢管
		校核洪水位	154.22 m	工程运用		最高洪水位	150.40 m		断面尺寸	ϕ0.9 m
		设计洪水位	151.67 m			发生日期	1975 年 3 月 21 日		进口底高程	136.50 m
		汛中限制水位	148.00 m			最高蓄水位	149.00 m		闸门型式	平板钢闸门
		正常蓄水位	149.00 m			发生日期	2004 年 9 月 14 日		最大流量	3.16 m^3/s
		死水位	136.50 m			年最大供水量	105 万 m^3		启闭设备	卷扬式
		总库容	1 210 万 m^3			发生年份	2009 年	大坝安全状况	安全状况：2002 年 5 月鉴定为三类坝。2004 年 12 月至 2010 年 8 月进行除险加固工程，2010 年 8 月通过竣工验收，主要加固内容包括：新建溢洪闸及消能防冲设施、金属及机电设备购置安装；放水洞加固；大坝坝基坝体防渗，上游护坡，下游补坡及排水设施，坝顶加宽硬化，防浪墙重建；管理设施、水文设施、防汛道路及库区建设	
	其中	调洪库容	705 万 m^3			水质污染情况	无污染			
		兴利库容	546 万 m^3	工程效益	防洪	设计	乔官，城南及昌乐县城 22 万人，28 万亩耕地			
		死库容	42 万 m^3			实际	6 000 万元			
绿化		应绿化面积	70 亩		灌溉	设计	2.16 万亩			
		已绿化面积	55 亩			有效	1.96 万亩			
下游情况		铁路	胶济铁路 15 km			最大实灌	1.71 万亩			
		河道安全泄量	72.5 m^3/s			供水量	35 万 m^3/a			
		公路	225 省道、309 国道、济青高速 3~15 km		城市供水	设计	150 万 m^3/a			
		城镇厂矿	昌乐城区 10~15 km			实际	15 万 m^3/a			
		耕地	28 万亩			管理保护范围	2 754 亩			
		人口	22 万人			确权土地面积	1 952.9 亩			

表 8-2　荆山水库主要控制运用指标（2022 年）

控制运用指标名称	水位 Z（m）	相应库容 V（万 m^3）
溢洪道底高程	146.00	
汛中限制水位	148.00	505
汛中允许超蓄水位	148.50	545
汛末蓄水位	149.00	588
警戒水位	151.67	
允许最高水位	154.22	

1.3　上游水利工程概况

荆山水库流域内有小（1）型水库 1 座、小（2）型水库 3 座，总控制流域面积 17.4 km^2，总库容 268 万 m^3。

1.4　测站概况

荆山水库站测验方式为巡测，主要测验项目有水位、降水量、出库流量、水文调查等。

本站水位采用冻结基面，1985 年国家高程基准高程与冻结基面高程换算关系为 $Z_{85}=Z_{冻结}$。

2　预报方案编制

2.1　资料情况

荆山水库站无实测年鉴水文摘录资料。

2.2　参证站选择

荆山水库水文站和即墨水文站，二者地形地貌和下垫面基本特征相似，故以即墨水文站作为荆山水库水文站的参证站。参证站即墨水文站以上流域面积 $F_{参}=74.8\ km^2$；设计站荆山水库水文站以上流域面积 $F_{设}=36\ km^2$。虽分属不同流域，考虑到流域面积、地形地貌、下垫面条件等流域相似性，认为以即墨站为参证站较为合适。

2.3　产流方案

利用即墨水文站的产流方案推求荆山水库水文站的产流过程，荆山水库水文站降雨径流相关图（$P+P_a-R$）见图 8-2。

2.3.1　流域平均雨量 P 的计算

选取荆山水库雨量站、翟家庄雨量站，采用算术平均法计算求得流域平均雨量 P。

2.3.2　流域平均前期影响雨量 P_a 的计算

$$P_{a,t+1}=K\left(P_{a,t}+P_t\right)$$

式中：$P_{a,t+1}$ 为第 t+1 日的前期影响雨量（mm）；$P_{a,t}$ 为第 t 日的前期影响雨量（mm）；P_t 为第 t 日的流域平均雨量（mm）；K 为前期影响雨量递减系数，$K_{晴}$=0.90，$K_{雨}$=0.95。

其中，K 值计算公式如下：

$$K=1-E_m/I_m$$

式中：E_m 为最大蒸发能力（借用即墨站历年平均各月最大日蒸发量）；I_m 为最大损失量，采用 80 mm，并作为 P_a 值的上限控制数。

2.4 汇流方案

采用即墨水文站单位线进行缩放。将即墨水文站单位线（Δt=1 h）进行缩放后作为荆山水库站单位线，详见图 8-3。

单位线的缩放按下列公式计算：

$$\alpha=(F_{设}/F_{参})^{0.5}$$

$$T_{设i}=\alpha T_{参i}$$

$$q_{设i}=\alpha q_{参i}$$

式中：α 为单位线缩放系数；$F_{参}$为参证站以上控制流域面积；$F_{设}$为设计站以上控制流域面积；$T_{参i}$ 为参证站单位线逐时段，$T_{参i}$=1，2，…，N；$T_{设i}$ 为设计站单位线逐时段，通常为小数，为满足实际要求，需进一步对缩放结果进行插值，从而得到整时段单位线结果；$q_{参i}$ 为参证站单位线逐时段流量；$q_{设i}$ 为设计站单位线逐时段流量。

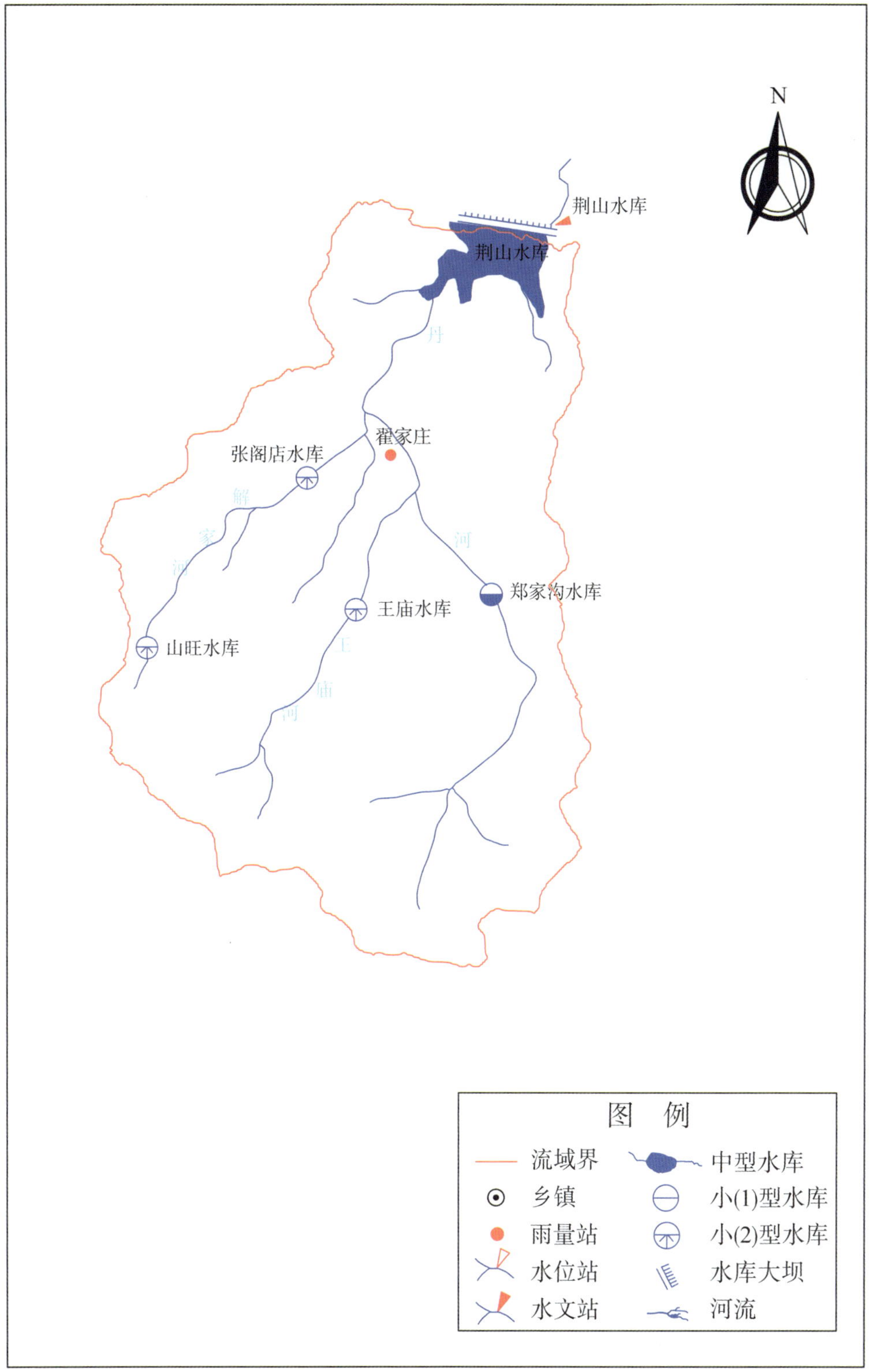

图 8-1 丹河荆山水库流域图

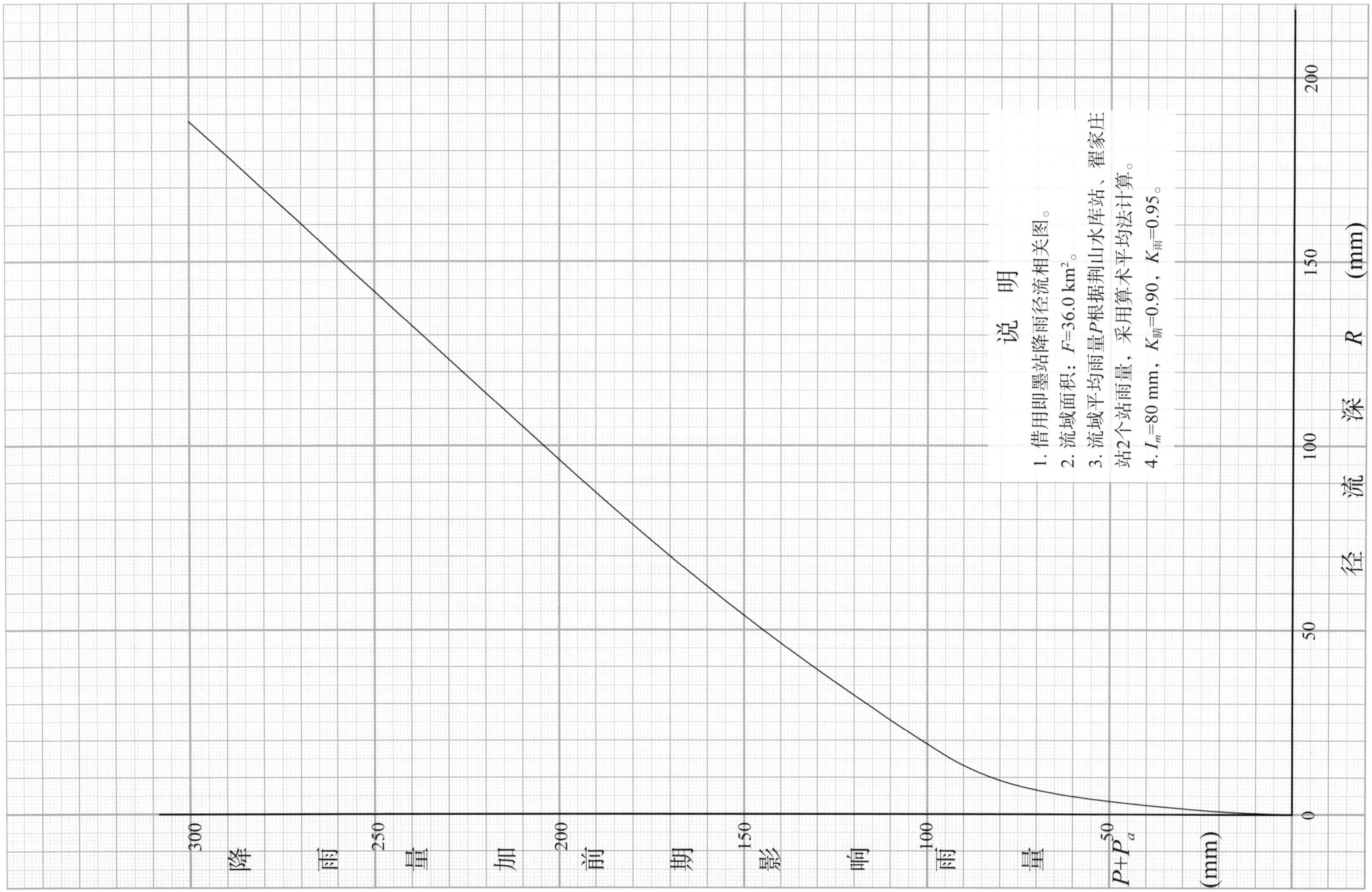

图 8-2　丹河荆山水库站降雨径流关系曲线图（$P+P_a$-R）

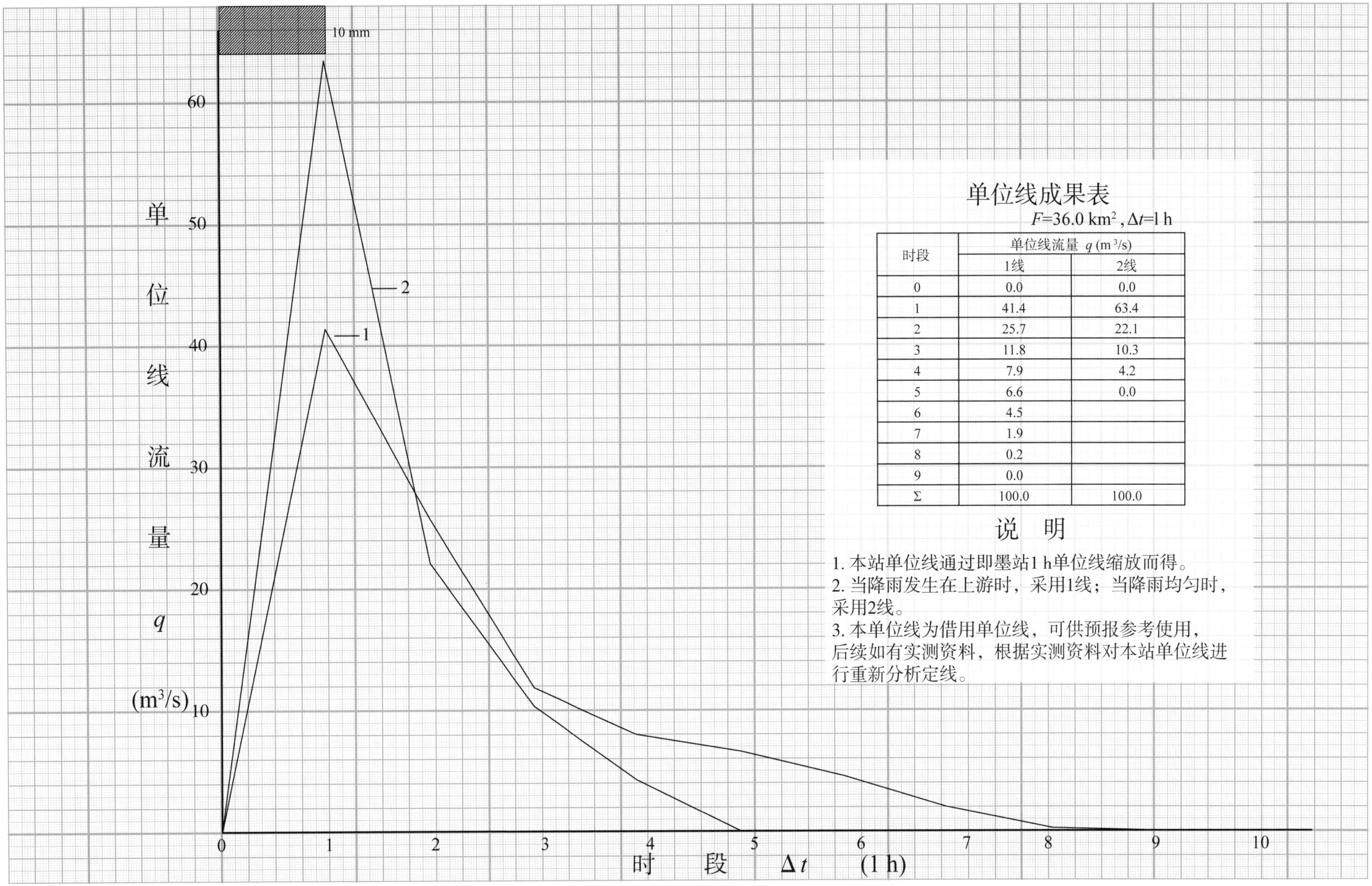

单位线成果表

F=36.0 km², Δt=1 h

时段	单位线流量 q (m^3/s)	
	1线	2线
0	0.0	0.0
1	41.4	63.4
2	25.7	22.1
3	11.8	10.3
4	7.9	4.2
5	6.6	0.0
6	4.5	
7	1.9	
8	0.2	
9	0.0	
Σ	100.0	100.0

说 明

1. 本站单位线通过即墨站1 h单位线缩放而得。
2. 当降雨发生在上游时，采用1线；当降雨均匀时，采用2线。
3. 本单位线为借用单位线，可供预报参考使用，后续如有实测资料，根据实测资料对本站单位线进行重新分析定线。

图 8-3 丹河荆山水库单位线综合图

第九章　红旗河淌水崖水库站水文预报方案编制说明

1　流域概况

1.1　自然地理特征

1.1.1　河流水系

淌水崖水库位于临朐县九山镇宋家王庄村西南约 1.5 km 处、红旗河中游。红旗河属弥河支流，发源于临朐县南部抬头村附近，河流全长 19 km，流域面积 65.5 km^2，于临朐县九山村南汇入弥河。淌水崖水库流域图见图 9-1。

1.1.2　气象水文特征

本流域属暖温带半湿润大陆性气候区，四季分明，日照期长，年平均气温 12.4 ℃，多年平均月最低气温-3.2 ℃，月最高气温 31.3 ℃，全年无霜期一般 185 天，最长 206 天。多年平均年降水量 740 mm。受季风影响，降水有明显的季节性，汛期降水量占全年降水量的 64%，降水量年内分布极不均匀。流域内河流属山溪性河流，洪水暴涨暴落，洪峰持续时间短。

1.2　水库工程概况

1.2.1　水库概述

淌水崖水库位于临朐县九山镇宋家王庄村西南约 1.5 km 处，流域面积 22.1 km^2，始建于 1973 年 3 月，1979 年 6 月建成，是一座以防洪、灌溉为主，兼顾发电、供水和生态旅游的中型水库。总库容 1 013 万 m^3，调洪库容 419 万 m^3，按 50 年一遇洪水标准设计、1 000 年一遇洪水标准校核。

1.2.2　水库工程主体

淌水崖水库枢纽工程包括连拱坝，重力坝，溢洪道（闸），南、北放水洞和发电站。淌水崖水库工程技术特性见表 9-1。

大坝由主、副坝组成，坝顶高程均为 318.05 m，防浪墙顶高程为 318.90 m，连拱坝共 10 孔，总长 204 m，最大坝高 39.34 m，坝顶宽 0.6 m；重力坝坝长 112 m，最大坝高 11 m，坝顶宽 10 m。溢洪道设 3 孔平面钢闸门，每孔净宽 6 m，闸底高程为 311.00 m，最大泄量为 545 m^3/s。北放水洞为钢筋混凝土压力管，直径 1 m，进口底高程为 292.50 m，洞长 30 m，最大流量为 14.2 m^3/s；南放水洞直径 0.8 m，长 27 m，进口底高程为 293.50 m，最大流量为 81 m^3/s。发电站位于放水洞末端，总装机 160 kW，设计正常流量为 0.43 m^3/s，设计水头 45.30 m。

表 9-1　淌水崖水库工程技术特性表

水库名称			淌水崖水库
所在县（市）			临朐县
工程现状指标	流域面积（km^2）		22.1
	总库容（万 m^3）		1 013
	防浪墙顶高程（m）		318.90
	坝顶高程（m）		318.05
	溢洪道（闸）	闸底高程（m）	311.00
		孔数	3
		每孔净宽（m）	6
	兴利水位（m）		314.80
	兴利库容（万 m^3）		548
	死水位（m）		292.80
	死库容（万 m^3）		46
除险加固设计指标	校核	重现期（年）	1 000
		24h 洪量（万 m^3）	1 123
		库水位（m）	318.03
	设计	重现期（年）	50
		24 h 洪量（万 m^3）	615
		库水位（m）	317.40
	中小洪水	重现期（年）	20
		24 h 洪量（万 m^3）	463
		控泄流量（m^3/s）	90
		库水位（m）	317.40
本次汛期控制运用指标	允许最高水位（m）/重现期（年）		318.03/100
	警戒水位（m）/重现期（年）		317.40/50
	汛中	限制水位（m）	314.80
		相应库容（万 m^3）	594
		允许超蓄水位（m）	314.80
		相应库容（万 m^3）	594
	汛末	蓄水位（m）	314.80
		相应库容（万 m^3）	594
历史	最高水位（m）/出现时间		317.35/ 2012 年 8 月
	最大泄量（m^3/s）/出现时间		350/1998 年 8 月

1.2.3 历次重大改建、扩建、加固情况

淌水崖水库于1973年3月开工，1979年6月建成。

1986年8月27日，由于溢洪道无导流墙致使洪水漫坡直下，发电站尾水渠被淹没，并冲毁下游桥梁一座。1998年8月23日，溢洪道泄洪，致使发电站被沙石淹没，冲毁桥涵2座。1998年对漫坝淤沙进行清理，发电站重修。2009年4月至2010年11月，进行除险加固工程。

1.2.4 主要控制运用指标（2022年）

淌水崖水库主要控制运用指标见表9-2。

表9-2 淌水崖水库主要控制运用指标（2022年）

控制运用指标名称	水位 Z（m）	相应库容 V（万 m^3）
溢洪道底高程	311.00	
汛中限制水位	314.80	594
汛中允许超蓄水位	314.80	594
汛末蓄水位	314.80	594
警戒水位	317.40	
允许最高水位	318.03	

1.3 测站概况

淌水崖水库站主要测验项目有水位、降水量、出库流量、水文调查等。本站采用冻结基面（1956年黄海基面），1985年国家高程基准高程与冻结基面高程换算关系为 $Z_{85}=Z_{冻结}$。

2 预报方案编制

2.1 资料情况

淌水崖水库站无实测年鉴水文摘录资料。

2.2 参证站选择

淌水崖水库水文站和前城子水文站，二者地形地貌和下垫面基本特征相似，故以沂河前城子水文站作为参证站。参证站前城子水文站以上流域面积 $F_参=55\ km^2$；设计站淌水崖水库水文站以上流域面积 $F_设=22.1\ km^2$。虽然两站属于不同流域，但流域面积相差较小，考虑到地形地貌、下垫面条件等流域相似性，认为以前城子水文站为参证站较为合适。

2.3 产流方案

利用前城子水文站的产流方案推求淌水崖水库水文站的产流过程，淌水崖水库水文站降雨径流相关图（$P+P_a-R$）见图9-2。

2.3.1 流域平均雨量 P 的计算

选取淌水崖水库雨量站、东苇厂雨量站，采用算术平均法计算求得流域平均雨量 P。

2.3.2 流域平均前期影响雨量 P_a 的计算

$$P_{a,t+1}=K(P_{a,t}+P_t)$$

式中：$P_{a,t+1}$ 为第 $t+1$ 日的前期影响雨量（mm）；$P_{a,t}$ 为第 t 日的前期影响雨量（mm）；P_t 为第 t 日的流域平均雨量（mm）；K 为前期影响雨量递减系数，$K_晴=0.90$，$K_雨=0.95$。

其中，K 值计算公式如下：

$$K=1-E_m/I_m$$

式中：E_m 为最大蒸发能力（参考前城子站历年平均各月最大日蒸发量）；I_m 为最大损失量，采用60 mm，并作为 P_a 值的上限控制数。

2.4 汇流方案

采用前城子水文站单位线进行缩放。将前城子水文站单位线（$\Delta t=1$ h）进行缩放后作为淌水崖水库站单位线，详见图9-3。

单位线的缩放按下列公式计算：

$$\alpha=(F_设/F_参)^{0.5}$$

$$T_{设i}=\alpha T_{参i}$$

$$q_{设i}=\alpha q_{参i}$$

式中：α 为单位线缩放系数；$F_参$ 为参证站以上控制流域面积；$F_设$ 为设计站以上控制流域面积；$T_{参i}$ 为参证站单位线逐时段，$T_{参i}=1, 2, \cdots, N$；$T_{设i}$ 为设计站单位线逐时段，通常为小数，为满足实际要求，需进一步对缩放结果进行插值，从而得到整时段单位线结果；$q_{参i}$ 为参证站单位线逐时段流量；$q_{设i}$ 为设计站单位线逐时段流量。

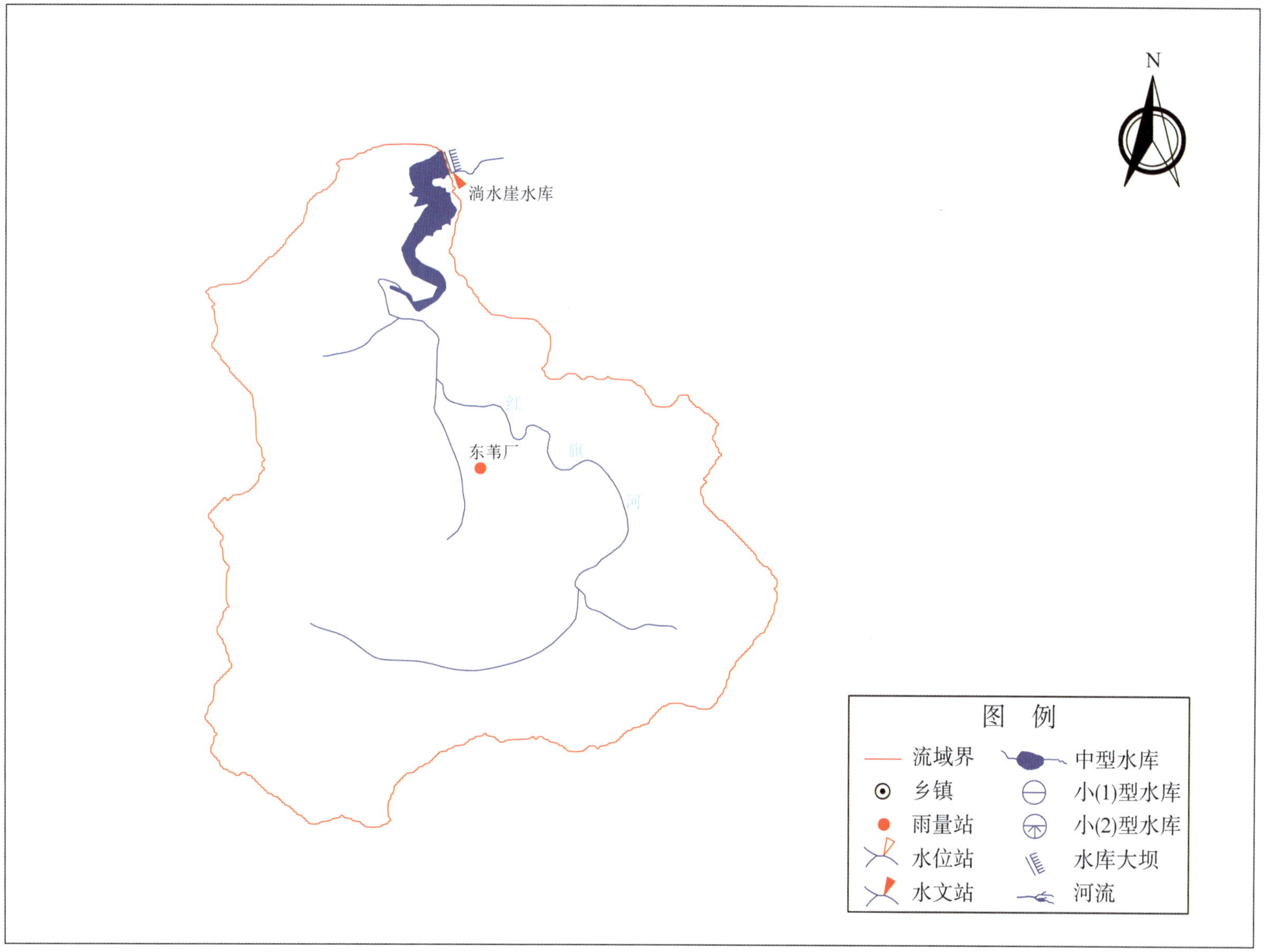

图 9-1 红旗河淌水崖水库流域图

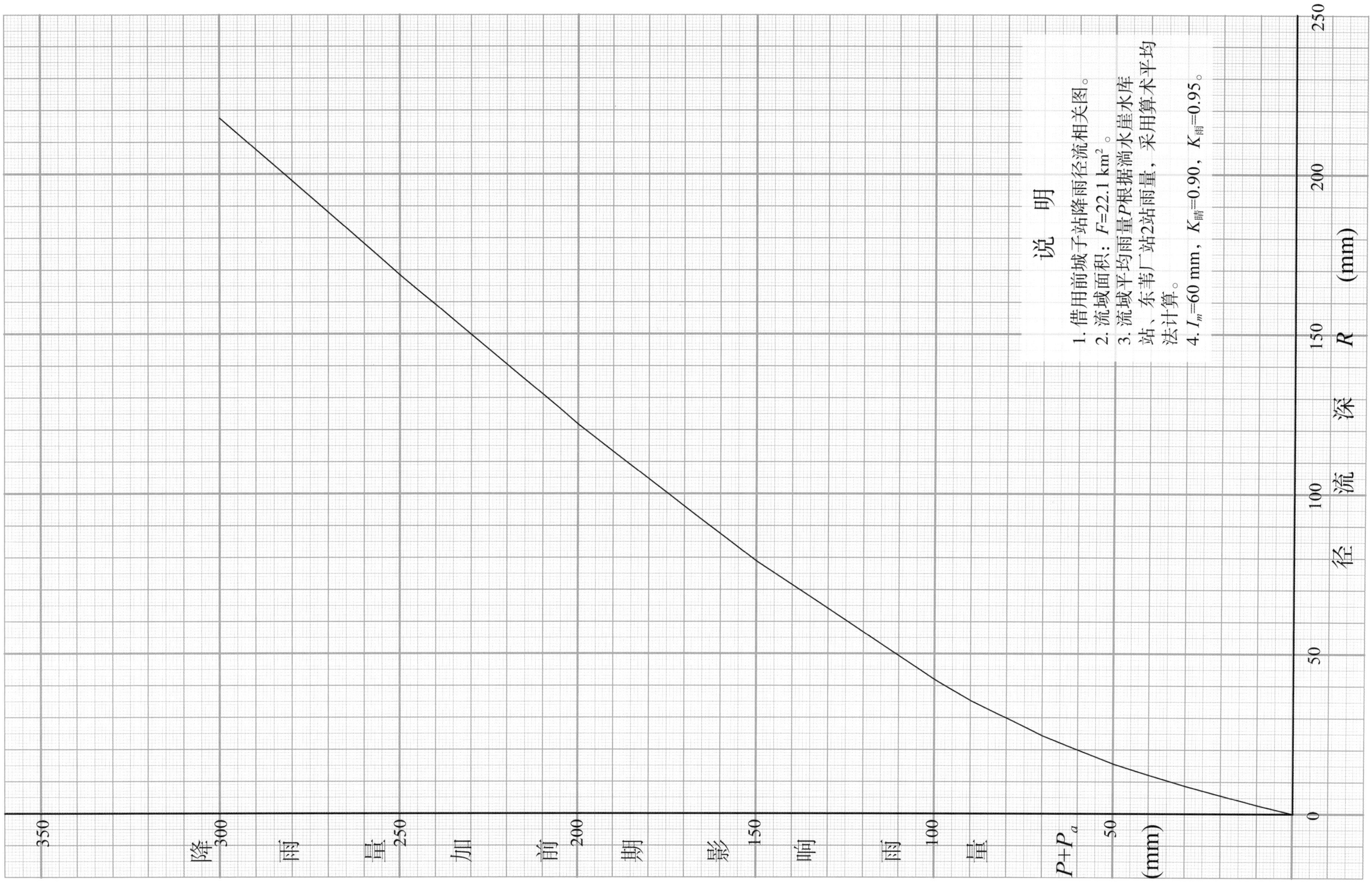

图 9-2　红旗河淌水崖水库站降雨径流关系曲线图（$P+P_a$-R）

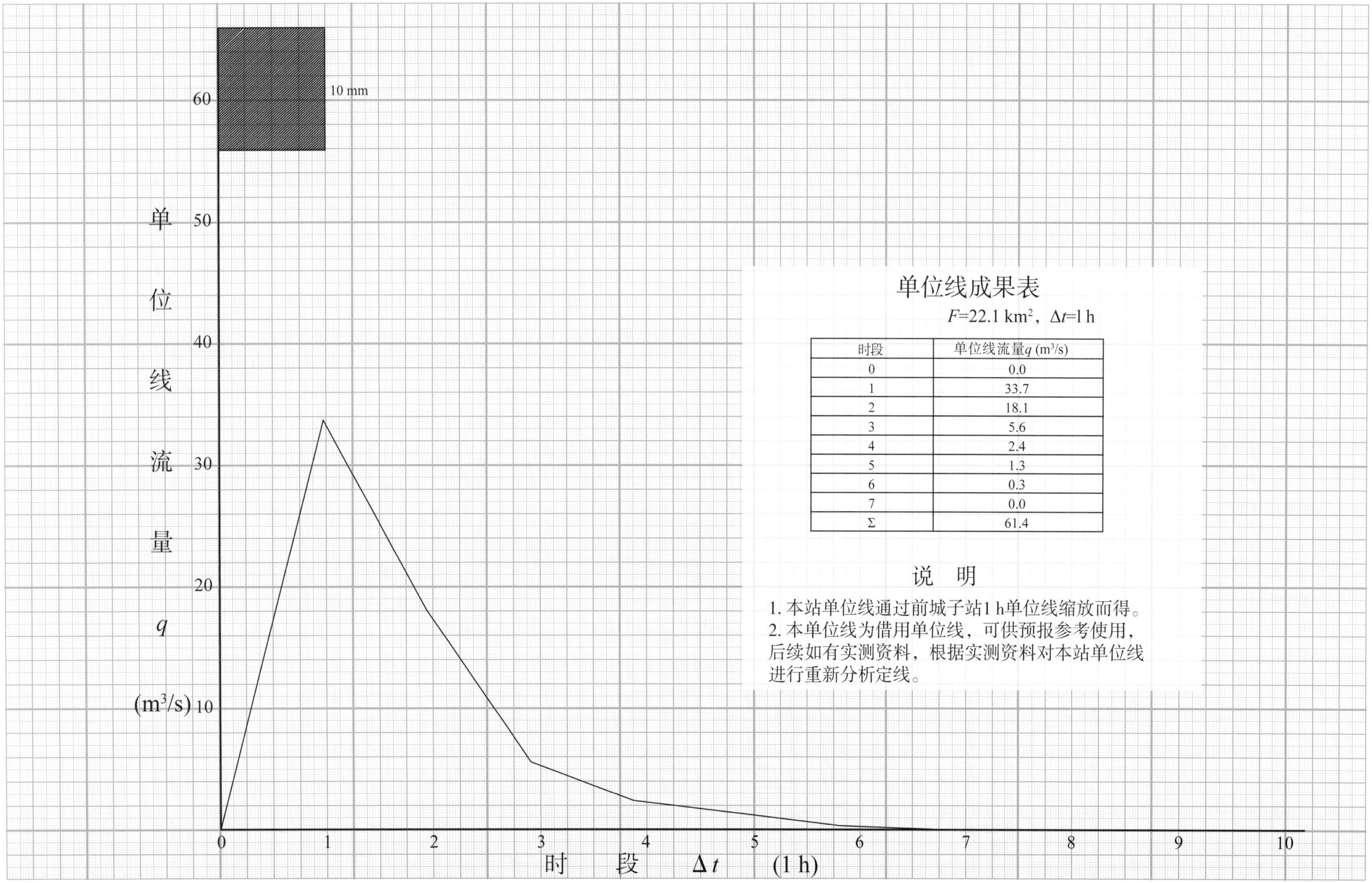

单位线成果表

F=22.1 km², Δt=1 h

时段	单位线流量 q (m^3/s)
0	0.0
1	33.7
2	18.1
3	5.6
4	2.4
5	1.3
6	0.3
7	0.0
Σ	61.4

说　明

1. 本站单位线通过前城子站1 h单位线缩放而得。
2. 本单位线为借用单位线，可供预报参考使用，后续如有实测资料，根据实测资料对本站单位线进行重新分析定线。

图 9-3　红旗河淌水崖水库站单位线综合图

第十章　五井石河嵩山水库站水文预报方案编制说明

1　流域概况

1.1　自然地理特征

1.1.1　河流水系

嵩山水库位于临朐县西南部、弥河支流五井石河上游。五井石河发源于山东省沂源县车场村，于山东省临朐县胡梅涧村入弥河，河道全长 46 km，流域面积 350 km^2，河流平均比降在 6.11‰左右。嵩山水库流域图见图 10-1。

1.1.2　气象水文特征

嵩山水库流域属温带大陆性气候区，四季分明，具有春旱、夏涝、晚秋又旱的特点。流域内降雨量多集中在 7、8 月份，降水量年内分布不均，多年平均年降水量为 670 mm，汛期降水量占全年的 64%；降水量年际分布也不均匀，年降水量最大值是最小值的 4 倍。

1.2　水库工程概况

1.2.1　水库概述

嵩山水库于 1966 年 10 月动工兴建，1970 年 1 月建成蓄水，是一座以防洪、灌溉为主，兼顾发电、养殖的中型水库。坝址位于临朐县五井镇暖水河村南 100 m，距临朐县城 30 km，其控制流域面积 151 km^2，水库流域形状为羽毛状，总库容5 628 万 m^3，兴利库容 4 053 万 m^3。

1.2.2　水库工程主体

嵩山水库主体工程包括大坝、放水洞、溢洪闸及电站。大坝全长 873 m，黏土心墙砂壳坝，其中河槽坝长 588 m，最大坝高 42.6 m，顶宽 7.0 m，坝顶高程 292.50 m，防浪墙顶高程 293.55 m；阶地坝长 285 m，最高坝高 9.30 m，顶宽 6.0 m，坝顶高程 292.50 m，防浪墙顶高程 293.55 m。放水洞为廊道式有压钢筋混凝土结构内衬玻璃钢管，内径 1.80 m，洞身全长 149.60 m，进口底坎高程 263.00 m，最大流量 11.0 m^3/s。放水洞出口处建有电站一座，于 1971 年 11 月动工，1973 年 8 月竣工，装有 2 台机组，装机容量 504 kW。溢洪闸于 2010 年 8 月拆除重建，2010 年 11 月完成，共 5 孔，净宽 50 m，设 10 m×6 m 平板钢闸门，闸底高程 283.50 m，设计最大泄量 1 892 m^3/s，启闭机为双吊点卷扬式 2×25 t。

1.2.3　历次重大改建、扩建、加固情况

嵩山水库于 1966 年 10 月动工兴建，1970 年 1 月建成蓄水。1972 年斜墙及台地铺盖出现渗水漏斗，1973 年冬至 1974 年春加筑人工铺盖。1976—1977 年完成水库保安全工程。1977 年完成心墙加高工程。1990 年 10 月大坝发生管涌，同年至 1991 年完成管涌段开挖回填及坝后排水体工程。1992—1997 年对大坝 0+498~0+700 段进行了帷幕灌浆工程。1999 年放水洞竖井底部出现多条裂缝，当年就进行了处理，在竖井内壁浇筑厚 30 cm、高 10.15 m 的 C20 钢筋混凝土辅助井壁。2008 年 12 月 10 日除险加固工程开工建设，2010 年 11 月竣工，主要有大坝加固工程、防渗墙工程及放水洞工程、溢洪道（闸）改建和管理设施建设。

1.2.4　主要控制运用指标（2022 年）

嵩山水库主要控制运用指标见表 10-1。

表 10-1　嵩山水库主要控制运用指标（2022 年）

控制运用指标名称	水位 Z（m）	相应库容 V（万 m^3）
溢洪道底高程	283.50	
汛中限制水位	284.50	3 382
汛中允许超蓄水位	285.50	3 628
汛末蓄水位	289.00	4 586
警戒水位	290.62	
允许最高水位	292.10	

1.3　上游水利工程概况

嵩山水库上游建有小（1）型水库 1 座、小（2）型水库 7 座，总兴利库容 222 万 m^3，总流域面积 34.5 km^2。

1.4　测站概况

嵩山水库站主要测验项目有水位、降水量、出库流量、水文调查等。本站采用冻结基面，1985 年国家高程基准高程与冻结基面高程换算关系为 $Z_{85}=Z_{冻结}$。

2　预报方案编制

2.1　资料情况

嵩山水库站无实测年鉴水文摘录资料。

2.2　参证站选择

嵩山水库水文站地形地貌和下垫面基本特征与沙沟水库水文站相似，故以沙沟水库水文站作为嵩山水库站的参证站。参证站沙沟水库水文站以上流域面积 $F_{参}=164\ km^2$；设计站嵩山

水库站以上流域面积 $F_{\text{设}}=151\ \text{km}^2$。两站虽分属不同流域，但考虑到流域面积、地形地貌、下垫面条件等流域相似性，认为以沙沟水库站为参证站较为合适。

2.3 产流方案

利用沙沟水库水文站的产流方案推求嵩山水库水文站的产流过程，嵩山水库水文站降雨径流相关图（$P+P_a-R$）见图 10-2。

2.3.1 流域平均雨量 *P* 的计算

选取嵩山水库雨量站、璞丘雨量站、方山峪雨量站、流水店雨量站 4 站，采用算术平均法计算求得流域平均雨量 P。

2.3.2 流域平均前期影响雨量 P_a 的计算

$$P_{a,t+1}=K\ (P_{a,t}+P_t)$$

式中：$P_{a,t+1}$ 为第 t+1 日的前期影响雨量（mm）；$P_{a,t}$ 为第 t 日的前期影响雨量（mm）；P_t 为第 t 日的流域平均雨量（mm）；K 为前期影响雨量递减系数，$K_{\text{晴}}=0.90$，$K_{\text{雨}}=0.95$。

其中，K 值计算公式如下：

$$K=1-E_m/I_m$$

式中：E_m 为最大蒸发能力（参考沙沟水库历年平均各月最大日蒸发量）；I_m 为最大损失量，采用 60 mm，并作为 P_a 值的上限控制数。

2.4 汇流方案

采用沙沟水库水文站单位线进行缩放。将沙沟水库水文站单位线（$\Delta t=1$ h）进行缩放后作为嵩山水库站单位线，详见图 10-3。

单位线的缩放按下列公式计算：

$$\alpha=(F_{\text{设}}/F_{\text{参}})^{0.5}$$

$$T_{\text{设}i}=\alpha T_{\text{参}i}$$

$$q_{\text{设}i}=\alpha q_{\text{参}i}$$

式中：α 为单位线缩放系数；$F_{\text{参}}$ 为参证站以上控制流域面积；$F_{\text{设}}$ 为设计站以上控制流域面积；$T_{\text{参}i}$ 为参证站单位线逐时段，$T_{\text{参}i}=1,2,\cdots,N$；$T_{\text{设}i}$ 为设计站单位线逐时段，通常为小数，为满足实际要求，需进一步对缩放结果进行插值，从而得到整时段单位线结果；$q_{\text{参}i}$ 为参证站单位线逐时段流量；$q_{\text{设}i}$ 为设计站单位线逐时段流量。

图 10-1 五井石河嵩山水库流域图

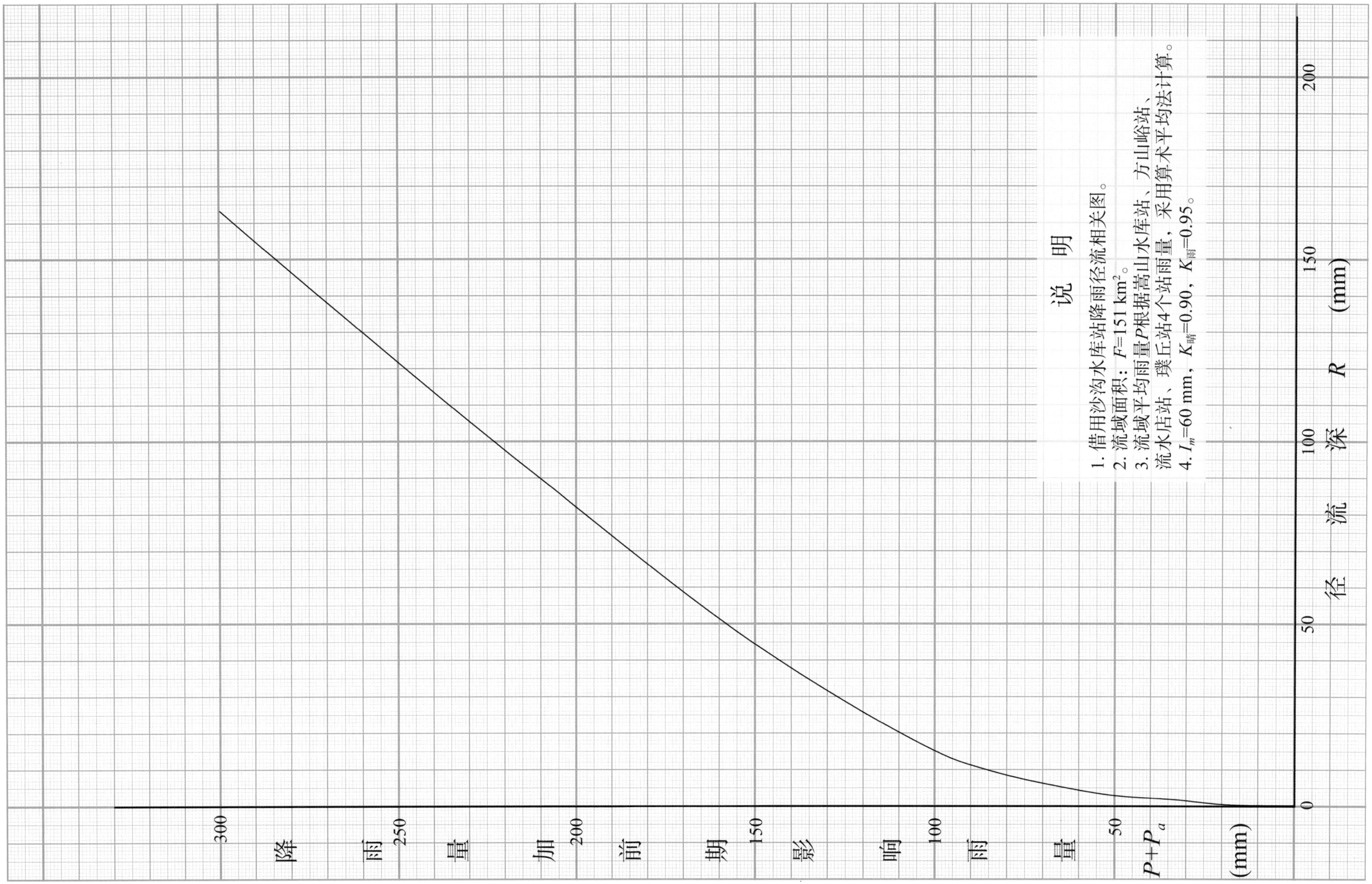

图 10-2 五井石河嵩山水库站降雨径流关系曲线图（$P+P_a$-R）

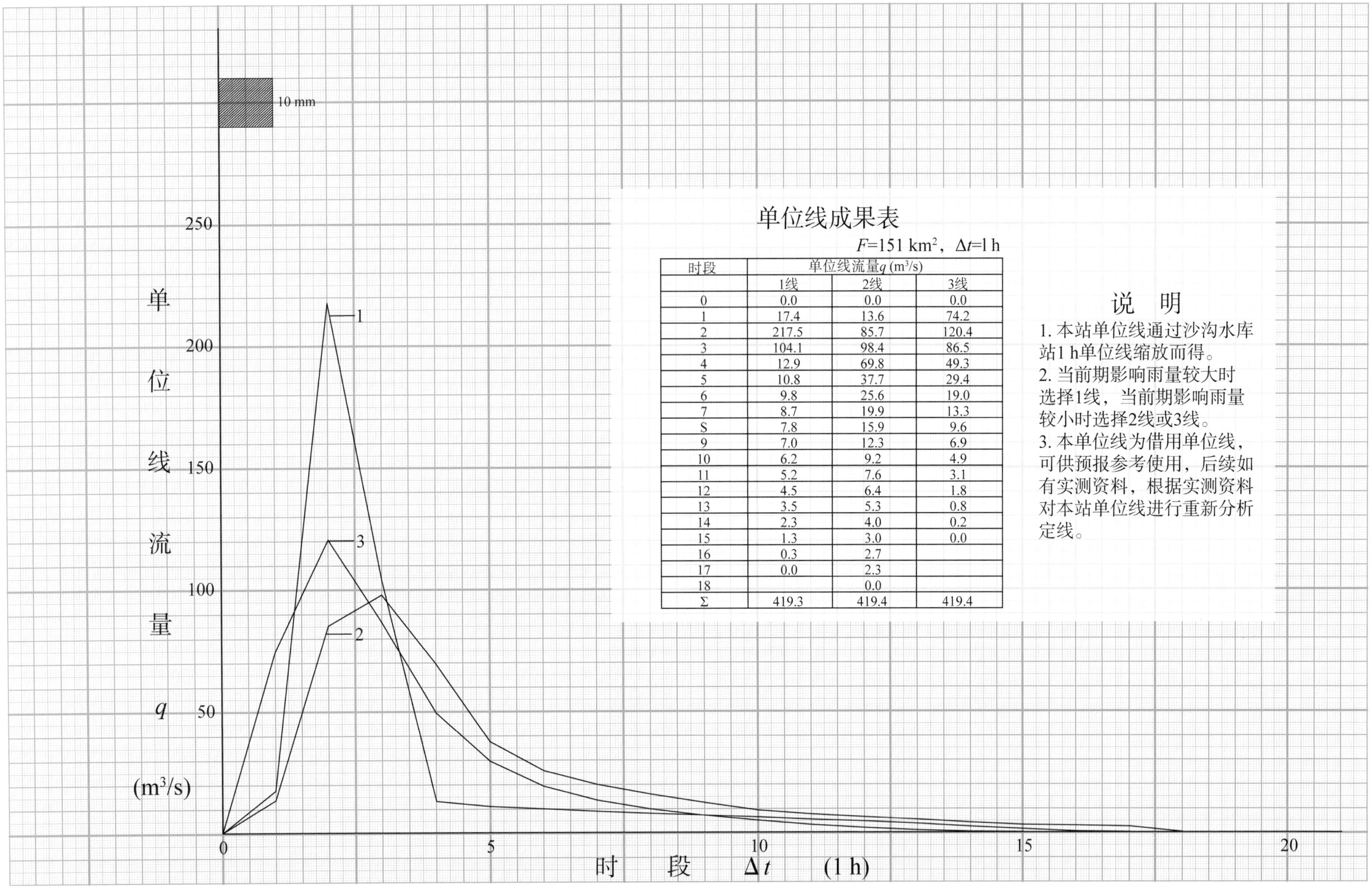

单位线成果表

F=151 km²，Δ*t*=1 h

时段	单位线流量q (m³/s)		
	1线	2线	3线
0	0.0	0.0	0.0
1	17.4	13.6	74.2
2	217.5	85.7	120.4
3	104.1	98.4	86.5
4	12.9	69.8	49.3
5	10.8	37.7	29.4
6	9.8	25.6	19.0
7	8.7	19.9	13.3
S	7.8	15.9	9.6
9	7.0	12.3	6.9
10	6.2	9.2	4.9
11	5.2	7.6	3.1
12	4.5	6.4	1.8
13	3.5	5.3	0.8
14	2.3	4.0	0.2
15	1.3	3.0	0.0
16	0.3	2.7	
17	0.0	2.3	
18		0.0	
Σ	419.3	419.4	419.4

说 明

1. 本站单位线通过沙沟水库站1 h单位线缩放而得。
2. 当前期影响雨量较大时选择1线，当前期影响雨量较小时选择2线或3线。
3. 本单位线为借用单位线，可供预报参考使用，后续如有实测资料，根据实测资料对本站单位线进行重新分析定线。

图 10-3　五井石河嵩山水库站单位线综合图

第十一章 大石河黑虎山水库站水文预报方案编制说明

1 流域概况

1.1 自然地理特征

1.1.1 河流水系

黑虎山水库位于青州市王坟镇境内、弥河支流大石河中游。大石河发源于青州市王坟镇胡林古村，于青州市弥河镇东南岭村汇入弥河，河道全长 38 km，流域面积 244 km^2，河流平均比降在 8.14‰左右。黑虎山水库流域图见图 11-1。

1.1.2 地形、地质、地貌

黑虎山水库位于鲁中南构造侵蚀中低山丘陵区，强—弱切割侵蚀溶蚀、剥蚀溶蚀中低山丘陵亚区。近期以剥蚀为主，两岸山体相对高差在 60~250 m，绝对标高 190~500 m，地形南陡北缓，南岸山体坡度在 30°以上，北岸山体坡度 10°~20°，地形较平缓。库区地层主要分布有寒武系沉积岩及第四系松散堆积物。

1.1.3 气象水文特征

黑虎山水库流域属温带大陆性气候区，四季分明，具有春旱、夏涝、晚秋又旱的特点。流域内降雨量多集中在 7、8 月份，降水量年内、年际分布不均。

1.2 水库工程概况

1.2.1 水库概述

黑虎山水库位于青州市王坟镇境内弥河支流大石河的中游，黑虎山水库控制流域面积为 190 km^2。水库始建于 1966 年 10 月，1972 年 12 月建成并发挥效益，2009 年 7 月水库除险加固工程开工建设，2010 年 11 月竣工验收，是一座以防洪为主，兼有城市供水、农业灌溉等功能的中型水库。黑虎山水库工程技术特性见表 11-1。

表 11-1 黑虎山水库工程技术特性表

序号及名称	单位	除险加固后	增容后	溢洪道改扩建后	备注
一、水文					
1. 流域面积	km^2	190	190	190	
2. 利用的水文系列年限	年	41	51	51	
3. 多年平均入库径流量	亿 m^3	0.22	0.22	0.22	
4. 代表性流量					
正常运用（设计）洪峰流量	m^3/s	1 815	1 815	1 815	$P=1\%$
非常运用（校核）洪峰流量	m^3/s	2 992	2 992	2 992	$P=0.05\%$
5. 洪量					
设计洪水洪量（72 h）	万 m^3	4 503	4 503	4 503	$P=1\%$
校核洪水洪量（72 h）	万 m^3	7 263	7 263	7 263	$P=0.05\%$
6. 泥沙					
单位面积输沙量	t/km^2	74.7	74.7	74.7	
二、工程规模					
1. 水库					
校核洪水位	m	170.77	171.35	170.46	$P=0.05\%$
设计洪水位	m	168.19	168.73	168.14	$P=1\%$
兴利水位	m	163.00	165.00	165.00	
死水位	m	144.50	144.50	144.50	
防洪高水位	m	166.82	167.59	167.35	$P=5\%$
死库容	万 m^3	255	324	324	
总库容	万 m^3	5 360	5 651	5 337	
兴利库容	万 m^3	2 815	3 352	3 352	兴利水位至死水位
调节特性		多年调节	多年调节	多年调节	
库容系数		1.28	1.53	1.53	
2. 下游河道					
安全泄量	m^3/s	556	556	556	$P=5\%$
3. 农田灌溉					
设计灌溉面积	万亩	8.7	8.7	8.7	

续表

序号及名称	单位	除险加固后	增容后	溢洪道改扩建后	备注
实灌面积	万亩	2.9	2.9	2.9	
灌溉保证率	%	50	50	50	
城市年供水量	万 m^3/a	567	707	707	
4. 下游河道最小生态量	万 m^3/a	198	198	198	
三、现状枢纽工程					
1. 大坝					
坝型		黏土心墙砂壳坝	黏土心墙砂壳坝	黏土心墙砂壳坝	
坝顶高程	m	172.50	172.50	172.50	
最大坝高	m	40.5	40.5	40.5	
坝顶长度	m	480	480	480	
坝顶宽度	m	12.0	12.0	12.0	
防浪墙顶高程	m	173.10	173.10	173.10	
2. 副坝					
坝型		均质坝	均质坝	均质坝	
坝顶高程	m	172.50	172.50	172.50	
最大坝高	m	24.0	24.0	24.0	
坝顶长度	m	957	957	957	
坝顶宽度	m	6.0	12.0	12.0	
3. 溢洪道（闸）					
闸底高程	m	162.00	162.00	162.00	
闸门型式		平板钢闸门	平板钢闸门	平板钢闸门	
闸门尺寸	m×m	5-8×2.4	5-8×2.8	6-8×3.6	孔-宽×高
最大泄量	m^3/s	1 727	1 637	1 797	
消能型式		挑流鼻坎	挑流鼻坎	挑流鼻坎	
启闭设备		卷扬式 QP2×80 kN	卷扬式 QP2×80 kN	卷扬式 QP2×80 kN	
4 放水洞					
型式		钢筋混凝土箱涵	钢筋混凝土箱涵	钢筋混凝土箱涵	
断面尺寸	m×m	2×2	2×2	2×2	宽×高
最大流量	m^3/s	28.68	28.68	28.68	

续表

三、现状枢纽工程					
洞长	m	162.55	162.55	162.55	
进口底高程	m	144.50	144.50	144.50	
闸门型式		平板钢闸门	平板钢闸门	平板钢闸门	
启闭设备		卷扬式 400 kN	卷扬式 400 kN	卷扬式 400 kN	

1.2.2 水库工程主体

黑虎山水库主要建筑物包括大坝（主坝、副坝）、溢洪道（闸）、放水洞及工程管理设施等。

（1）主坝

主坝为黏土心墙砂壳坝，坝长 480 m，坝顶宽 12.0 m，采用沥青混凝土路面，坝顶高程 172.50 m，心墙顶高程 172.00 m，最大坝高 40.5 m，上游坝肩设防浪墙，墙顶高程 173.10 m。上游坝坡采用浆砌石护坡，下游坝坡采用草皮护坡。

（2）副坝

副坝为均质坝，坝长 957 m，增容后坝顶宽度由现状 6.0 m 加宽至 12.0 m，采用沥青混凝土路面，坝顶高程 172.50 m，最大坝高 24.0 m，上游坝肩设防浪墙，防浪墙顶高程 173.10 m，上游坝坡采用浆砌石护坡，下游坝坡采用草皮护坡。

（3）溢洪道（闸）

溢洪道位于主坝南端山岭的鞍部，由进水渠、溢洪闸、消力池、泄槽、挑流鼻坎等组成。扩建后溢洪闸共 6 孔，总净宽 48.0 m，闸底板顶高程 162.00 m，墩顶高程 171.30 m。闸底板厚度 1.20 m，首端设齿槽，齿槽深 1.0 m，边墩采用悬臂式，厚 1.0 m。边墩侧设置刺墙防止绕渗，刺墙采用 C30 钢筋混凝土，厚度 0.5 m，刺墙顶高程 167.50 m。闸室垂直水流向宽 10.0 m，顺水流向长 11.0 m，工作闸门采用平板钢闸门，配双吊点固定卷扬式启闭机。

（4）放水洞

放水洞位于大坝桩号 0+492 处，由进口明渠、涵洞、竖井、坝下洞身组成。进口明渠长 10.25 m，底高程 144.50 m，底宽由 5.60 m 渐变至 2.00 m，与引水涵闸相接。引水涵闸为 C25 钢筋混凝土箱涵，长 10.60 m，结构尺寸为 2.0 m×2.0 m（宽×高），出口与 C25 钢筋混凝土竖井相接，竖井闸室长 12.0 m，宽 2.00 m，底板顶高程 144.50 m，设 2.0 m×2.0 m 潜孔式平板钢闸门和 400 kN 电动卷扬机。坝下洞身为 C25 钢筋混凝土箱涵，长 120.0 m，进口底板高程 144.50 m，坡度 1/300，内截面尺寸 2.0 m×2.0 m（宽×高）。放水洞设计流量 28.68 m^3/s。

1.2.3 历次重大改建、扩建、加固情况

1966 年 10 月黑虎山水库开工建设，1972 年 12 月建成蓄水；1975 年，溢洪道两岸削坡、两级陡坡砌筑和北岸墙砌筑，放水洞竖井基础固结灌浆；1977 年，主坝下游坡培厚、副坝滩

地铺盖；1983—1986 年，副坝基础截渗灌浆；1988—1990 年，副坝干砌石护坡翻修；1992 年，放水洞除险加固，洞身钢板衬砌及洞身基础灌浆；1994 年，溢洪道除险加固，两岸削坡、护砌，底部开挖及混凝土护底；1999 年，副坝基础截渗，滩地土工膜铺设和基础帷幕灌浆截渗。

2009 年 7 月黑虎山水库除险加固工程开工建设，2010 年 11 月工程竣工。

2018 年 8 月，山东省水利厅以鲁水许字〔2018〕119 号文《关于青州市黑虎山水库增容工程初步设计的批复》对增容工程进行了批复，增容后兴利水位由 163.00 m 抬高至 165.00 m，对工程影响范围内土地采用抬田复耕措施，抬田区田面高程 165.70 m。结合水库增容工程需求和水库现状实际情况，黑虎山水库增容工程主要建设内容包括抬田工程、护岸工程、路桥工程、排水涵洞工程、溢洪道（闸）改造工程、副坝加宽工程以及管理单位安置区台地填筑工程等。

2018 年 8 月，受台风“温比亚”（现为“普拉桑”）影响，黑虎山水库流域内发生特大洪水，严重威胁了水库大坝安全，此次下泄洪水对溢洪道造成严重破坏，溢洪道底板、边墙和出水渠大部分被冲毁。2018 年 10 月，山东省水利厅发布的《山东省灾后重点防洪减灾工程建设实施方案》将黑虎山水库防洪问题、溢洪道改扩建作为重点项目统筹，2018 年 12 月，潍坊市发展和改革委员会以潍发改能交〔2018〕99 号文正式批复《青州市黑虎山水库溢洪道灾后改扩建工程初步设计》，该报告确定的工程任务是，在增容工程的基础上，通过改扩建现状溢洪道及出水渠，适当增加水库下泄洪水的能力，进一步提升水库大坝安全性能。

1.2.4 主要控制运用指标（2022 年）

黑虎山水库主要控制运用指标见表 11-2。

表 11-2 黑虎山水库主要控制运用指标（2022 年）

控制运用指标名称	水位 Z（m）	相应库容 V（万 m^3）
溢洪道堰顶高程	162.00	
汛中限制水位	163.00	3 103
汛中允许超蓄水位	164.00	3 361
汛末蓄水位	165.00	3 632
警戒水位	167.95	
允许最高水位	170.44	

1.3 上游水利工程概况

黑虎山水库上游有小（1）型水库钓鱼台一座，大坝为浆砌石拱坝，距黑虎山水库坝址 13.2 km，控制流域面积 33.8 km^2，总库容 100 万 m^3，于 1978 年 7 月建成。

1.4 测站概况

黑虎山水库站主要测验项目有水位、降水量、出库流量、水文调查等。本站采用冻结基面（1956 年黄海基面），1985 年国家高程基准高程与冻结基面高程换算关系为 $Z_{85}=Z_{冻结}$。

2 预报方案编制

2.1 资料情况

黑虎山水库流域内有黑虎山水库、王坟、孙旺、钓鱼台、东湖 5 处雨量站，各站基本情况见表 11-3。

表 11-3 黑虎山水库流域内雨量站基本情况表

站名	地址	设立时间
黑虎山水库	山东省青州市王坟镇黑虎山水库	2011 年 1 月
王坟	山东省青州市王坟镇	1961 年 6 月
孙旺	山东省潍坊市王坟镇孙旺村	2016 年 1 月
钓鱼台	山东省青州市王坟镇钓鱼台村	2016 年 1 月
东湖	山东省青州市王坟镇东湖村	2011 年 1 月

2.2 参证站选择

黑虎山水库站与沭河沙沟水库站的地形地貌和下垫面基本特征相似，故以沙沟水库水文站作为黑虎山水库站的参证站。参证站沙沟水库站以上流域面积 $F_{参}=164\ km^2$；设计站黑虎山水库站以上流域面积 $F_{设}=190\ km^2$。两站虽分属不同流域，但考虑到流域面积、地形地貌、下垫面条件等流域相似性，认为以沙沟水库站为参证站较为合适。

2.3 产流方案

利用沙沟水库站的产流方案推求黑虎山水库站的产流过程，黑虎山水库站降雨径流相关图（$P+P_a-R$）见图 11-2。

2.3.1 流域平均雨量 P 的计算

根据黑虎山水库、王坟、孙旺、钓鱼台、东湖等 5 站雨量采用算术平均法计算流域平均雨量 P。

2.3.2 流域平均前期影响雨量 P_a 的计算

$$P_{a,t+1}=K(P_{a,t}+P_t)$$

式中：$P_{a,t+1}$ 为第 t+1 日的前期影响雨量（mm）；$P_{a,t}$ 为第 t 日的前期影响雨量（mm）；P_t 为第 t 日的流域平均雨量（mm）；K 为前期影响雨量递减系数，$K_{晴}=0.90$，$K_{雨}=0.95$。

其中，K 值计算公式如下：

$$K=1-E_m/I_m$$

式中：E_m 为最大蒸发能力（参考沙沟水库历年平均各月最大日蒸发量）；I_m 为最大损失量，

采用 60 mm，并作为 P_a 值的上限控制数。

2.4 汇流方案

采用沭河沙沟水库站单位线进行缩放。将沙沟水库站单位线（Δt = 1h）进行缩放后作为黑虎山水库站单位线，详见图 11-3。

单位线的缩放按下列公式计算：

$$\alpha = (F_{设} / F_{参})^{0.5}$$

$$T_{设i} = \alpha T_{参i}$$

$$q_{设i} = \alpha q_{参i}$$

式中：α 为单位线缩放系数；$F_{参}$ 为参证站以上控制流域面积；$F_{设}$ 为设计站以上控制流域面积；$T_{参i}$ 为参证站单位线逐时段，$T_{参i} = 1, 2, \cdots, N$；$T_{设i}$ 为设计站单位线逐时段，通常为小数，为满足实际要求，需进一步对缩放结果进行插值，从而得到整时段单位线结果；$q_{参i}$ 为参证站单位线逐时段流量；$q_{设i}$ 为设计站单位线逐时段流量。

图 11-1　大石河黑虎山水库流域图

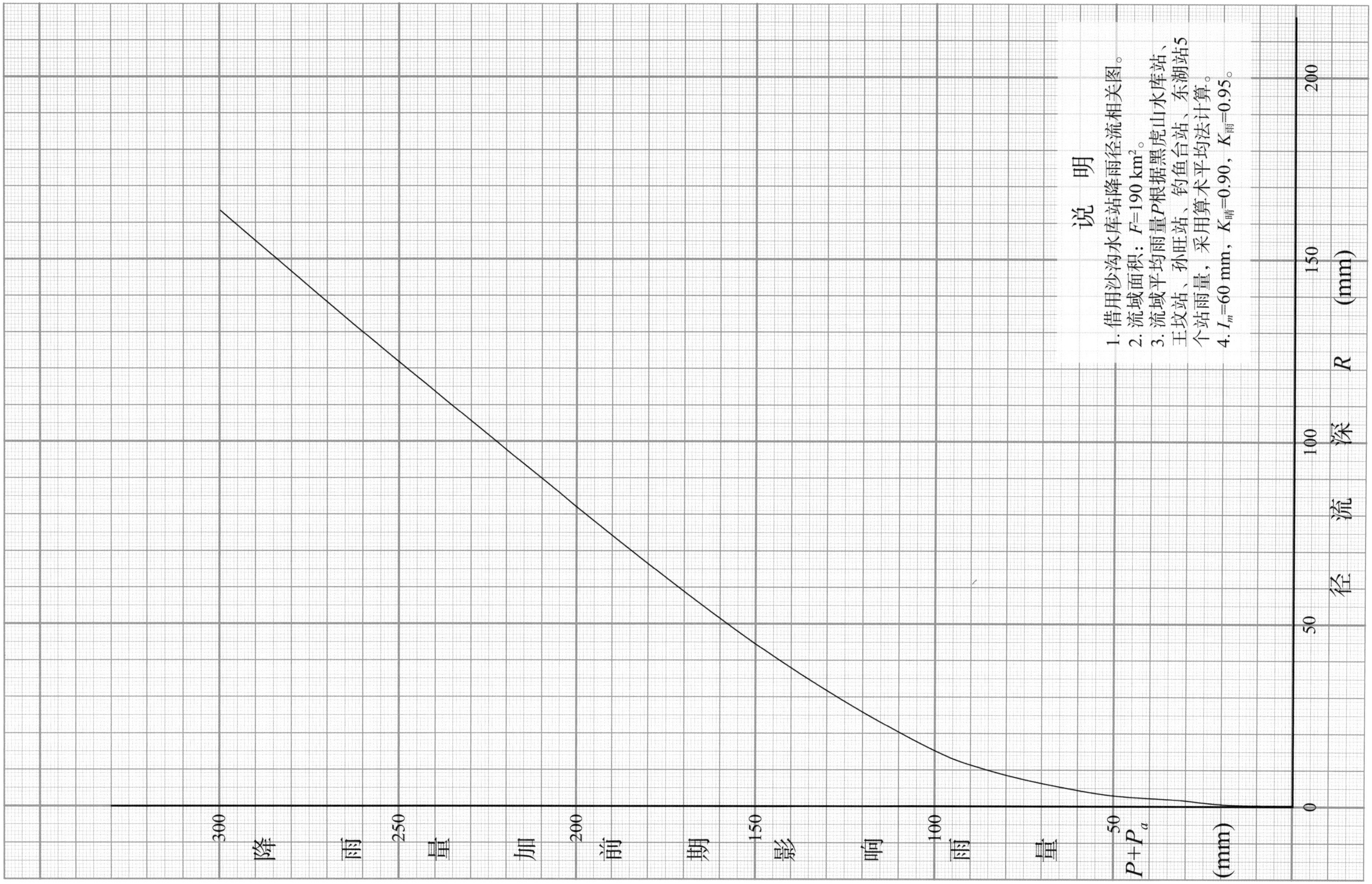

图 11-2　大石河黑虎山水库站降雨径流关系曲线图（$P+P_a$-R）

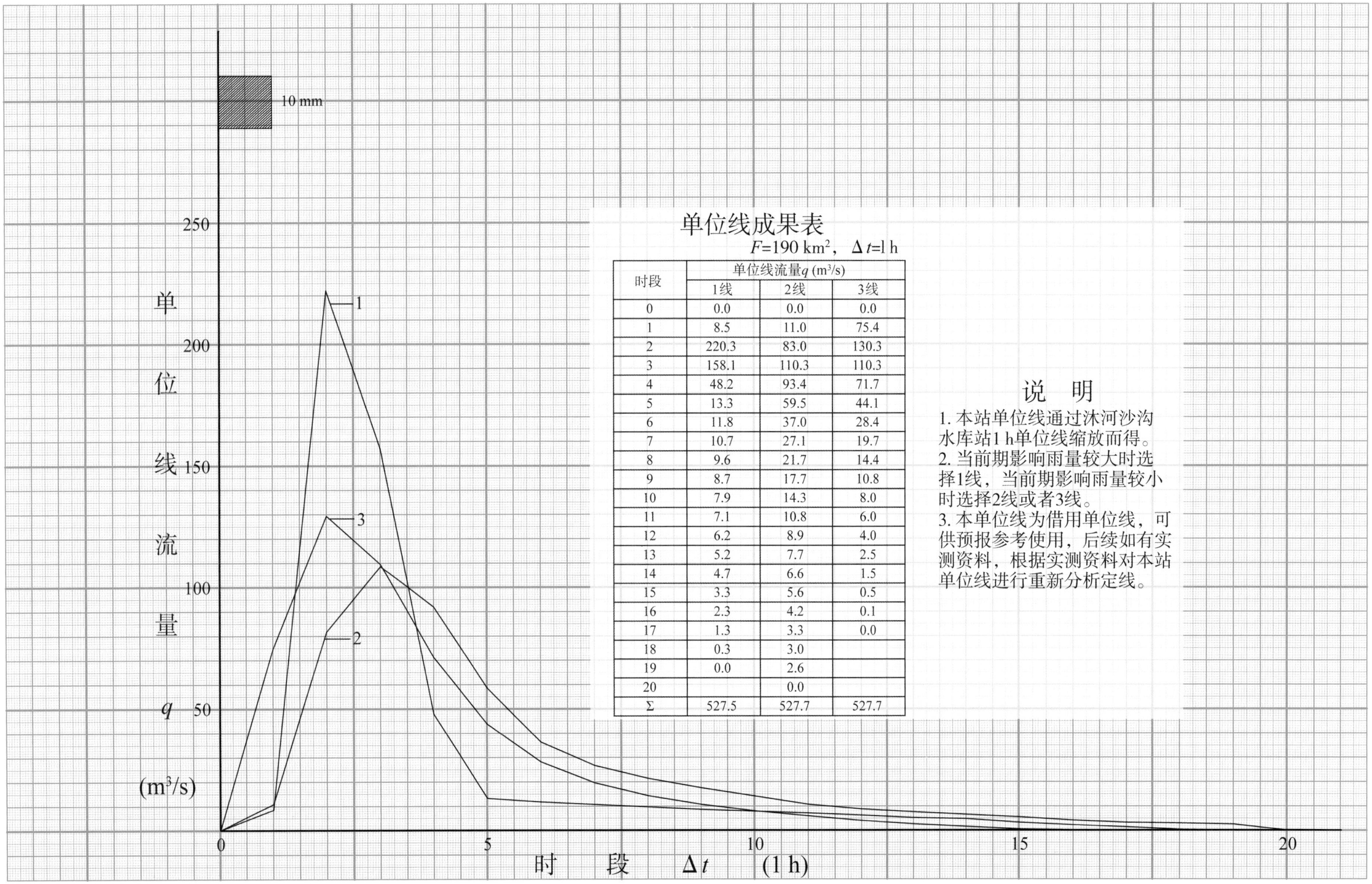

单位线成果表

F=190 km²，Δ*t*=1 h

时段	单位线流量q (m³/s)		
	1线	2线	3线
0	0.0	0.0	0.0
1	8.5	11.0	75.4
2	220.3	83.0	130.3
3	158.1	110.3	110.3
4	48.2	93.4	71.7
5	13.3	59.5	44.1
6	11.8	37.0	28.4
7	10.7	27.1	19.7
8	9.6	21.7	14.4
9	8.7	17.7	10.8
10	7.9	14.3	8.0
11	7.1	10.8	6.0
12	6.2	8.9	4.0
13	5.2	7.7	2.5
14	4.7	6.6	1.5
15	3.3	5.6	0.5
16	2.3	4.2	0.1
17	1.3	3.3	0.0
18	0.3	3.0	
19	0.0	2.6	
20		0.0	
Σ	527.5	527.7	527.7

说　明

1. 本站单位线通过沭河沙沟水库站1 h单位线缩放而得。
2. 当前期影响雨量较大时选择1线，当前期影响雨量较小时选择2线或者3线。
3. 本单位线为借用单位线，可供预报参考使用，后续如有实测资料，根据实测资料对本站单位线进行重新分析定线。

图 11-3　大石河黑虎山水库站单位线综合图

第十二章　白浪河马宋水库站水文预报方案编制说明

1　流域概况

1.1　自然地理特征

1.1.1　河流水系

马宋水库位于昌乐县营丘镇驻地北 2 km 处、白浪河上游。白浪河发源于昌乐县大鼓山，全长 127 km，其中马宋水库坝址以上 63 km，干流平均坡降为 2.6‰，流域形状呈叶形，地势西南高、东北低，平均宽度 8～12 km，山丘区面积占全流域面积的 50%。马宋水库流域图见图 12-1。

1.1.2　地形、地质、地貌

该流域位于山东古陆台鲁沂山地区丘陵区北侧，整个流域自西南向东北倾斜，其中，山区面积占总面积的 35%，丘陵区占 45%，平原区占 20%，一般高程在 100～300 m，最高点车罗顶海拔 321 m。山丘主要由玄武岩组成，上游北郦部东北地区局部为石灰岩，下游朱汉、马宋地区主要由片麻岩构成，风化严重的丘陵表面由破碎的风化物覆盖。平原地区多为沙壤土，整个流域植被条件较差，水土流失严重。

1.1.3　气象水文特征

马宋水库所在的白浪河流域地处泰沂山北麓，属暖温带半湿润季风气候区，四季分明，春季多风，干燥少雨；夏季炎热，暴雨集中；秋季干旱少雨，冬季寒冷少雪，温差变化大。多年平均气温在 12.4 ℃，最低气温一般出现在 1 月份，极值为-19.8 ℃；最高气温多出现在 7 月份，极值为 40 ℃。

1.2　水库工程概况

1.2.1　水库概述

马宋水库位于昌乐县营丘镇驻地北 2 km 处、白浪河上游，始建于 1959 年 11 月，1960 年 6 月基本竣工，经 2008 年除险加固工程后，达到了现状规模。该水库控制流域面积 180 km^2，总库容 1 215 万 m^3，兴利库容 646 万 m^3，死库容 27 万 m^3，是一座集防洪、灌溉、养殖及供水等综合利用于一体的国家重点中型水库。马宋水库工程技术特性见表 12-1。

表 12-1　马宋水库工程技术特性表

水库名称		马宋水库	主坝	坝型	均质土坝
建设地点		营丘镇	主坝	坝顶高程	87.60 m
所在河流		白浪河	主坝	最大坝高	12.50 m
流域面积		180 km^2	主坝	坝顶长度	131.00 m
管理单位名称		马宋水库运营维护中心	主坝	坝顶宽度	6.00 m
主管单位名称		昌乐县水利局	主坝	坝基地质	玄武岩风化碎屑
竣工日期		1960 年 6 月	主坝	坝基防渗措施	黏土齿墙
工程等别		Ⅲ	主坝	防浪墙顶高程	88.80 m
地震基本烈度/抗震烈度		8 度/8 度	副坝	坝型	均质土坝
多年平均年降水量		604.9 mm	副坝	坝顶高程	87.50～87.60 m
设计	洪水标准	2%	副坝	坝顶长度	4 419 m
设计	洪峰流量	1 254 m^3/s	副坝	坝顶宽度	4.00～4.50 m
设计	3 日洪量	3 353 m^3	正常溢洪道	型式	宽顶堰
校核	洪水标准	0.33%	正常溢洪道	堰顶高程	80.00 m
校核	洪峰流量	1 825 m^3/s	正常溢洪道	堰顶净宽	56.00 m
校核	3 日洪量	4 967 m^3	正常溢洪道	闸门型式	平板钢闸门
水库特征	水库调节特性	多年调节	正常溢洪道	闸门尺寸	5.85 m×8.00 m
水库特征	校核洪水位	87.19 m	正常溢洪道	最大泄量	1 674 m^3/s
水库特征	设计洪水位	87.02 m	正常溢洪道	消能型式	消力池
水库特征	正常蓄水位	85.30 m	正常溢洪道	启闭设备	卷扬式
水库特征	汛期限制水位	84.50 m	工程运行	历史最高库水位及发生日期	86.94 m 2018 年 8 月
水库特征	死水位	80.50 m	工程运行	历史最大入库流量及发生日期	881 m^3/s 2018 年 8 月
水库特征	总库容	1 215 万 m^3	工程运行	历史最大出库流量及发生日期	700 m^3/s 2018 年 8 月
水库特征	调洪库容	707 万 m^3	其他泄洪设施	放水洞泄量 2.80 m^3/s	
水库特征	兴利库容	646 万 m^3	其他泄洪设施		
水库特征	死库容	27 万 m^3	其他泄洪设施		

1.2.2　水库工程主体

马宋水库枢纽工程由大坝、溢洪道、放水洞三部分组成。大坝为均质土坝，由主、副坝组成，总长 4 550 m。其中，主坝长 131 m，坝顶高程 87.60 m，防浪墙顶高程 88.80 m，坝顶宽 6 m，最大坝高 12.5 m。坝前坡为预制混凝土板，坝后坡为草皮覆盖。

溢洪道位于大坝北端，全长 550 m，建有 7 孔溢洪闸，闸底板高程 80.00 m，平面钢闸门，闸门尺寸 8.00 m×5.85 m，闸下游设交通桥，最大泄量 1 674 m^3/s。

放水洞位于主坝桩号 0+008 处，进口底高程 80.40 m，配备 125 kN 固定卷扬式启闭机，平面钢闸门，闸门尺寸 1.00 m×1.60 m，设计流量 2.84 m^3/s。

1.2.3 历次重大改建、扩建、加固情况

马宋水库始建于 1959 年 11 月，1960 年 6 月基本竣工蓄水，后经多次加固达到现状规模。

1961 年 7 月，主坝背水坡坝脚片石砌体加固。1985 年，大坝加高 0.3 m。1986 年，对主、副坝统一培厚 1 m。1987 年，主坝及右副坝干砌石护坡至坝顶。1988 年，对水库灌区进行防渗处理。1999 年，对溢洪道陡坡进行防冲加固。2008 年 12 月—2010 年 9 月进行除险加固。

1.2.4 主要控制运用指标（2020 年）

马宋水库主要控制运用指标见表 12-2。

表 12-2 马宋水库主要控制运用指标表（2020 年）

控制运用指标名称	水位 Z（m）	相应库容 V（万 m^3）
溢洪道底高程	80.00	
汛中限制水位	84.50	508.2
汛中允许超蓄水位	85.00	607
汛末蓄水位	85.30	673
警戒水位	87.02	
允许最高水位	87.19	

1.3 上游水利工程概况

马宋水库坝址以上建有 5 座小（1）型水库、10 座小（2）型水库和 1 处拦河闸坝，总控制集水面积 179.7 km^2，总库容 1 365.9 万 m^3，总兴利库容 744.8 万 m^3。马宋水库上游水利工程基本情况见表 12-3。

表 12-3 马宋水库上游水利工程基本情况表

水库名称	水库类型	流域面积（km^2）	总库容（万 m^3）	兴利库容（万 m^3）
北郿邵	小（1）	16.0	331.0	175.0
驻程	小（1）	36.5	207.0	45.0
丁家淳于	小（1）	11.0	119.0	93.0
韩家阳阜	小（1）	25.5	109.0	71.0
梁家庄	小（1）	10.0	135.0	68.3
杨家庄	小（2）	3.2	106.0	61.0
韩家集子	小（2）	2.5	44.0	32.0
下皂户	小（2）	1.3	44.7	33.5
上皂户	小（2）	4.0	29.2	11.2
赵家淳于	小（2）	12.0	27.5	12.0
秦杨	小（2）	2.7	12.5	5.3
倪家河	小（2）	1.0	11.0	5.2
西李家河	小（2）	0.8	11.4	7.3
高家阳阜	小（2）	19.3	76.0	54.0
北郿郚西	小（2）	1.9	15.1	10.0
杨庄拦河闸	拦河闸	32.0	87.5	61.0
合计		179.7	1 365.9	744.8

1.4 测站概况

马宋水库流域内有 6 处雨量站，分别为马宋水库、上皂户、王家河南、乔官、西李家河、大湖田。马宋水库站设立于 1960 年 1 月；上皂户站设立于 2016 年；王家河南站设立于 1965 年 6 月；乔官站设立于 1951 年 6 月；西李家河站设立于 2016 年；大湖田站设立于 2020 年。

2 预报方案编制

2.1 资料情况

马宋水库站无实测年鉴水文摘录资料。

2.2 参证站选择

马宋水库水文站和白浪河水库水文站均在白浪河上，二者地形地貌和下垫面基本特征相似，故以白浪河水库水文站作为马宋水库水文站的参证站。参证站白浪河水库水文站以上流域面积 $F_{参}=353\ km^2$；设计站马宋水库水文站以上流域面积 $F_{设}=180\ km^2$。两站虽流域面积相差略大，但考虑到地形地貌、下垫面条件等流域相似性，认为以白浪河水库水文站为参证站较为合适。

2.3 产流方案

利用白浪河水库水文站的产流方案推求马宋水库水文站的产流过程，马宋水库水文站降雨径流相关图（$P+P_a-R$）见图 12-2。

2.3.1 流域平均雨量 P 的计算

选取 6 个雨量站，采用算术平均法计算求得流域平均雨量 P，雨量站分别为马宋水库站、王家河南站、西李家河站、乔官站、上皂户站、大湖田站。

2.3.2 流域平均前期影响雨量 P_a 的计算

$$P_{a,t+1}=K\ (P_{a,t}+P_t)$$

式中：$P_{a,t+1}$ 为第 t+1 日的前期影响雨量（mm）；$P_{a,t}$ 为第 t 日的前期影响雨量（mm）；P_t 为第 t 日的流域平均雨量（mm）；K 为前期影响雨量递减系数，$K_{晴}=0.90$，$K_{雨}=0.95$。

其中，K 值计算公式如下：

$$K=1-E_m/I_m$$

式中：E_m 为最大蒸发能力（借用白浪河水库历年平均各月最大日蒸发量）；I_m 为最大损失量，采用 120 mm，并作为 P_a 值的上限控制数。

2.4 汇流方案

采用白浪河水库水文站单位线进行缩放。将白浪河水库水文站单位线（$\Delta t=1$ h）进行缩放后作为马宋水库水文站单位线，详见图 12-3。

单位线的缩放按下列公式计算：

$$\alpha=(F_{设}/F_{参})^{0.5}$$

$$T_{设i}=\alpha T_{参i}$$

$$q_{设i}=\alpha q_{参i}$$

式中：α 为单位线缩放系数；$F_{参}$ 为参证站以上控制流域面积；$F_{设}$ 为设计站以上控制流域面积；$T_{参i}$ 为参证站单位线逐时段，$T_{参i}=1,\ 2,\ \cdots,\ N$；$T_{设i}$ 为设计站单位线逐时段，通常为小数，为满足实际要求，需进一步对缩放结果进行插值，从而得到整时段单位线结果；$q_{参i}$ 为参证站单位线逐时段流量；$q_{设i}$ 为设计站单位线逐时段流量。

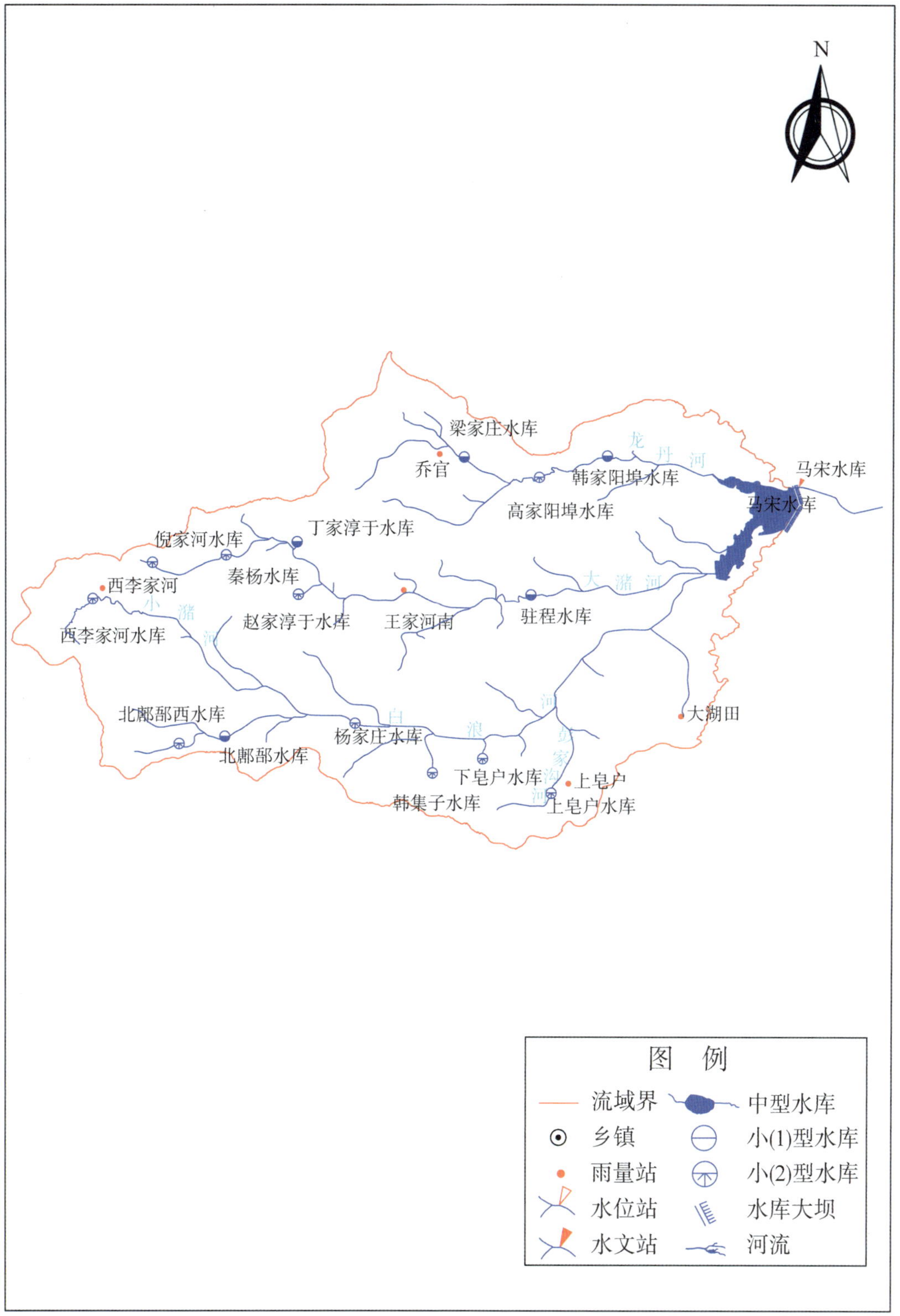

图 12-1　白浪河马宋水库流域图

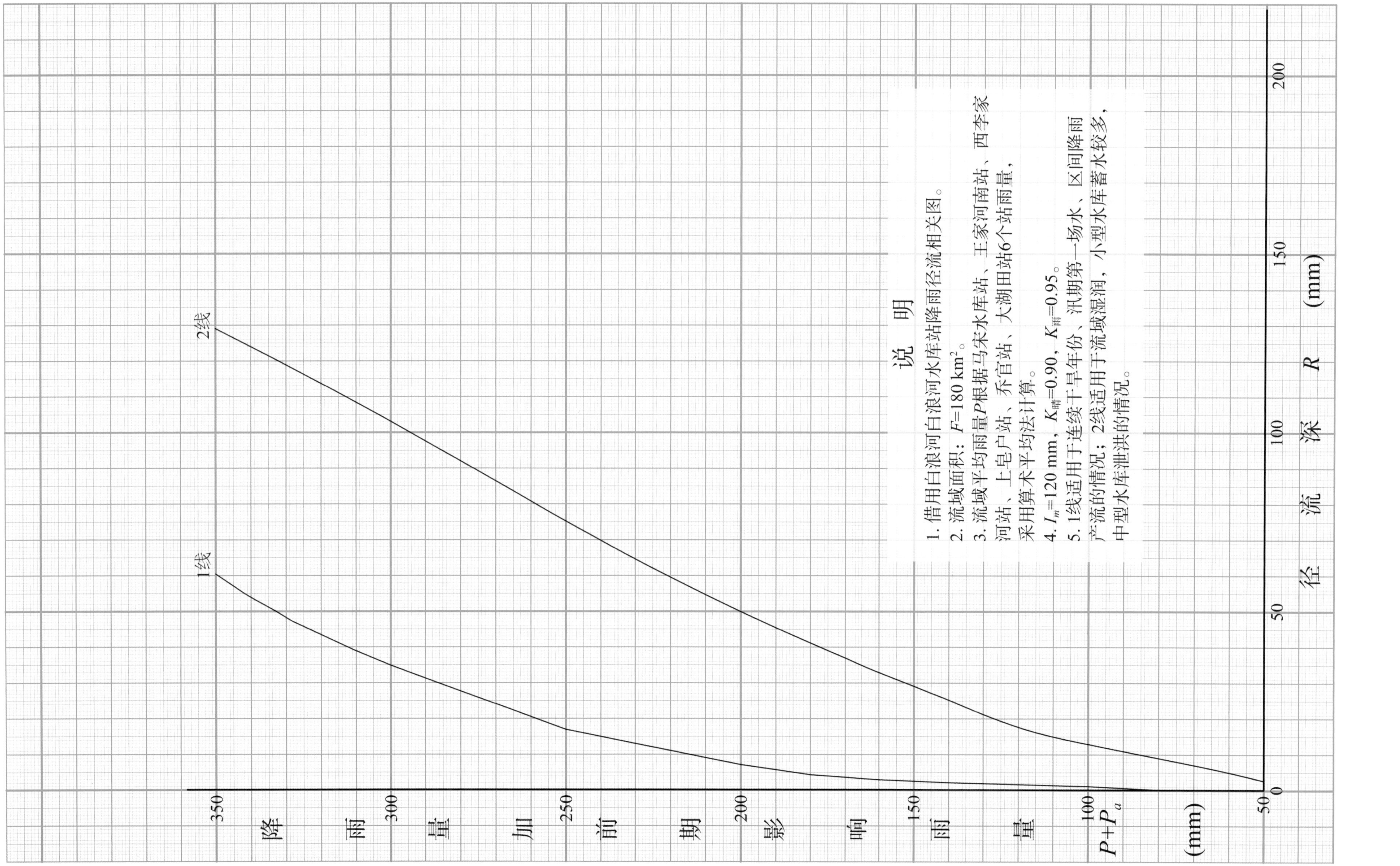

图 12-2 白浪河马宋水库站降雨径流关系图

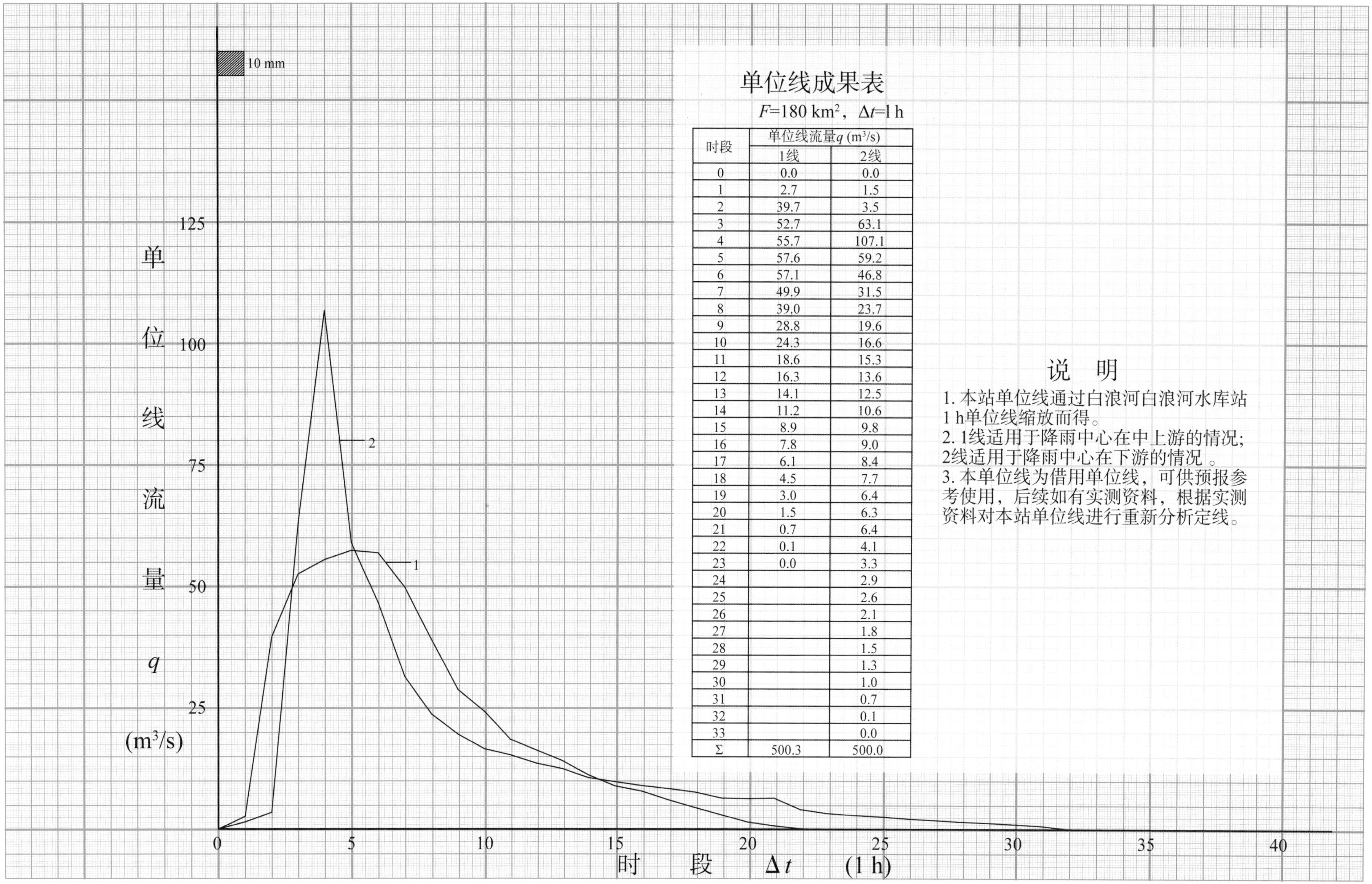

单位线成果表

F=180 km², Δt=1 h

时段	单位线流量q (m³/s)	
	1线	2线
0	0.0	0.0
1	2.7	1.5
2	39.7	3.5
3	52.7	63.1
4	55.7	107.1
5	57.6	59.2
6	57.1	46.8
7	49.9	31.5
8	39.0	23.7
9	28.8	19.6
10	24.3	16.6
11	18.6	15.3
12	16.3	13.6
13	14.1	12.5
14	11.2	10.6
15	8.9	9.8
16	7.8	9.0
17	6.1	8.4
18	4.5	7.7
19	3.0	6.4
20	1.5	6.3
21	0.7	6.4
22	0.1	4.1
23	0.0	3.3
24		2.9
25		2.6
26		2.1
27		1.8
28		1.5
29		1.3
30		1.0
31		0.7
32		0.1
33		0.0
Σ	500.3	500.0

说　明

1. 本站单位线通过白浪河白浪河水库站1 h单位线缩放而得。
2. 1线适用于降雨中心在中上游的情况；2线适用于降雨中心在下游的情况 。
3. 本单位线为借用单位线，可供预报参考使用，后续如有实测资料，根据实测资料对本站单位线进行重新分析定线。

图 12-3　白浪河马宋水库站单位线综合图

第十三章　大圩河符山水库站水文预报方案编制说明

1　流域概况

1.1　自然地理特征

1.1.1　河流水系

符山水库位于潍坊市区西南15 km、白浪河支流大圩河上。大圩河发源于昌乐县方山东麓乔官镇土埠沟村，向东自乔官镇流经五图街道，在潍坊城区汇入白浪河。大圩河全长44 km，流域面积279 km^2。符山水库流域图见图13-1。

1.1.2　气象水文特征

符山水库地处泰沂山北区，属暖温带半湿润季风气候，四季界限分明。冬季天气寒冷干燥，降水较少；夏季冷暖空气活动频繁，水汽较充沛，多发生暴雨洪水。流域内产生暴雨的天气系统主要为气旋、锋面及台风等。气旋是本流域暴雨产生的主要天气系统，而台风是造成本流域特大暴雨洪水的重要天气系统。

暴雨是造成本流域洪水的主要原因。受天气系统影响，暴雨多发生在盛夏初秋，具有明显的季节性。大于河属于雨洪河流，洪水主要集中在汛期，河道流量随季节发生变化，枯水季节河道流量很小。符山水库流域处于山丘区，径流易于集中，入库流量陡涨陡落，洪峰持续时间短，多呈单峰型。

1.2　水库工程概况

1.2.1　水库概述

符山水库位于潍坊市区西南15 km、白浪河支流大圩河上，是一座具有防洪、灌溉、供水等综合利用的中型水库，控制流域面积100 km^2，流域内有小型水库15座。符山水库总库容2 816.3万 m^3，调洪库容1 802.3万 m^3，兴利库容1 407万 m^3，死水位49.20 m。该水库按50年一遇洪水标准设计，1 000年一遇洪水标准校核。

1.2.2　水库工程主体

符山水库枢纽工程包括大坝、溢洪道和放水洞三部分，大坝总长2 150 m，其中主坝长400 m，副坝长1 750 m，坝顶高程为59.65 m，坝顶宽度7 m；溢洪闸3孔，闸底板高程为52.00 m，闸顶高程为57.00 m，闸门为6 m×5 m平板钢闸门；东放水洞设置在大坝1+810处，西放水洞设置在大坝0+550处。符山水库工程技术特性见表13-1。

表13-1　符山水库工程技术特性表

序号	指标名称	单位	数量	备注
一	水文			
1	流域面积	km^2	100	坝址以上
2	利用的水文系列年限	年	1973—2005	
3	多年平均径流量	万 m^3	1 047	
二	水库			
1	水库水位			
	校核洪水位	m	59.35	
	设计洪水位	m	57.26	
	汛期限制水位	m	54.70	
	正常蓄水位	m	56.50	
	死水位	m	49.20	
2	正常蓄水位时水库面积	km^2	3.25	
3	水库容积			
	总库容	万 m^3	2 816.3	
	调洪库容	万 m^3	1 802.3	
	防洪库容	万 m^3	837.6	
	兴利库容	万 m^3	1 407	
	死库容	万 m^3	165	
4	调节特性		多年调节	
三	工程效益指标			
1	防洪保护面积	万亩	15	
2	灌溉面积	万亩	2	
	设计引用流量	m^3/s	3.33	
	年均用水总量	万 m^3	479.90	
3	城市及工业供水			
	保证率		95%	
	设计引用流量	m^3/s	2.00	
	年均用水总量	万 m^3	1 443	
四	主要建筑物及设备			
1	大坝			
	坝型		均质土坝	
	地震基本烈度	度	Ⅶ	
	坝顶高程	m	59.65	
	最大坝高	m	17.65	
	坝顶长度	m	2 150	
	坝顶宽度	m	7.00	

续表

序号	指标名称	单位	数量	备注
2	溢洪道			
	闸底高程	m	52.00	
	消能型式		挑流	
	闸门型式		平板钢闸门	
	闸门尺寸（宽×高）	m×m	6.0×5.0	
	闸门数量	扇	3	
	启闭机型式		卷扬式	
	启闭机容量	kN	2×100	
	启闭机数量	台	3	
	设计泄洪流量	m^3/s	296	
	校核泄洪流量	m^3/s	580	
3	西放水洞			
	设计流量	m^3/s	3.33	
	输水涵洞长度	m	42.73	
	涵洞断面尺寸	m×m	1.2×1.6	
	进口洞底高程	m	49.00	
	闸门型式		平面钢闸门	
	闸门尺寸	m×m	1.2×1.6	
	启闭机型式		卷扬式	
	启闭机容量	kN	100	
	竖井结构		钢筋混凝土	
4	东放水洞			
	设计流量	m^3/s	2.00	
	输水涵洞长度	m	45.13	
	涵洞断面尺寸	m×m	1.2×1.6	
	进口底高程	m	48.00	
	竖井结构		钢筋混凝土	
	闸门型式		平面钢闸门	
	闸门尺寸	m×m	1.20×1.60	
	启闭机型式		卷扬式	
	启闭机容量	kN	100	

1.2.3 历次重大改建、扩建、加固情况

符山水库于1959年开工建设，1972年建成蓄水。

1999年11月—2001年7月进行除险加固，主要内容有新建溢洪闸、坝顶路、坝前护坡。

2009年11月—2010年11月除险加固主要内容为坝基防渗，改建坝顶路、溢洪闸。

1.2.4 主要控制运用指标（2022年）

符山水库主要控制运用指标见表13-2。

表13-2 符山水库主要控制运用指标（2022年）

控制运用指标名称	水位 Z（m）	相应库容 V（万 m^3）
溢洪道底高程	52.00	
汛中限制水位	54.70	1 014
汛中允许超蓄水位	54.70	1 014
汛末蓄水位	56.50	1 572
警戒水位	57.26	
允许最高水位	59.35	

1.3 上游水利工程概况

符山水库坝址以上建有3座小（1）型水库和18座小（2）型水库，总控制集水面积142.5 km^2，总库容698.8万 m^3，总兴利库容391.2万 m^3。

1.4 测站概况

符山水库站测验方式为巡测，主要测验项目有水位、降水量、出库流量、水文调查等。

本站采用冻结基面，1985年国家高程基准高程与冻结基面高程换算关系为 $Z_{85}=Z_{冻结}$。

2 预报方案编制

2.1 资料情况

符山水库站无实测年鉴水文摘录资料。

2.2 参证站选择

符山水库水文站和光明水库水文站的地形地貌和下垫面基本特征相似，故以光明水库水文站作为符山水库水文站的参证站。参证站光明水库水文站以上流域面积 $F_{参}=132\ km^2$；设计站符山水库水文站以上流域面积 $F_{设}=100\ km^2$。两站虽分属不同流域，但考虑到流域面积、地形地貌、下垫面条件等流域相似性，认为以光明水库站为参证站较为合适。

2.3 产流方案

利用光明水库水文站的产流方案推求符山水库水文站的产流过程，符山水库水文站降雨径流相关图（$P+P_a-R$）见图 13-2。

2.3.1 流域平均雨量 P 的计算

选取 3 个雨量站，采用算术平均法计算求得流域平均雨量 P。雨量站分别为符山水库站、官地站、五图站。

2.3.2 流域平均前期影响雨量 P_a 的计算

$$P_{a,t+1}=K\left(P_{a,t}+P_t\right)$$

式中：$P_{a,t+1}$ 为第 $t+1$ 日的前期影响雨量（mm）；$P_{a,t}$ 为第 t 日的前期影响雨量（mm）；P_t 为第 t 日的流域平均雨量（mm）；K 为前期影响雨量递减系数，$K_{晴}=0.90$，$K_{雨}=0.95$。

其中，K 值计算公式如下：

$$K=1-E_m/I_m$$

式中：E_m 为最大蒸发能力（借用光明水库历年平均各月最大日蒸发量）；I_m 为最大损失量，采用 65 mm，并作为 P_a 值的上限控制数。

2.4 汇流方案

采用光明水库水文站单位线进行缩放。将光明水库水文站单位线（$\Delta t=1$ h）进行缩放后作为符山水库水文站单位线，详见图 13-3。

单位线的缩放按下列公式计算：

$$\alpha=\left(F_{设}/F_{参}\right)^{0.5}$$

$$T_{设i}=\alpha T_{参i}$$

$$q_{设i}=\alpha q_{参i}$$

式中：α 为单位线缩放系数；$F_{参}$ 为参证站以上控制流域面积；$F_{设}$ 为设计站以上控制流域面积；$T_{参i}$ 为参证站单位线逐时段，$T_{参i}=1, 2, \cdots, N$；$T_{设i}$ 为设计站单位线逐时段，通常为小数，为满足实际要求，需进一步对缩放结果进行插值，从而得到整时段单位线结果；$q_{参i}$ 为参证站单位线逐时段流量；$q_{设i}$ 为设计站单位线逐时段流量。

图 13-1　大圩河符山水库流域图

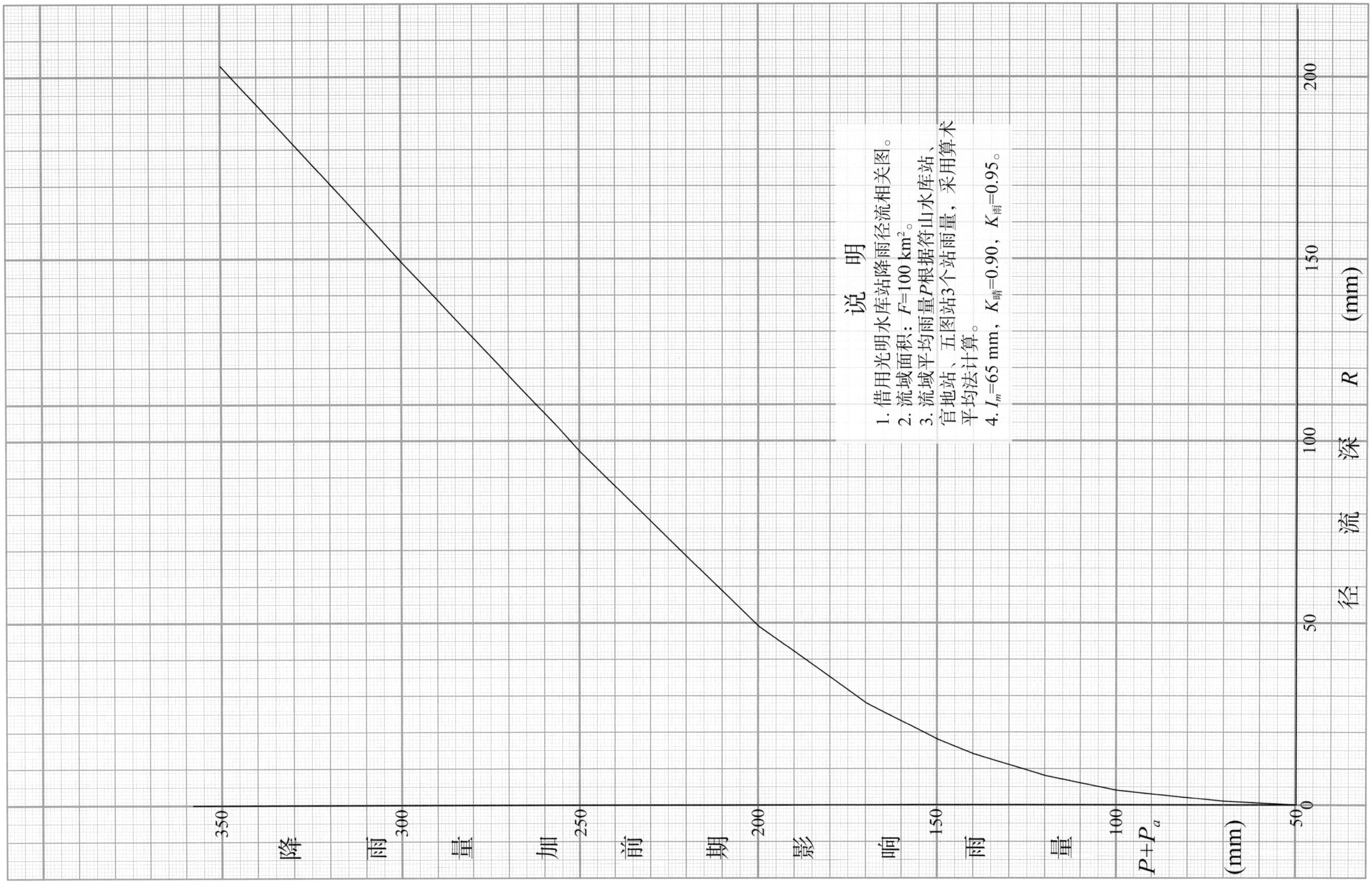

图 13-2　大圩河符山水库站降雨径流关系图

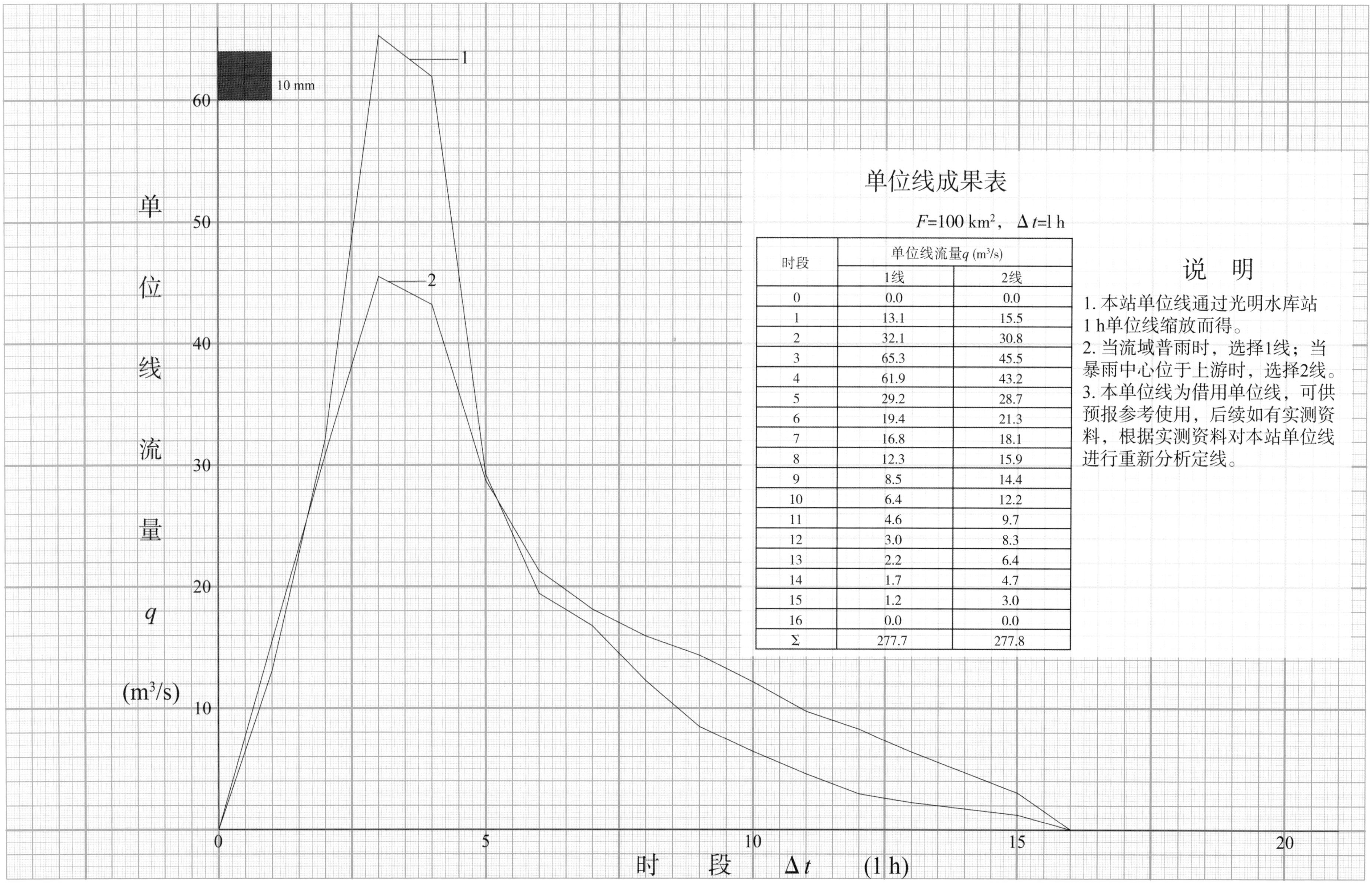

单位线成果表

F=100 km², Δt=1 h

时段	单位线流量q (m³/s)	
	1线	2线
0	0.0	0.0
1	13.1	15.5
2	32.1	30.8
3	65.3	45.5
4	61.9	43.2
5	29.2	28.7
6	19.4	21.3
7	16.8	18.1
8	12.3	15.9
9	8.5	14.4
10	6.4	12.2
11	4.6	9.7
12	3.0	8.3
13	2.2	6.4
14	1.7	4.7
15	1.2	3.0
16	0.0	0.0
Σ	277.7	277.8

说 明

1. 本站单位线通过光明水库站1 h单位线缩放而得。
2. 当流域普雨时，选择1线；当暴雨中心位于上游时，选择2线。
3. 本单位线为借用单位线，可供预报参考使用，后续如有实测资料，根据实测资料对本站单位线进行重新分析定线。

图 13-3　大圩河符山水库站单位线综合图

第十四章　中至河学庄水库站水文预报方案编制说明

1　流域概况

1.1　自然地理特征

学庄水库位于潍河水系中至河上游，大坝坐落在五莲县城西南 10 km 中至镇前学庄村南 100 m 处，水库控制流域面积 34 km^2，流域呈“V”形，地势东高西低，有 2 条支流汇入水库，流域平均宽度 4.33 km，河道干流长 7.80 km，干流平均坡降 19‰。流域平均高程在 330 m 左右，横山山峰最高，高程为 519.10 m，坝址处最低，高程为 162.00 m，山区占 60%，丘陵占 40%，土地多为梯田。流域下垫面属构造剥蚀低山丘陵区，地表出露多为白垩系莱阳群砂岩、第四纪黄土、砂土等，土层瘠薄。流域植被覆盖一般，林木栽植以马尾松、刺槐、杨树为主，农作物种植以小麦、玉米、花生、地瓜为主。

学庄水库流域属暖温带大陆性季风气候区，夏热多雨，冬寒少雪。多年平均气温 12.6 ℃，最高气温 38.5 ℃，最低气温 -16.8 ℃。多年平均年降水量 830 mm，多年平均年径流深 325 mm，多年平均年水面蒸发量 1 250 mm，多年平均年陆面蒸发量 500 mm，多年平均相对湿度 68%。学庄水库站以上流域图见图 14-1。

1.2　水库工程概况

学庄水库是一座以防洪为主，结合灌溉、水产养殖、供水等综合利用的中型蓄水工程。水库总库容 1 932 万 m^3，兴利库容 1 053 万 m^3。水库涉及下游 2 条县乡公路、1 条铁路（胶新铁路）、2 处乡镇、40 个村庄、5 万亩耕地、60 家工商企业及 3.5 万人的生命财产安全，因此该水库防洪作用非常重要。

1.3　上游水利工程概况

学庄水库流域内已建成小（2）型水库 2 座。其中，新兴村水库控制流域面积 3.50 km^2，总库容 23.10 万 m^3，兴利库容 10 万 m^3；姚家沟水库，控制流域面积 0.47 km^2，总库容 11.70 万 m^3，兴利库容 5.94 万 m^3。由于学庄水库流域地处山丘区，地形坡度大，源短流急，洪水过程时间较短，当该流域发生 100 年一遇洪水时，上游 2 座小（2）型水库将溃坝，学庄水库水位升高，影响大坝安全。

2　预报方案编制

2.1　资料情况

学庄水库站无实测年鉴水文摘录资料。

2.2　参证站选择

学庄水库站地形地貌和下垫面基本特征与前城子站相似，故以前城子站作为学庄水库站的参证站。参证站前城子站以上流域面积 $F_{参}=55\ km^2$；设计站学庄水库站以上流域面积 $F_{设}=34\ km^2$。

2.3　产流方案

利用前城子站的产流方案推求学庄水库站的产流过程，学庄水库站降雨径流相关图（$P+P_a-R$）见图 14-2。

2.3.1　流域平均雨量 P 的计算

利用学庄水库站雨量资料计算流域平均雨量 P。

2.3.2　流域平均前期影响雨量 P_a 的计算

$$P_{a,t+1}=K\ (P_{a,t}+P_t)$$

式中：$P_{a,t+1}$ 为第 $t+1$ 日的前期影响雨量（mm）；$P_{a,t}$ 为第 t 日的前期影响雨量（mm）；P_t 为第 t 日的流域平均雨量（mm）；K 为前期影响雨量递减系数。

2.3.3　产流参数 I_m、K

采用前城子站的参数，即 $I_m=60$ mm，$K=0.85$。

2.4　汇流方案

采用参证站前城子站单位线进行缩放。将前城子站单位线（$\Delta t=1$ h）进行缩放后作为学庄水库站单位线，详见图 14-3。

单位线的缩放按下列公式计算：

$$\alpha=(F_{设}/F_{参})^{0.5}$$

$$T_{设i}=\alpha T_{参i}$$

$$q_{设i}=\alpha q_{参i}$$

式中：α 为单位线缩放系数；$F_{参}$、$F_{设}$ 分别为参证站、设计站以上控制流域面积；$T_{参i}$ 为参证站单位线逐时段，$T_{参i}=1，2，\cdots，N$；$T_{设i}$ 为设计站单位线逐时段，通常为小数，为满足实际要求，需进一步对缩放结果进行插值，从而得到整时段单位线结果；$q_{参i}$ 为参证站单位线逐时段流量；$q_{设i}$ 为设计站单位线逐时段流量。

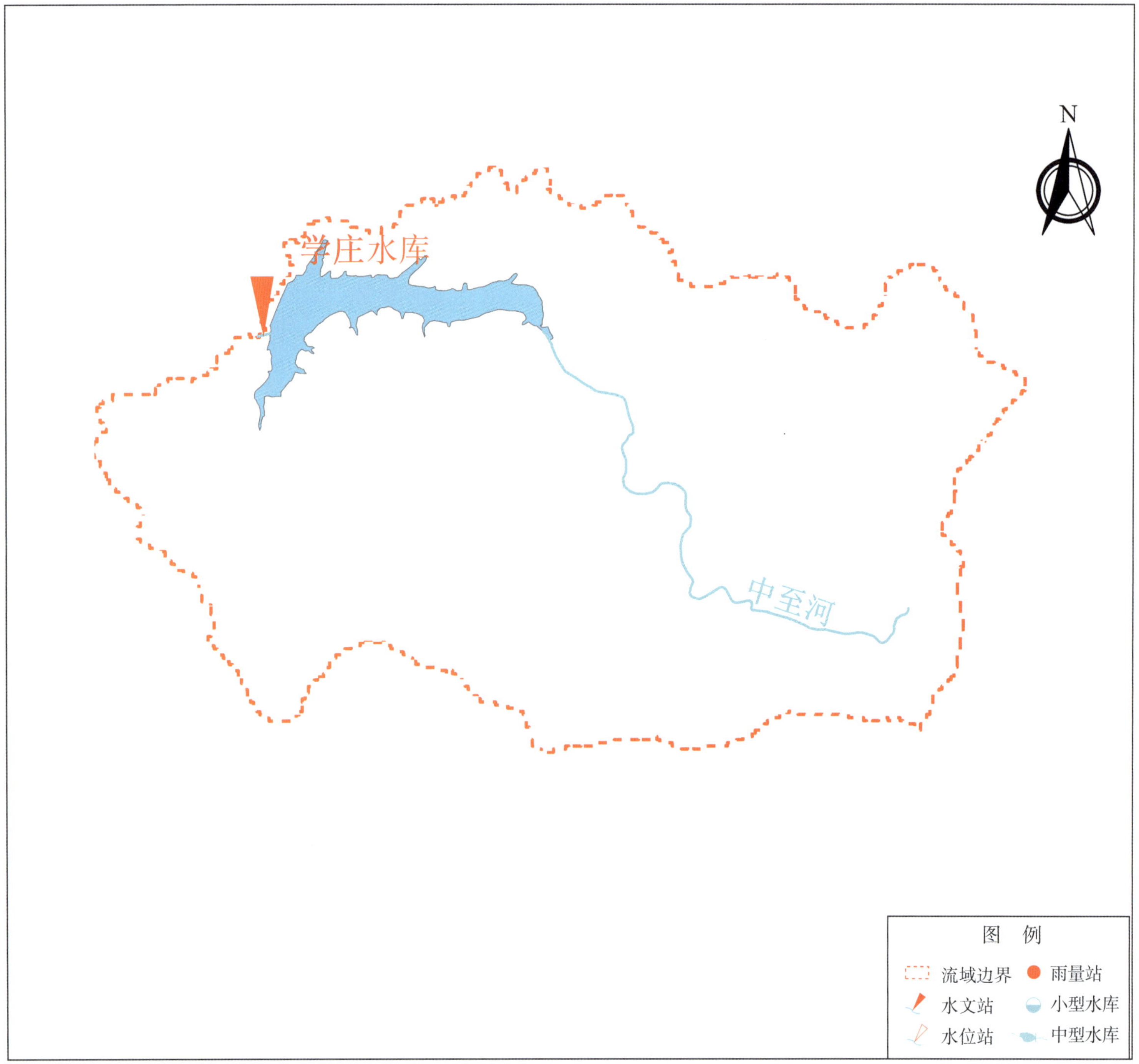

图 14-1　中至河学庄水库站以上流域图

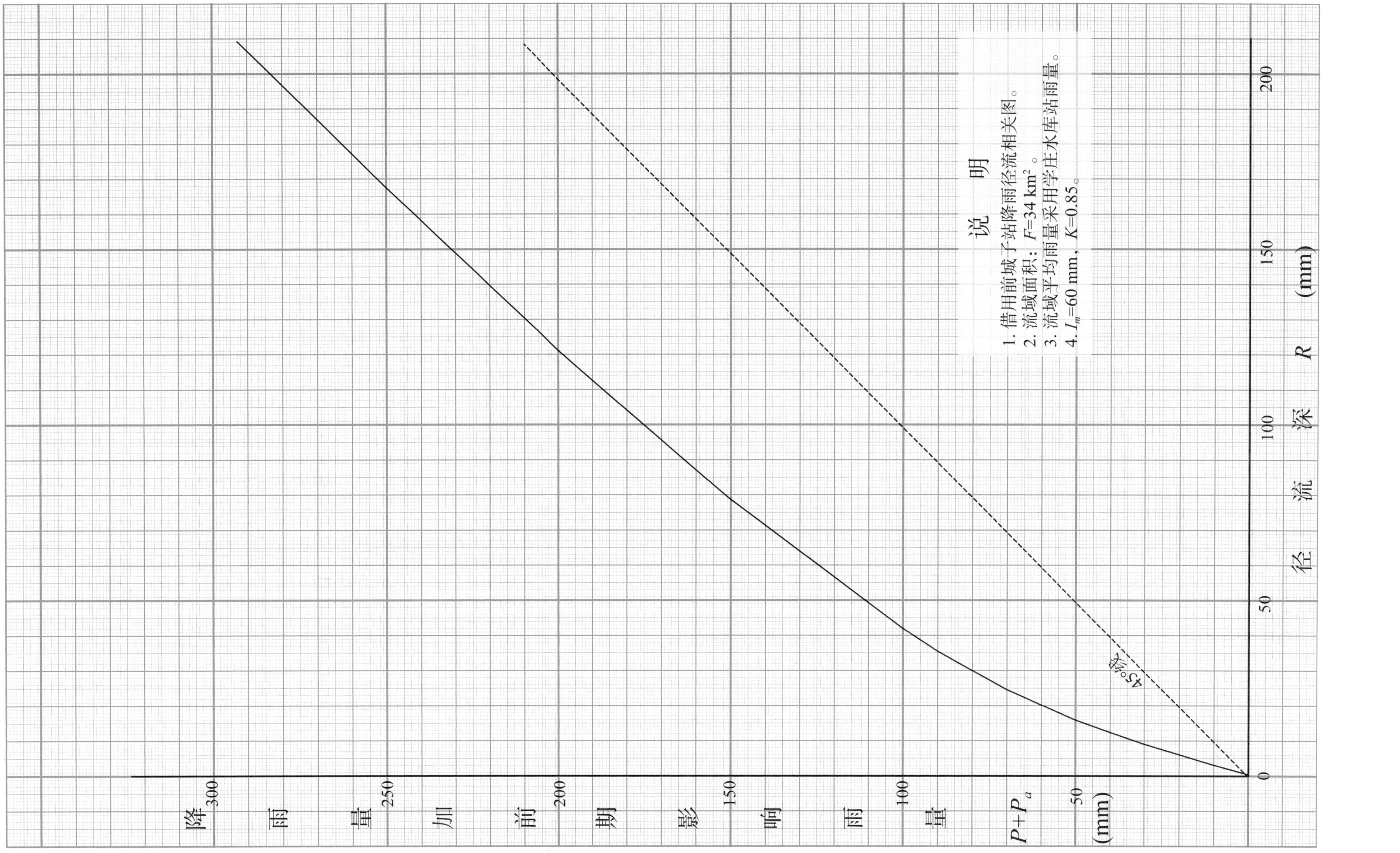

图 14-2　中至河学庄水库站降雨径流相关图（$P+P_a$-R）

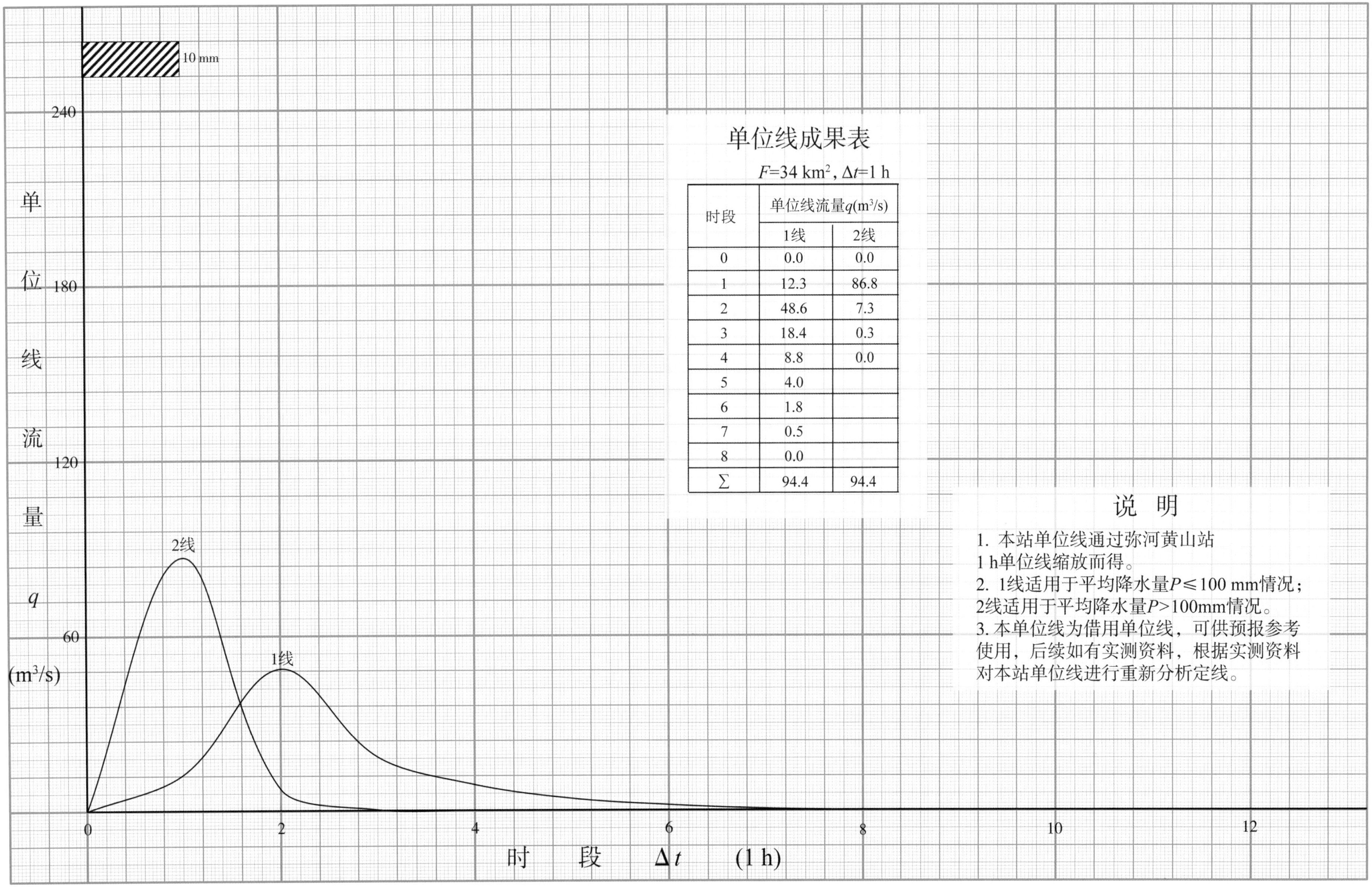

单位线成果表

F=34 km², Δt=1 h

时段	单位线流量q(m³/s)	
	1线	2线
0	0.0	0.0
1	12.3	86.8
2	48.6	7.3
3	18.4	0.3
4	8.8	0.0
5	4.0	
6	1.8	
7	0.5	
8	0.0	
Σ	94.4	94.4

说 明

1. 本站单位线通过弥河黄山站1 h单位线缩放而得。
2. 1线适用于平均降水量$P \leq 100$ mm情况；2线适用于平均降水量$P>100$mm情况。
3. 本单位线为借用单位线，可供预报参考使用，后续如有实测资料，根据实测资料对本站单位线进行重新分析定线。

图 14-3　中至河学庄水库站单位线图

第十五章　燕河河西水库站水文预报方案编制说明

1　流域概况

1.1　流域自然地理特征

河西水库位于五莲县城西北 30 km 汪湖镇河西村西北 1.0 km 处，坐落在潍河流域潍河水系潍河支流燕河上游。河西水库控制流域面积 45 km^2，上游流域呈扇形，平均长 3.9 km，平均宽 11.3 km。河西水库流域属低山丘陵区，高程在 165~238 m（1956 年黄海高程系，下同），最高点是库区西南南天门的 238.6 m，最低点是下游坝脚处的 96 m，山区面积占流域总面积的 40%，丘陵面积占流域总面积的 60%。流域出露地层为白垩系沉积岩和第四系松散层，土壤以沙壤砾土为主，有少量的黄黏土。主干河流长 16.9 km，干流平均坡降 7.7‰。

河西水库流域多年平均年降水量 820 mm，降水年际变化较大，且降水年内分配不均匀，枯季少雨，汛期降雨集中，6—9 月降水量占全年的 80% 左右；年平均日照时数 2 449.3 h；多年平均年蒸发量为 1 740.2 mm；多年平均年径流量 1 237.5 万 m^3。暴雨是造成本流域洪水的主要原因，形成暴雨的天气系统主要有锋面、气旋、台风、倒槽等。暴雨多发生在盛夏初秋，具有明显的季节性。河西水库所在的燕河属于雨洪性河流，洪水主要集中于汛期，河道流量随季节变化，枯水季节河道流量很小。由于河西水库集水面积较小，河流较短，干流坡度较陡，峰现时间较短，洪水过程线呈陡涨陡落型，一次洪水历时一般在 24 h 左右。河西水库站以上流域图见图 15-1。

1.2　河西水库概况

河西水库始建于 1959 年 11 月，1960 年 4 月竣工，2013 年 9 月开始水库除险加固，2014 年底主体工程完工，主要枢纽工程由大坝、溢洪道、放水洞等组成，是一座以防洪为主，结合农田灌溉、淡水养殖、发电等综合利用的中型水库。水库控制流域面积 45 km^2，总库容 2 008 万 m^3，兴利库容 966 万 m^3。

河西水库 1960 年 4 月建成后即投入正常运行，至今已运行了 60 多年，运行中发生过一次超设计标准暴雨，枢纽工程未出现过重大质量问题。建库以来，水库未经过高水位考验，历史最高洪水位 117.80 m（1974 年 8 月 13 日），最低水位 98.50 m（1978 年 9 月 27 日），最大洪水入库洪峰流量 1 250 m^3/s（1974 年 8 月 13 日），最大泄量 438 m^3/s（1974 年 8 月 13 日）。

1.3　上游水利工程情况

自 1960 年以来，河西水库上游先后建成 3 座塘坝、6 座小（2）型水库，总流域面积 12.25 km^2，总库容 96.90 万 m^3，多为串联库。由于水库流域地处山丘区，地形坡度大，源短流急，洪水过程时间较短，当发生 20~50（含 50）年一遇洪水时，若有一座水库或塘坝溃坝，其溃坝洪水与暴雨洪水组合，将在短时间内汇入河西水库，导致库水位急剧升高，危及大坝安全。

1.4　测站概况

河西水库流域内无国家雨量站，亦无其他实测暴雨资料系列。在河西水库流域周围有 4 个邻边国家雨量站，分别为河西水库西南 6.9 km 处的管帅雨量站、西北 12 km 处的东莞雨量站、东北 13.8 km 处的贾悦雨量站和东南 6.6 km 处的墙夼水库水文站。4 处雨量站建站以来，历年实测暴雨资料有管帅站 1960—2020 年、墙夼水库站 1960—2020 年、贾悦站 1965—2020 年、东莞站 1963—2020 年。

2　预报方案编制

2.1　资料情况

河西水库站无实测年鉴水文摘录资料。

2.2　参证站选择

河西水库站地形地貌和下垫面基本特征与沂河水系前城子水文站相似，故以前城子站作为河西水库站的参证站。参证站前城子站以上流域面积 $F_{参}=55\ km^2$；设计站河西水库站以上流域面积 $F_{设}=45\ km^2$。

2.3　产流方案

利用前城子站的产流方案推求河西水库站的产流过程，河西水库站降雨径流相关图（$P+P_a-R$）见图 15-2。

2.3.1　流域平均雨量 *P* 的计算

采用河西水库站雨量资料计算流域平均雨量 P。

2.3.2　流域平均前期影响雨量 P_a 的计算

$$P_{a,t+1}=K\ (P_{a,t}+P_t)$$

式中：$P_{a,t+1}$ 为第 $t+1$ 日的前期影响雨量（mm）；$P_{a,t}$ 为第 t 日的前期影响雨量（mm）；P_t 为第 t 日的流域平均雨量（mm）；K 为前期影响雨量递减系数。

2.3.3 产流参数 I_m、K

采用前城子站的参数，即 $I_m = 60$ mm，$K = 0.85$。

2.4 汇流方案

采用参证站前城子站单位线进行缩放。将前城子站单位线（$\Delta t = 1$ h）进行缩放后作为河西水库站单位线，详见图 15-3。

单位线的缩放按下列公式计算：

$$\alpha = (F_{设} / F_{参})^{0.5}$$

$$T_{设i} = \alpha T_{参i}$$

$$q_{设i} = \alpha q_{参i}$$

式中：α 为单位线缩放系数；$F_{参}$、$F_{设}$ 分别为参证站、设计站以上控制流域面积；$T_{参i}$ 为参证站单位线逐时段，$T_{参i} = 1, 2, \cdots, N$；$T_{设i}$ 为设计站单位线逐时段，通常为小数，为满足实际要求，需进一步对缩放结果进行插值，从而得到整时段单位线结果；$q_{参i}$ 为参证站单位线逐时段流量；$q_{设i}$ 为设计站单位线逐时段流量。

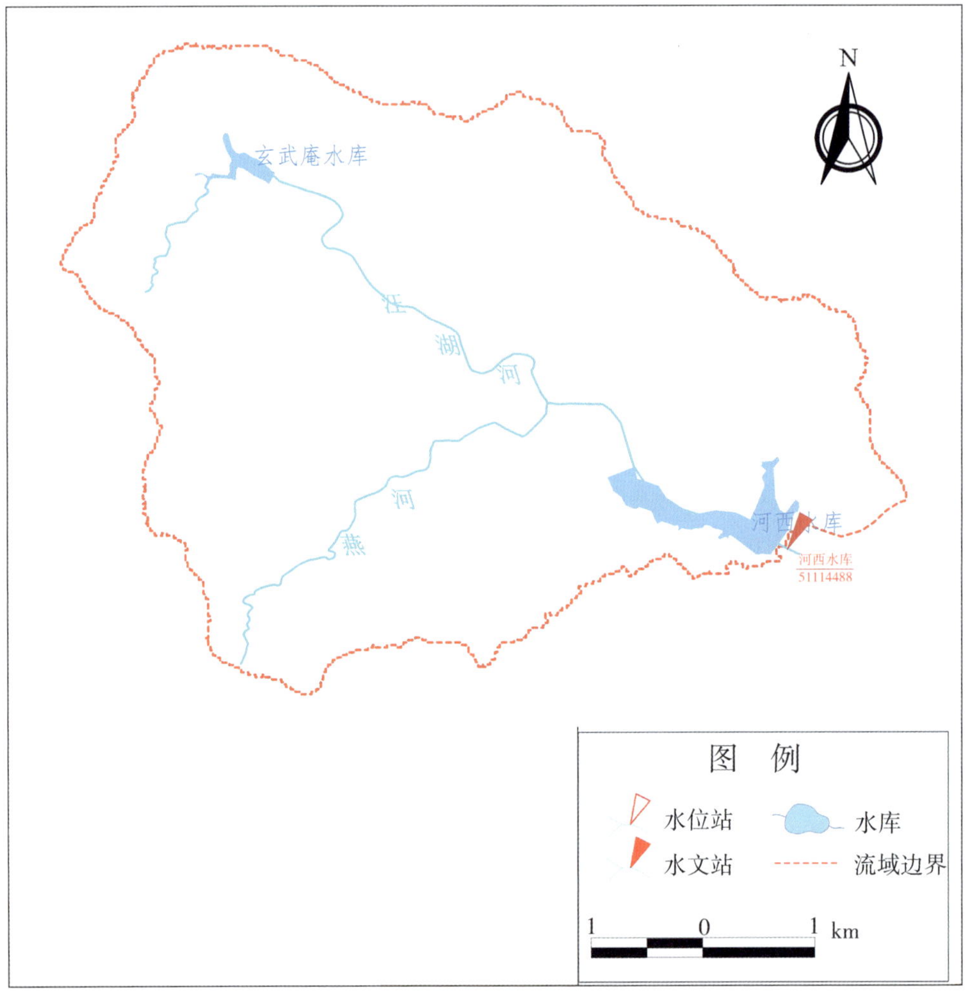

图 15-1　燕河河西水库流域图

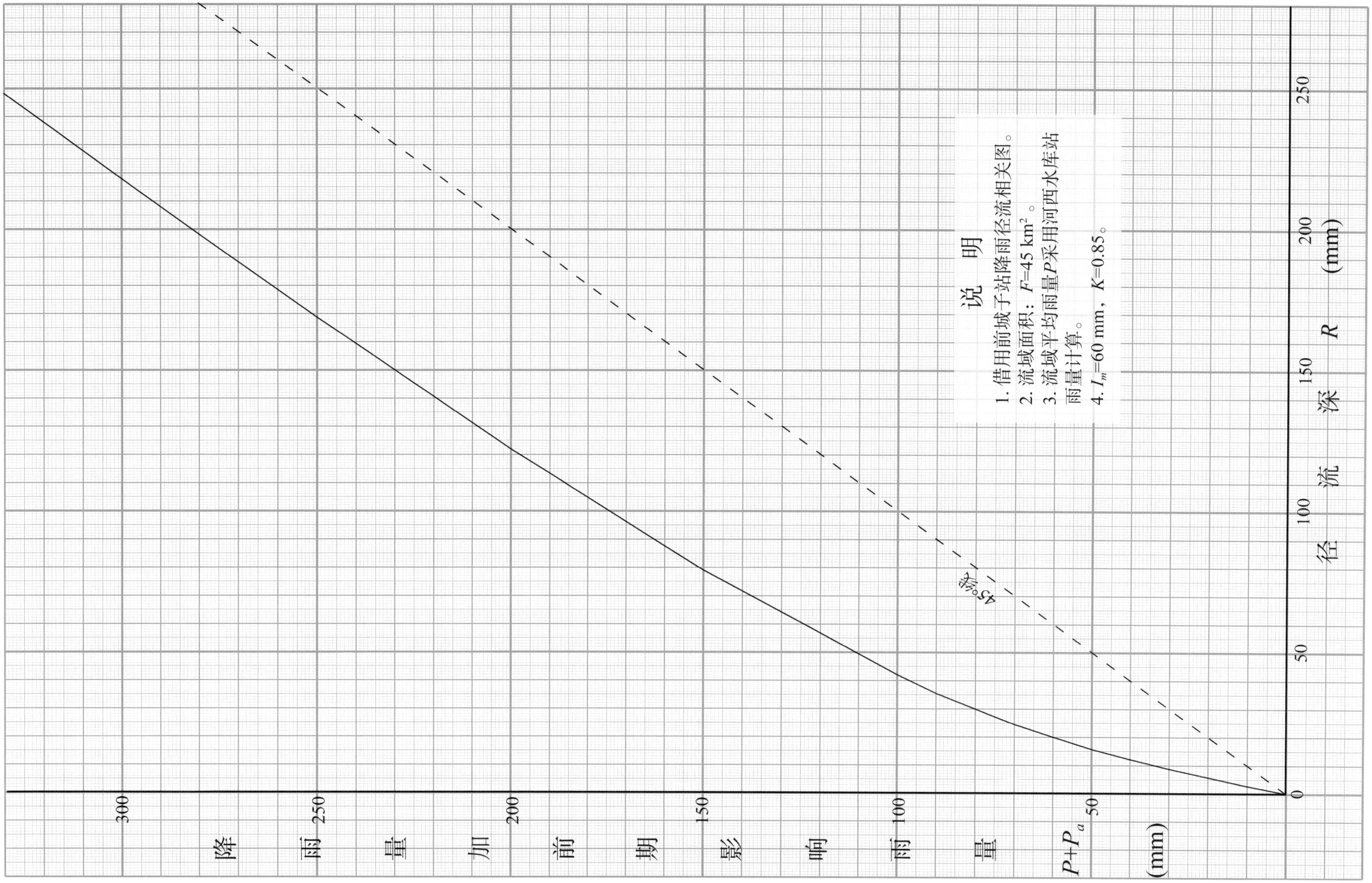

图 15-2　燕河河西水库站降雨径流相关图（$P+P_a$-R）

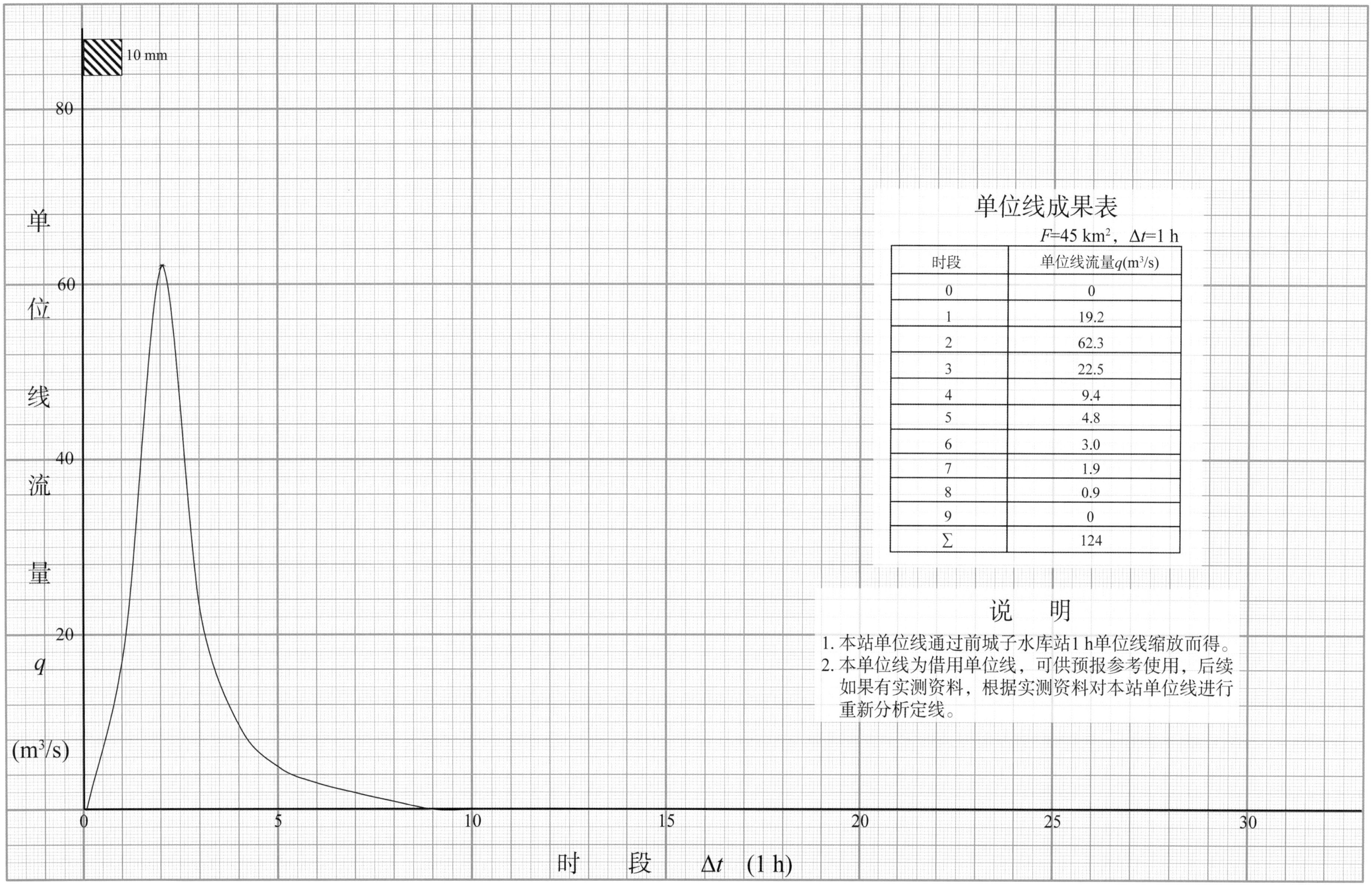

单位线成果表

F=45 km²，Δt=1 h

时段	单位线流量q(m³/s)
0	0
1	19.2
2	62.3
3	22.5
4	9.4
5	4.8
6	3.0
7	1.9
8	0.9
9	0
Σ	124

说 明

1. 本站单位线通过前城子水库站1 h单位线缩放而得。
2. 本单位线为借用单位线，可供预报参考使用，后续如果有实测资料，根据实测资料对本站单位线进行重新分析定线。

图 15-3　燕河河西水库站单位线图

第十六章　涓河长城岭水库站水文预报方案编制说明

1　流域概况

1.1　自然地理特征

长城岭水库坝址位于潍河水系涓河上游，控制流域面积 42 km^2，流域干流长度 6.9 km，干流平均坡降 11‰。流域呈扇形，地貌多为低山与丘陵，山区占 60%，丘陵占 35%，坡度较陡。该水库在马耳山西麓，库区周围群山环绕，经长期风化剥蚀，岩石多呈浑圆形。又因常年水流冲刷，河谷加宽加深，而且形成广布的河漫滩和第四系黄土冲积物。地势南高北低。流域内最高山峰马耳山，海拔 706 m，最低点为坝址，海拔 144.4 m。长城岭水库站以上流域图见图 16-1。

1.2　长城岭水库概况

长城岭水库于 1959 年 10 月 28 日开工兴建，1960 年 3 月 18 日建成蓄水，2009 年 1 月 11 日开始对大坝、溢洪道、放水洞等实施了除险加固工程，是一座以防洪为主，兼顾农业灌溉和淡水养殖等综合利用的中型水库。水库 1 000 年一遇校核洪水位为 166.97 m，100 年一遇设计洪水位为 165.41 m，兴利水位 164.00 m，死水位 150.71 m，总库容 1 096 万 m^3，死库容 4.50 万 m^3。大坝为黏土心墙碎石土壳坝，最大坝高 22.80 m，坝顶轴线长 273 m，坝顶宽 7.50 m，坝顶高程 167.20 m，防浪墙顶高程 168.20 m。溢洪道为 3 孔闸门控制，与大坝隔一座小山，距离大坝 500 m，泄水不影响大坝安全。溢洪闸进口底板高程 158.50 m，堰顶宽 24.00 m。放水洞进口底高程 150.71 m。

1.3　上游水利工程情况

长城岭水库流域内现有小（2）型水库 8 座，总库容 190.14 万 m^3。其中，于家沟水库，流域面积 0.55 km^2，总库容 15 万 m^3；香店沟水库，流域面积 0.8 km^2，总库容 34.15 万 m^3；王家洼子水库，流域面积 0.4 km^2，总库容 23 万 m^3；草场沟水库，流域面积 0.5 km^2，总库容 65.89 万 m^3；榆皮沟水库，流域面积 0.29 km^2，总库容 10.27 万 m^3；西坡水库，流域面积 0.4 km^2，总库容 14 万 m^3；老龙窝水库，流域面积 0.45 km^2，总库容 14.48 万 m^3；大尚庄水库，流域面积 1.1 km^2，总库容 13.35 万 m^3。

2　预报方案编制

2.1　资料情况

长城岭水库站无实测年鉴水文摘录资料。

2.2　参证站选择

长城岭水库站地形地貌和下垫面基本特征与沂河水系前城子水文站相似，故以前城子站作为长城岭水库站的参证站。参证站前城子站以上流域面积 $F_{参}=55$ km^2；设计站长城岭水库站以上流域面积 $F_{设}=42$ km^2。

2.3　产流方案

利用前城子站的产流方案推求长城岭水库站的产流过程，长城岭水库站降雨径流相关图（$P+P_a-R$）见图 16-2。

2.3.1　流域平均雨量 *P* 的计算

采用长城岭水库站雨量资料计算流域平均雨量 P。

2.3.2　流域平均前期影响雨量 P_a 的计算

$$P_{a,t+1}=K\ (P_{a,t}+P_t)$$

式中：$P_{a,t+1}$ 为第 $t+1$ 日的前期影响雨量（mm）；$P_{a,t}$ 为第 t 日的前期影响雨量（mm）；P_t 为第 t 日的流域平均雨量（mm）；K 为前期影响雨量递减系数。

2.3.3　产流参数 I_m、K

采用前城子站的参数，即 $I_m=60$ mm，$K=0.85$。

2.4　汇流方案

采用参证站前城子站单位线进行缩放。将前城子站单位线（$\Delta t=1$ h）进行缩放后作为长城岭水库站单位线，详见图 16-3。

单位线的缩放按下列公式计算：

$$\alpha=(F_{设}/F_{参})^{0.5}$$

$$T_{设i}=\alpha T_{参i}$$

$$q_{设i}=\alpha q_{参i}$$

式中：α 为单位线缩放系数；$F_{参}$、$F_{设}$ 分别为参证站、设计站以上控制流域面积；$T_{参i}$ 为参证站单位线逐时段，$T_{参i}=1,2,\cdots,N$；$T_{设i}$ 为设计站单位线逐时段，通常为小数，为满足实际要求，需进一步对缩放结果进行插值，从而得到整时段单位线结果；$q_{参i}$ 为参证站单位线逐时段流量；$q_{设i}$ 为设计站单位线逐时段流量。

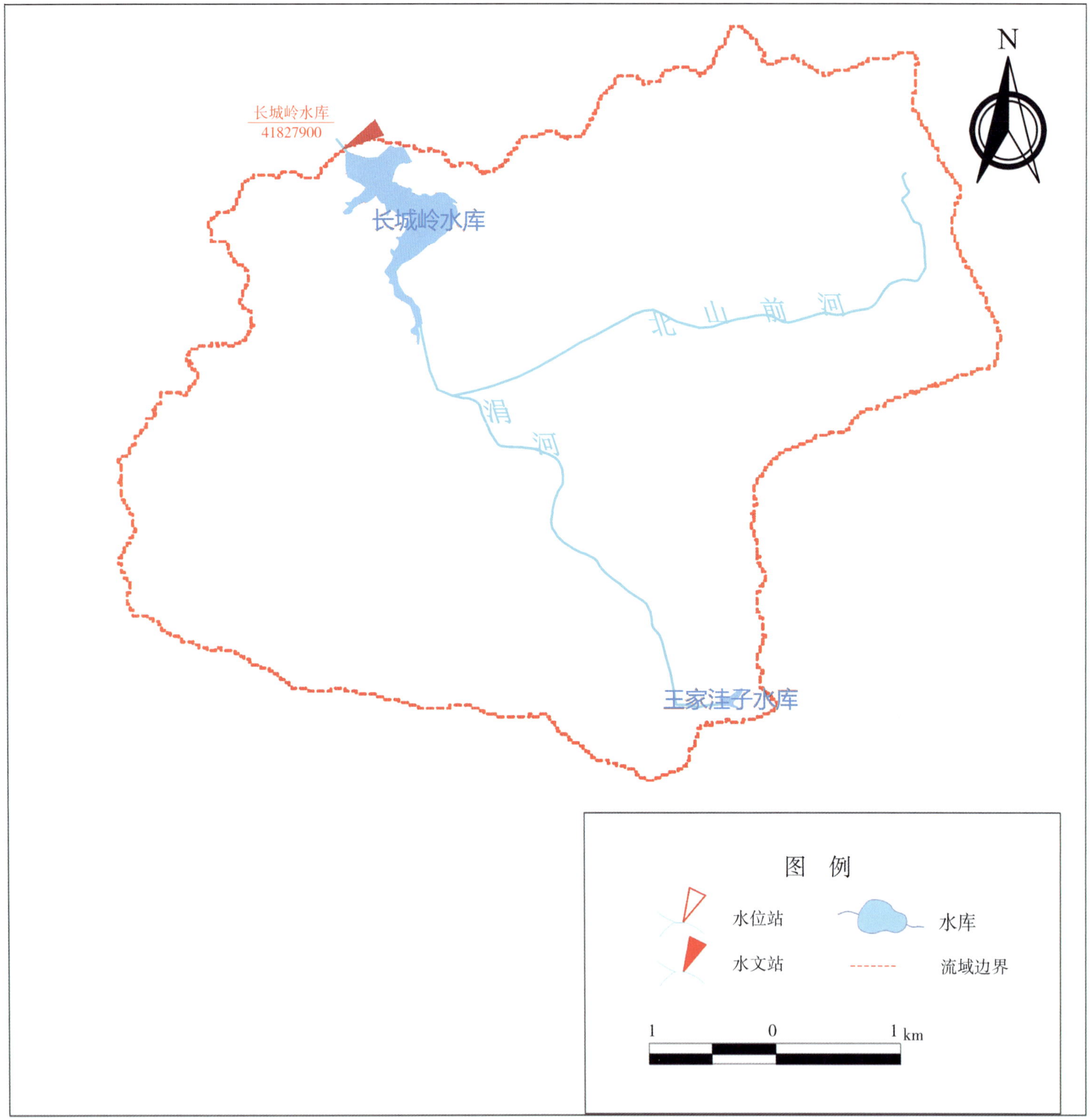

图 16-1　涓河长城岭水库流域图

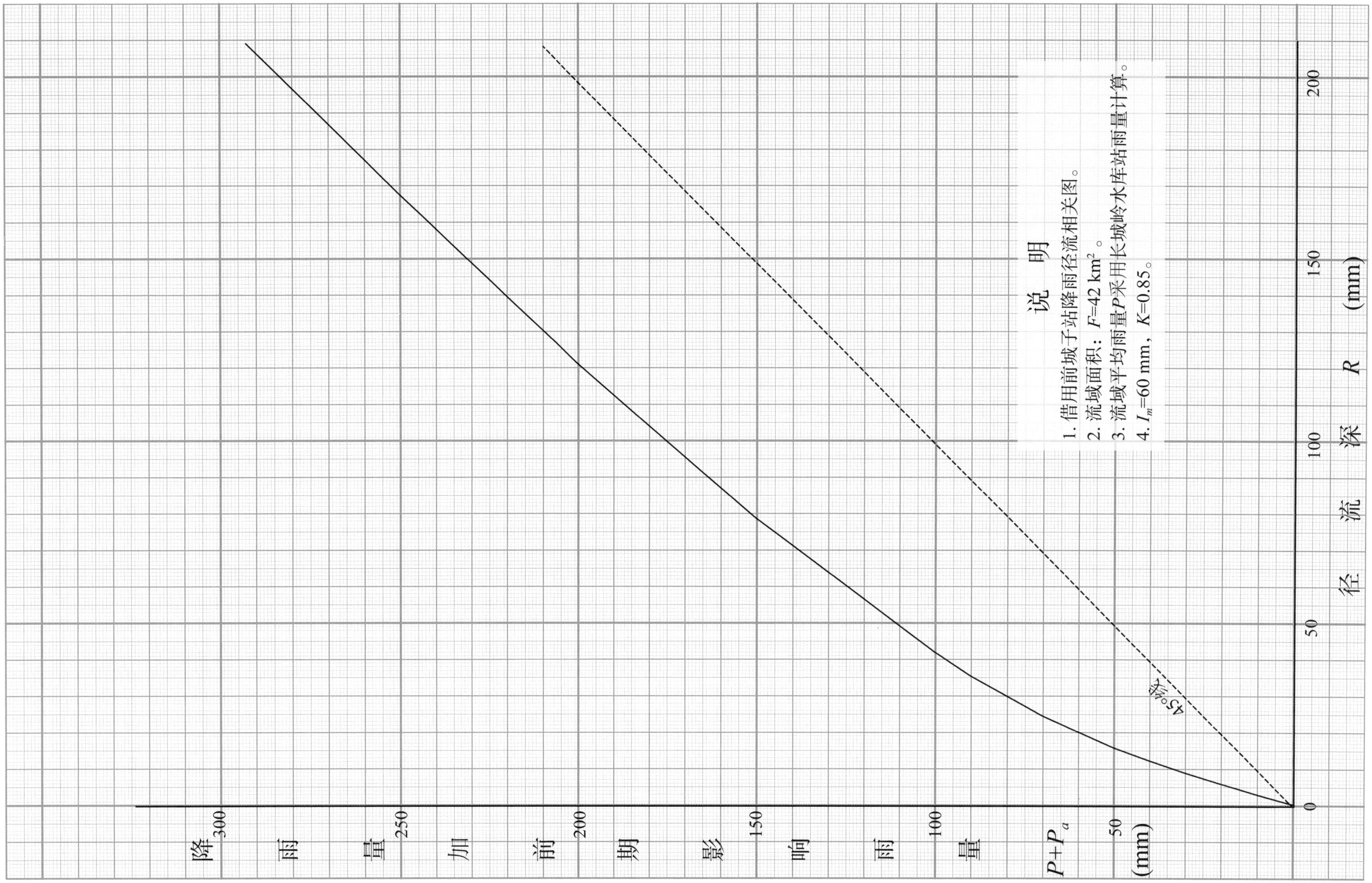

图 16-2　涓河长城岭水库站降雨径流相关图（$P+P_a$-R）

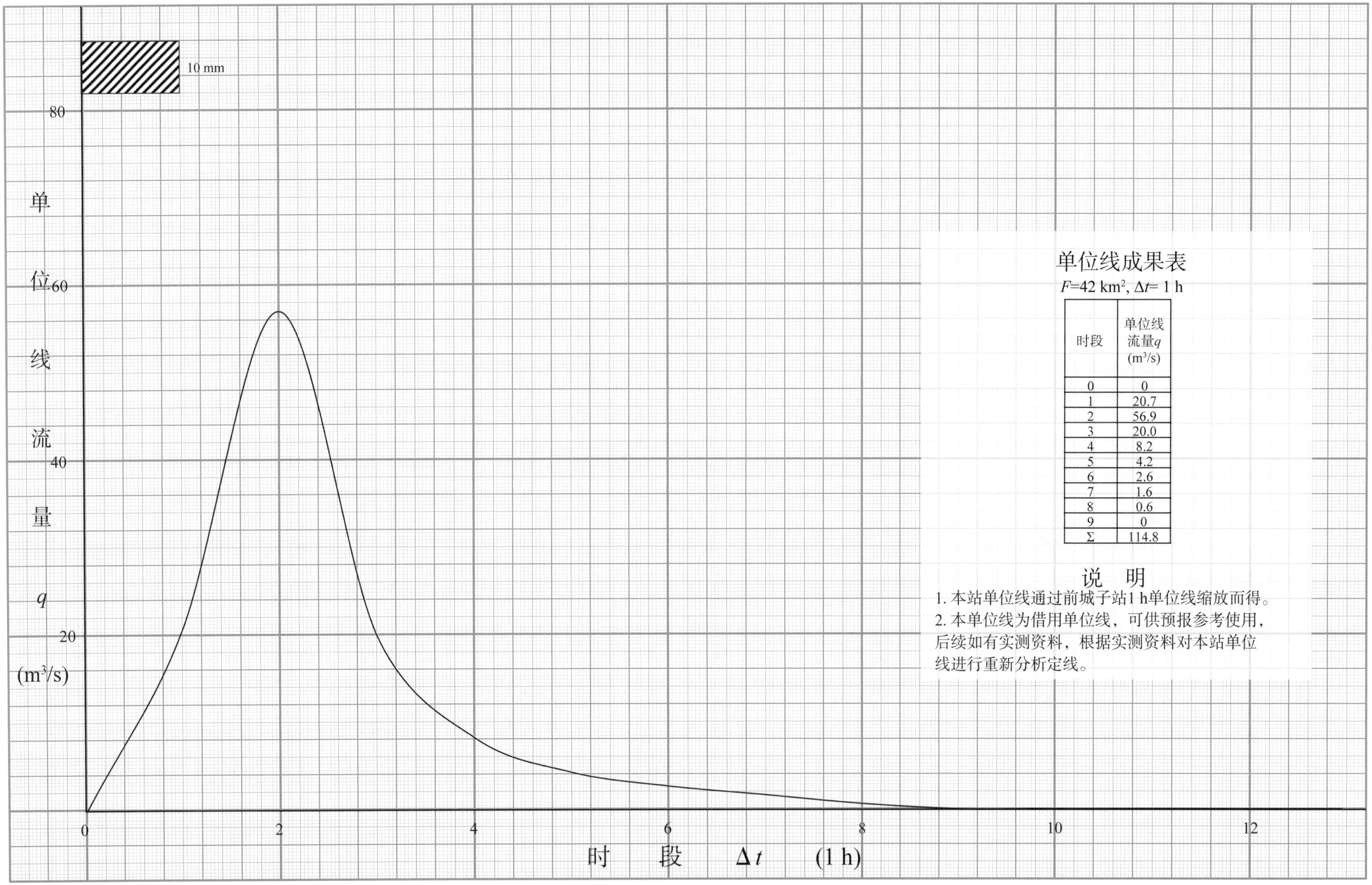

单位线成果表

F=42 km², Δt= 1 h

时段	单位线流量q (m³/s)
0	0
1	20.7
2	56.9
3	20.0
4	8.2
5	4.2
6	2.6
7	1.6
8	0.6
9	0
Σ	114.8

说　明

1. 本站单位线通过前城子站1 h单位线缩放而得。
2. 本单位线为借用单位线，可供预报参考使用，后续如有实测资料，根据实测资料对本站单位线进行重新分析定线。

图 16-3　涓河长城岭水库站单位线图

第十七章　小王疃河小王疃水库站水文预报方案编制说明

1　流域概况

1.1　自然地理特征

小王疃水库位于五莲县许孟镇小王疃村南 1 km 处、潍河水系涓河上游。该水库在马耳山北麓，控制流域面积 33.5 km^2，库区周围群山环绕，经长期风化剥蚀，岩石多呈浑圆形。又因常年水流冲刷，河谷加宽加深，而且形成广布的河漫滩和第四系冲积物。水库上游多为山丘区，地势北高南低，河道干流平均坡降 10‰。库区地层主要为凝灰岩，上覆砂砾石和第四系亚黏土层。坝址以上土地多为瘠薄的黄色亚砂土，河道为砂砾石。流域内土壤分布多为沙壤土，植被较好，林木多为马尾松，农作物以小麦、玉米、花生和红薯为主。小王疃水库站以上流域图见图 17-1。

1.2　水库工程概况

小王疃水库于 1959 年 10 月动工兴建，1960 年 4 月竣工。2013 年 11 月进行除险加固，加固后枢纽工程有：黏土心墙砂壳坝一座；溢洪道两条，分东、西溢洪道；放水洞一座。水库兴利库容 623 万 m^3，总库容 1 909 万 m^3，是一座以防洪为主，结合农田灌溉、城镇供水、淡水养殖等综合利用的中型水库。该水库设计灌溉面积 1.59 万亩，实际灌溉面积 0.80 万亩。水库大坝长 575 m，大致呈东北—西南走向，最大坝高 18.64 m，坝顶宽 6.50 m（含防浪墙），坝顶高程 118.50 m，防浪墙顶高程 119.50 m。上游坡采用干砌块石护坡，背水坡采用草皮护坡。迎水坡在上游设置压重平台，压重平台顶高程 110.00 m，宽 28.00 m；下游坝坡在高程 110.00 m 处设有 2.00 m 宽的戗台，戗台以下坡比为 1∶3.0，戗台以上坡比为 1∶2.5。下游坝脚设压重平台，采用块乱石压重，压重平台顶高程 106.00 m，顶宽 16.00 m，下设方块石贴坡排水体，外坡坡比 1∶2.0。背水坡设 1 道纵向排水沟、9 道竖向排水沟。

1.3　上游水利工程概况

小王疃水库流域内有小（2）型水库 1 座，其控制流域面积 0.5 km^2，总库容 20 万 m^3，兴利库容 10 万 m^3。上游小型水库控制流域面积占小王疃水库总流域面积的 1.5%，兴利库容占小王疃水库兴利库容的 1.6%。

1.4　测站概况

小王疃水库附近有水文部门设立的水文站和雨量站。附近的水文站有墙夼水库水文站、小仕阳水库水文站等，这些水文站中自然地理和气候条件都与小王疃水库流域相近；附近有雨量站 7 处，分属日照市和潍坊市，分别为桃林、三里庄、长城岭、枳沟等。这些水文站、雨量站都具有长系列观测资料，可作为小王疃水库来水量计算的参证站。

2　预报方案编制

2.1　资料情况

小王疃水库站无实测年鉴水文摘录资料。

2.2　参证站选择

小王疃水库站地形地貌和下垫面基本特征与前城子水文站相似，故以前城子站为小王疃水库的参证站。参证站前城子站以上流域面积 $F_{参}=55\ km^2$；设计站小王疃水库站以上流域面积 $F_{设}=33.5\ km^2$。

2.3　产流方案

利用前城子站的产流方案推求小王疃水库站的产流过程，小王疃水库站降雨径流相关图（$P+P_a-R$）见图 17-2。

2.3.1　流域平均雨量 *P* 的计算

采用小王疃水库站雨量资料计算流域平均雨量 P。

2.3.2　流域平均前期影响雨量 P_a 的计算

$$P_{a,t+1}=K(P_{a,t}+P_t)$$

式中：$P_{a,t+1}$ 为第 t+1 日的前期影响雨量（mm）；$P_{a,t}$ 为第 t 日的前期影响雨量（mm）；P_t 为第 t 日的流域平均雨量（mm）；K 为前期影响雨量递减系数。

2.3.3　产流参数 I_m、K

采用前城子站的参数，即 $I_m=60$ mm，$K=0.85$。

2.4　汇流方案

采用参证站前城子站单位线进行缩放。将前城子站单位线（$\Delta t=1$ h）进行缩放后作为小王疃水库站单位线，详见图 17-3。

单位线的缩放按下列公式计算：

$$\alpha=(F_{设}/F_{参})^{0.5}$$

$$T_{设i}=\alpha T_{参i}$$

$$q_{设i}=\alpha q_{参i}$$

式中：α 为单位线缩放系数；$F_{参}$、$F_{设}$ 分别为参证站、设计站以上控制流域面积；$T_{参i}$ 为参证站单位线逐时段，$T_{参i}=1, 2, \cdots, N$；$T_{设i}$ 为设计站单位线逐时段，通常为小数，为满足实际要求，需进一步对缩放结果进行插值，从而得到整时段单位线结果；$q_{参i}$ 为参证站单位线逐时段流量；$q_{设i}$ 为设计站单位线逐时段流量。

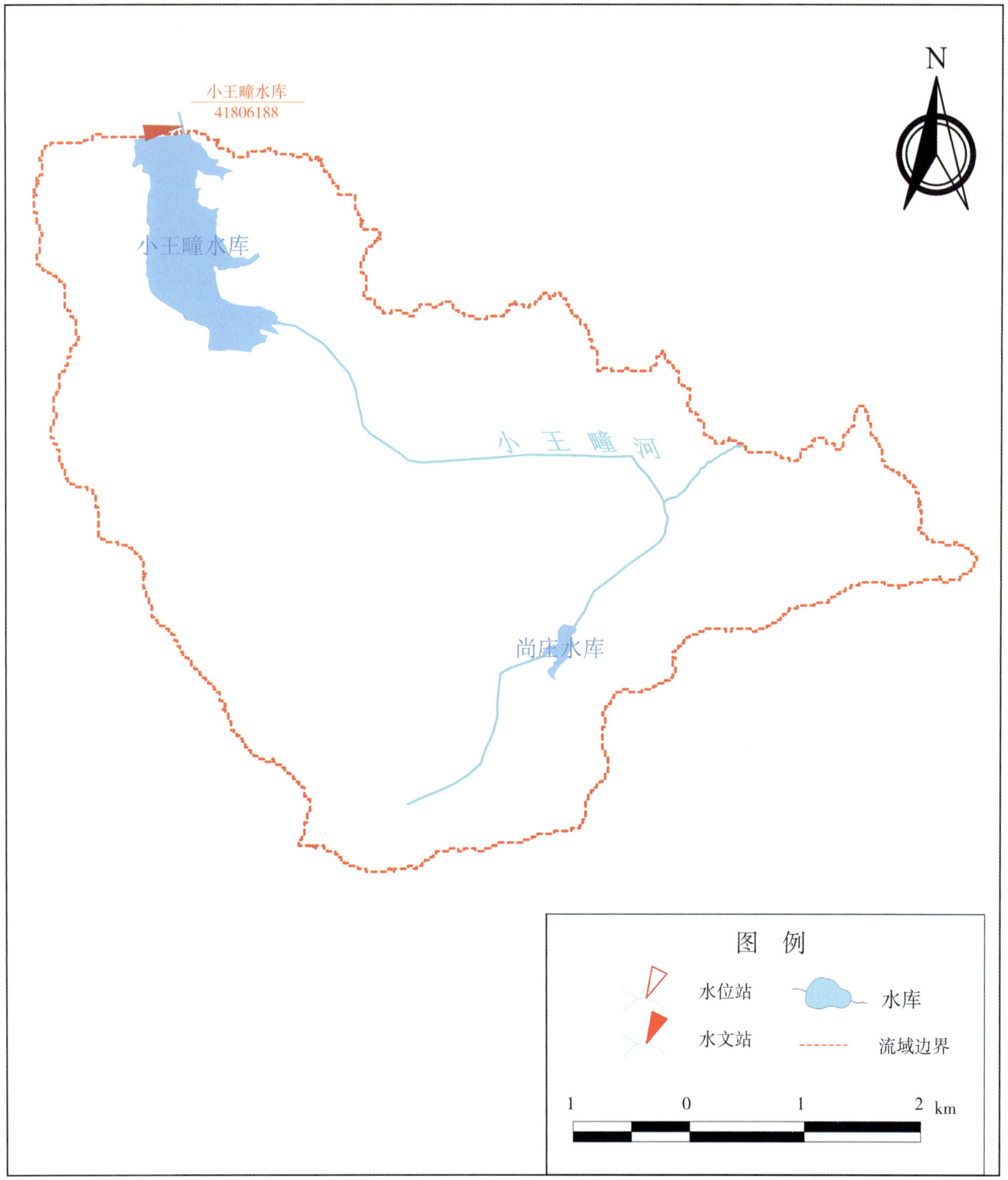

图 17-1　小王疃河小王疃水库站以上流域图

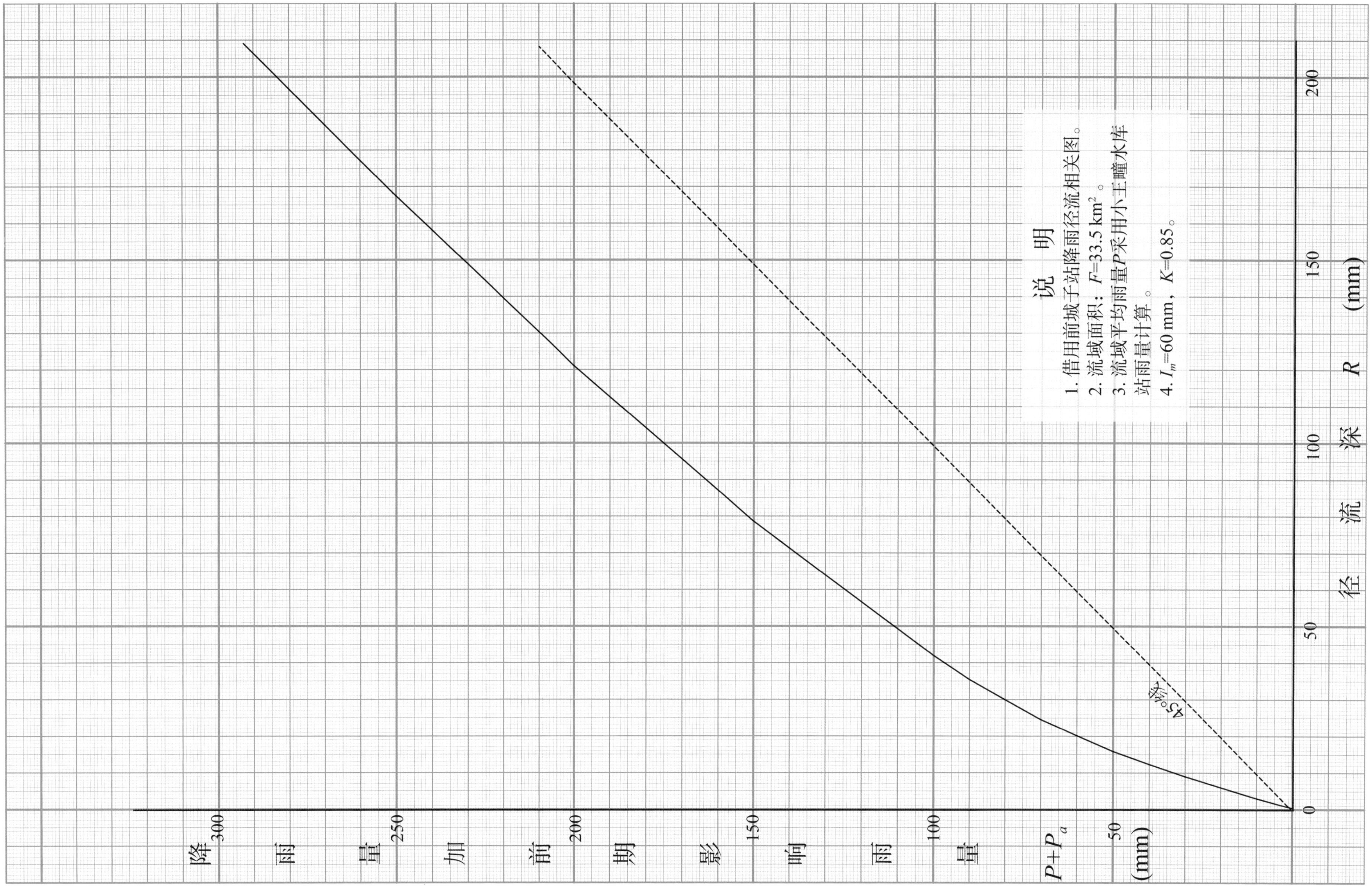

图 17-2　小王疃河小王疃水库站降雨径流相关图（$P+P_a$-R）

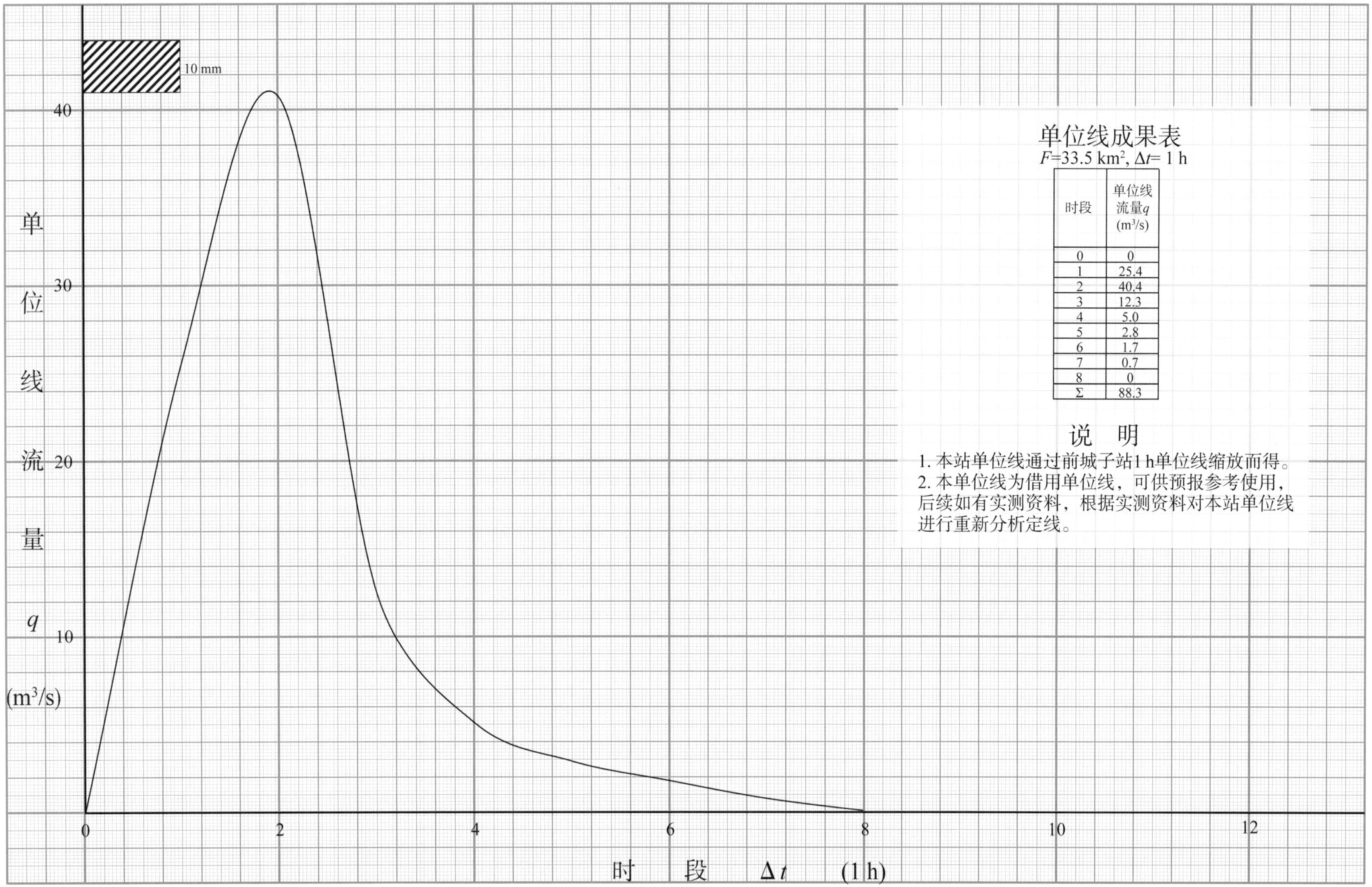

单位线成果表

F=33.5 km², Δt= 1 h

时段	单位线流量q (m³/s)
0	0
1	25.4
2	40.4
3	12.3
4	5.0
5	2.8
6	1.7
7	0.7
8	0
Σ	88.3

说 明

1. 本站单位线通过前城子站1 h单位线缩放而得。
2. 本单位线为借用单位线，可供预报参考使用，后续如有实测资料，根据实测资料对本站单位线进行重新分析定线。

图 17-3 小王疃河小王疃水库站单位线图

第十八章　扶淇河青墩子水库站水文预报方案编制说明

1　流域概况

1.1　自然地理特征

1.1.1　河流水系

青墩子水库位于诸城市东南 13 km 皇华镇青墩村南、潍河支流扶淇河上游。扶淇河发源于诸城市桃林镇的黄牛山和郝戈庄的秦山，干流长 34 km，流经皇华、密州等五个乡镇（街道），从白玉山子村入潍河。青墩子水库坝址以上流域面积 102 km^2，干流坡降为 4.3‰，支流形状为双支，水库处在两条支流汇口下游，呈“Y”形，青墩子水库流域图见图 18-1。

1.1.2　地形、地质、地貌

青墩子水库流域内多为山区，南部是绵延起伏、呈东北—西南走向的低山，占流域面积的 85%，其余是丘陵区，占流域面积的 15%。

1.1.3　气象水文特征

青墩子水库流域多年平均年降水量 813 mm。降水主要集中在汛期 6—9 月，其中 7—8 月降水量尤为集中。多年平均汛期（6—9 月）降水量为 575 mm，占多年平均年降水量的 70.8%。该地区降水量年际变化较大，降水量最大的年份为 1971 年，年降水量 1 175.9 mm；降水量最小的年份为 2006 年，年降水量 384.7 mm，丰枯比 3.1。

1.2　水库工程概况

1.2.1　水库概述

青墩子水库于 1959 年 11 月动工，1960 年 7 月建成，是一座集防洪、灌溉、城镇供水、发电、养殖等综合利用于一体的中型水库，坝址以上流域面积 102 km^2，设计洪水标准为 100 年一遇，校核洪水标准为 1 000 年一遇，相应设计洪水位 93.45 m，校核洪水位 94.82 m，兴利水位 91.20 m，死水位 84.75 m。总库容 4 419 万 m^3，调洪库容 2 331 万 m^3，兴利库容 1 914 万 m^3，死库容 162 万 m^3。青墩子水库工程特性见表 18-1。

表 18-1　青墩子水库工程特性表

序号	指标名称	单位	加固前	加固后
一	水文			
1	坝址控制流域面积	km^2	102	102
	其中：外引流域面积	km^2	0	0
2	干流长度	km	36	36
	干流平均坡降	‰	4.3	4.3
3	多年平均年径流量	万 m^3		2 037
4	多年平均年降水量	mm	813	813
5	多年平均年输沙量	亿 t		0.001
二	水库			
1	水库水位			
	校核洪水位（P=0.1%）	m	94.71	94.82
	设计水位（P=1%）	m	93.06	93.45
	兴利水位	m	91.20	91.20
	汛限水位	m	91.20	91.20
	死水位	m	84.75	84.75
2	兴利水位时水库面积	km^2	4.61	4.99
3	回水长度（干流）	km	—	—
4	库容			
	总库容（校核洪水位以下）	亿 m^3	0.416 3	0.441 9
	兴利库容	亿 m^3	0.198 3	0.191 4
	死库容	亿 m^3	0.008 0	0.016 2
	调洪库容（校核洪水位至限制水位）	亿 m^3	0.2	0.233 1
	校核水位水面面积	km^2	7.32	7.96
	死水位面积	km^2	0.52	1.07
	调节性能		多年调节	多年调节
三	洪水			
1	设计洪峰流量（P=2%）	m^3/s	1 018	1 088
	设计下泄流量	m^3/s	414	458
2	校核洪峰流量（P=0.1%）	m^3/s	1 900	1 937
	校核下泄流量	m^3/s	603.3	616.0

续表

序号	指标名称	单位	加固前	加固后
四	主要建筑物			
1	主坝			
	型式		壤土心墙砂壳坝	壤土心墙砂壳坝
	坝顶高程	m	95.00	95.80
	最大坝高	m	17.28	17.28
	坝顶宽	m	9.0	7.0
	坝顶轴线长	m	500	500
	坝底宽	m	103.7	127.4
	地基特性		白垩系角砾岩	白垩系角砾岩
2	副坝			
	型式		壤土斜墙坝	壤土斜墙坝
	坝顶高程	m	95.00	95.00
	最大坝高	m	6.0	6.0
	坝顶宽	m	9.0	9.0
	坝顶轴长	m	230	230
	坝底宽	m	39.0	39.0
	地基特性		白垩系角砾岩	白垩系角砾岩
3	泄水建筑物			
	型式		有控制	有控制
	溢流堰顶高程	m	87.20	87.20
	溢流堰宽度 （或泄洪孔洞尺寸及个数）	m	18	18
	闸门型式		平面钢闸门	平面钢闸门
	闸门尺寸（扇-宽×高）	扇-m×m	3-6×4.5	3-6×4.5
	启闭机	kN/台	2×75/3	2×75/3
	消能形式		挑流消能	挑流消能
4	输水建筑物			
（1）	东放水洞			
	型式		廊道衬钢筋混凝土管	钢筋混凝土箱涵
	输水道长度	m	48.0	90.2
	输水道尺寸（内径）	m	ϕ1.5	1.5×1.8 （宽×高）/双层

续表

序号	指标名称	单位	加固前	加固后
	进口底板高程	m	83.12	82.50/86.50
	设计流量	m^3/s	16.0	16.0
	闸门尺寸（宽×高）	m×m	1.5×1.5	1.5×1.8
	启闭机		螺杆式	卷扬式/QP2×125 kN
（2）	西放水洞			
	型式		钢筋混凝土管	钢筋混凝土管
	输水道长度	m	40.3	40.3
	输水道尺寸（内径）	m	ϕ1.0	ϕ1.0
	进口底板高程	m	85.00	85.00
	设计流量	m^3/s	2.00	2.00
	闸门尺寸（宽×高）	m×m	1×1	1×1
	启闭机		螺杆式	螺杆式
5	水电站			
	装机容量	kW	200×2	200×2
五	工程效益			
1	灌溉面积	万亩	7.1	1.0（实灌面积）
2	发电量（多年平均）	万 kW·h	9	9
3	年供水总量	万 m^3	1 460/400 （设计/实际）	1 460/400） （设计/实际）
4	养鱼水面	万亩	0.4	0.4
5	防洪保护耕地面积	万亩	3	3
6	距下游所保护物里程			
	诸城市	km	11	11
	诸日公路	km	2.5	2.5
	三里庄水库	km	4.3	4.3

1.2.2 水库工程主体

青墩子水库枢纽工程包括主坝、副坝、溢洪道、东西放水洞、水电站和管理设施等。

主坝为壤土心墙砂壳坝，坝顶长度为 500 m，坝顶宽 7.0 m，最大坝高 17.28 m，心墙顶高程为 94.50 m；副坝为壤土斜墙坝，坝顶长度为 230 m，坝顶宽 9.0 m，最大坝高 6.0 m，斜墙顶高程 95.00 m；主坝坝顶高程为 95.80 m，防浪墙顶高程均为 96.60 m。溢洪闸底板高程为 87.20 m，共 3 孔，每孔净宽 6.0 m，采用 6 m×4.5 m（宽×高）平面钢闸门。

东放水洞位于大坝东端，为钢筋混凝土箱涵式，宽 1.5 m，高 1.8 m，进口底层底板顶高程 82.50 m，上层底板顶高程 86.50 m，内设工作闸门和拦污栅各 2 道，设计流量 16.0 m^3/s。西放水洞为内径 1.0 m 的钢筋混凝土管，进口底板高程 85.00 m，设计流量 2.00 m^3/s。

1.2.3 历次重大改建、扩建、加固情况

1961 年，实施青墩子水库整修加固工程：对溢洪道进行加深加宽；对放水洞灌渠、放水洞前大坝护坡进行了整修；安装启闭机 1 台，但未修建启闭机房。

1976 年，实施青墩子水库保安全工程：溢洪道展宽、坝体加高。溢洪道展宽 76 m，底高程 91.20 m。开挖土方用于大坝戴帽加高 1 m 与培筑大坝后坡。后因闸门失灵，将 31 孔闸孔用浆砌块石封堵，墙顶高程 90.70 m。

2000 年 12 月至 2002 年底，实施青墩子水库除险加固工程，本次除险加固工程属应急加固工程，主要建设内容为大坝工程、溢洪道工程、水电站整修、西放水洞改建、工程观测及管理设施配套建设等工程。

2019 年，实施除险加固工程：主坝上游坝坡修整、抛石压重、振冲加固、拆除改建干砌块石护坡，主坝心墙截渗不彻底段塑性混凝土防渗墙、顶部缩颈段铺设复合土工膜加固，主坝坝顶防浪墙、坝脚及坝顶防汛道路拆除改建，主坝下游坝坡修整，清除并重新种植草皮护坡，拆除改建坝坡排水系统及坝脚贴坡排水体；新建副坝下游贴坡排水体，新建主副坝渗流、位移、水位等观测设施并增设水准仪、经纬仪等大坝观测设备；溢洪闸排架柱、检修桥、交通桥、挑流消能工加固并维修闸门、启闭机、电动葫芦等；拆除改建东放水洞洞身、竖井及上游连接段（该处主坝局部调整坝轴线，向上游侧加宽填筑砂壳料），更换闸门及启闭机。

1.2.4 主要控制运用指标（2022 年）

青墩子水库主要控制运用指标见表 18-2。

表 18-2 青墩子水库主要控制运用指标表（2022 年）

控制运用指标名称	水位 Z（m）	相应库容 V（万 m^3）
溢洪道底高程	87.20	
汛中限制水位	91.00	1 972
汛中允许超蓄水位	91.20	2 076
汛末蓄水位	91.20	2 076
警戒水位	93.43	
允许最高水位	94.82	

1.3 上游水利工程概况

青墩子水库流域内建有小（1）型水库 1 座，即大福田水库，总库容 124.1 万 m^3，兴利库容 68.0 万 m^3；小（2）型水库有相家沟水库、柳树店水库、九山水库、郈家沟水库、甘河子水库、东尚庄水库；流域内还有塘坝 43 座，总库容 76.8 万 m^3。青墩子水库上游水利工程情况详见表 18-3。

表 18-3 青墩子水库上游主要水利工程统计表

水库名称	流域面积（km^2）	总库容（万 m^3）	兴利库容（万 m^3）
大福田水库	4.4	124.1	68.0
东尚庄水库	1.0	34.6	22.3
甘河子水库	2.8	25.6	10.0
九山水库	0.8	31.5	12.9
柳树店水库	0.6	10.8	5.8
相家沟水库	1.5	21.0	10.4
郈家沟水库	0.5	10.5	6.5

1.4 测站概况

青墩子水库坝址以上流域内无国家水文测站，有 4 处雨量站，分别为青墩子水库站、皇华站、大姚家站、东尚庄站。

2 预报方案编制

2.1 资料情况

青墩子水库站无实测年鉴水文摘录资料。

2.2 参证站选择

青墩子水库水文站和光明水库水文站，二者地形地貌和下垫面基本特征相似，故以光明水库水文站作为青墩子水库水文站的参证站。参证站光明水库水文站以上流域面积 $F_{参}=132\ km^2$；设计站青墩子水库水文站以上流域面积 $F_{设}=102\ km^2$。两站虽分属不同流域，考虑到流域面积、地形地貌、下垫面条件等流域相似性，认为以光明水库水文站为参证站较为合适。

2.3 产流方案

利用光明水库水文站的产流方案推求青墩子水库水文站的产流过程，青墩子水库水文站降雨径流相关图（$P+P_a-R$）见图 18-2。

2.3.1 流域平均雨量 P 的计算

根据青墩子水库站、皇华站、大姚家站、东尚庄站 4 个雨量站，采用算术平均法计算流域平均雨量 P。

2.3.2 流域平均前期影响雨量 P_a 的计算

$$P_{a,t+1}=K(P_{a,t}+P_t)$$

式中：$P_{a,t+1}$ 为第 t+1 日的前期影响雨量（mm）；$P_{a,t}$ 为第 t 日的前期影响雨量（mm）；P_t 为第 t 日的流域平均雨量（mm）；K 为前期影响雨量递减系数，$K_{\text{晴}}=0.90$，$K_{\text{雨}}=0.95$。

其中，K 值计算公式如下：

$$K=1-E_m/I_m$$

式中：E_m 为最大蒸发能力；I_m 为最大损失量，采用 65 mm，并作为 P_a 值的上限控制数。

2.4 汇流方案

采用参证站光明水库站单位线进行缩放。将光明水库站单位线（$\Delta t=1$ h）进行缩放后作为青墩子水库站单位线，详见图 18-3。

单位线的缩放按下列公式计算：

$$\alpha=(F_{\text{设}}/F_{\text{参}})^{0.5}$$

$$T_{\text{设}i}=\alpha T_{\text{参}i}$$

$$q_{\text{设}i}=\alpha q_{\text{参}i}$$

式中：α 为单位线缩放系数；$F_{\text{参}}$ 为参证站以上控制流域面积；$F_{\text{设}}$ 为设计站以上控制流域面积；$T_{\text{参}i}$ 为参证站单位线逐时段，$T_{\text{参}i}=1，2，\cdots，N$；$T_{\text{设}i}$ 为设计站单位线逐时段，通常为小数，为满足实际要求，需进一步对缩放结果进行插值，从而得到整时段单位线结果；$q_{\text{参}i}$ 为参证站单位线逐时段流量；$q_{\text{设}i}$ 为设计站单位线逐时段流量。

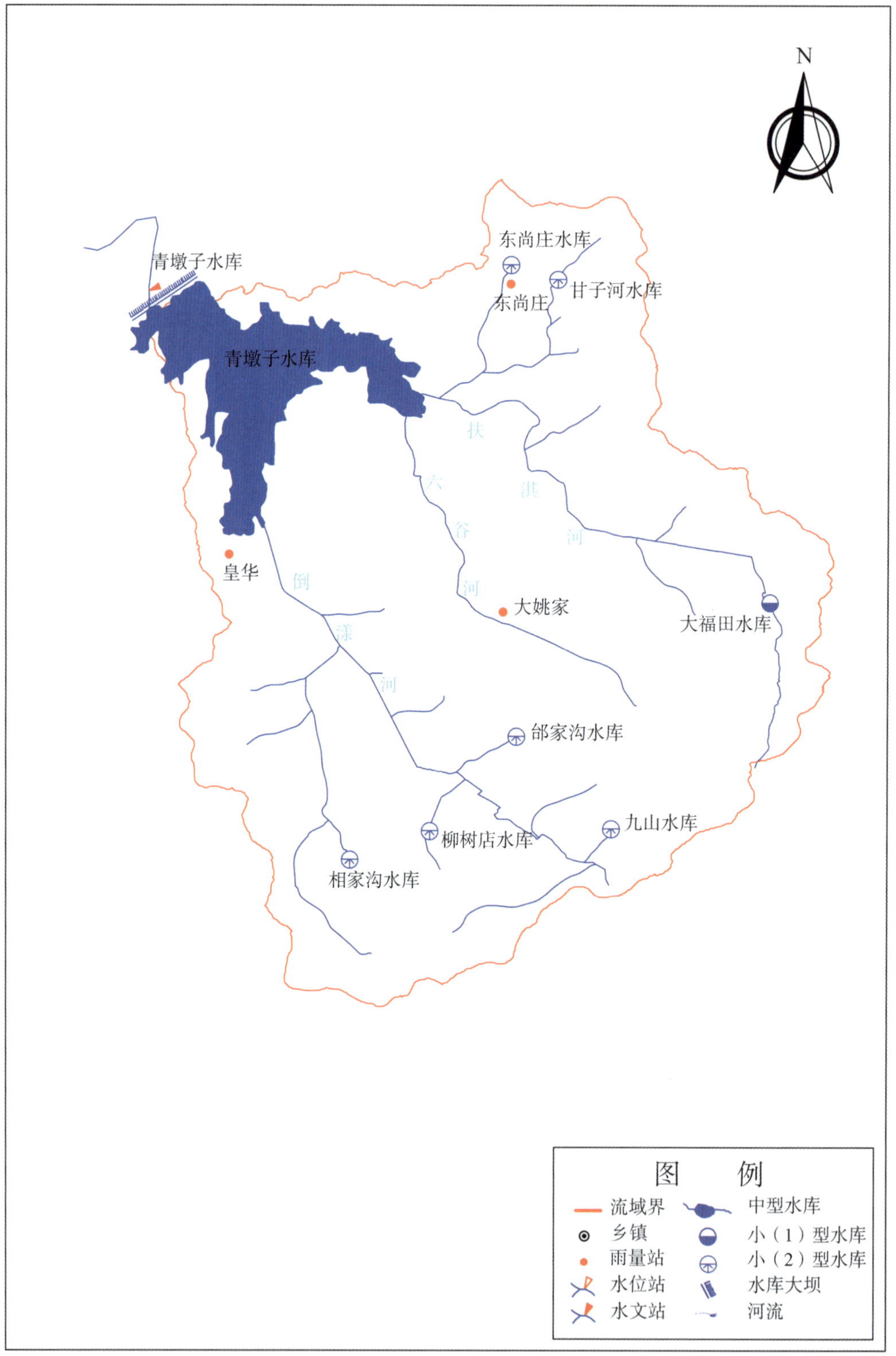

图 18-1　扶淇河青墩子水库流域图

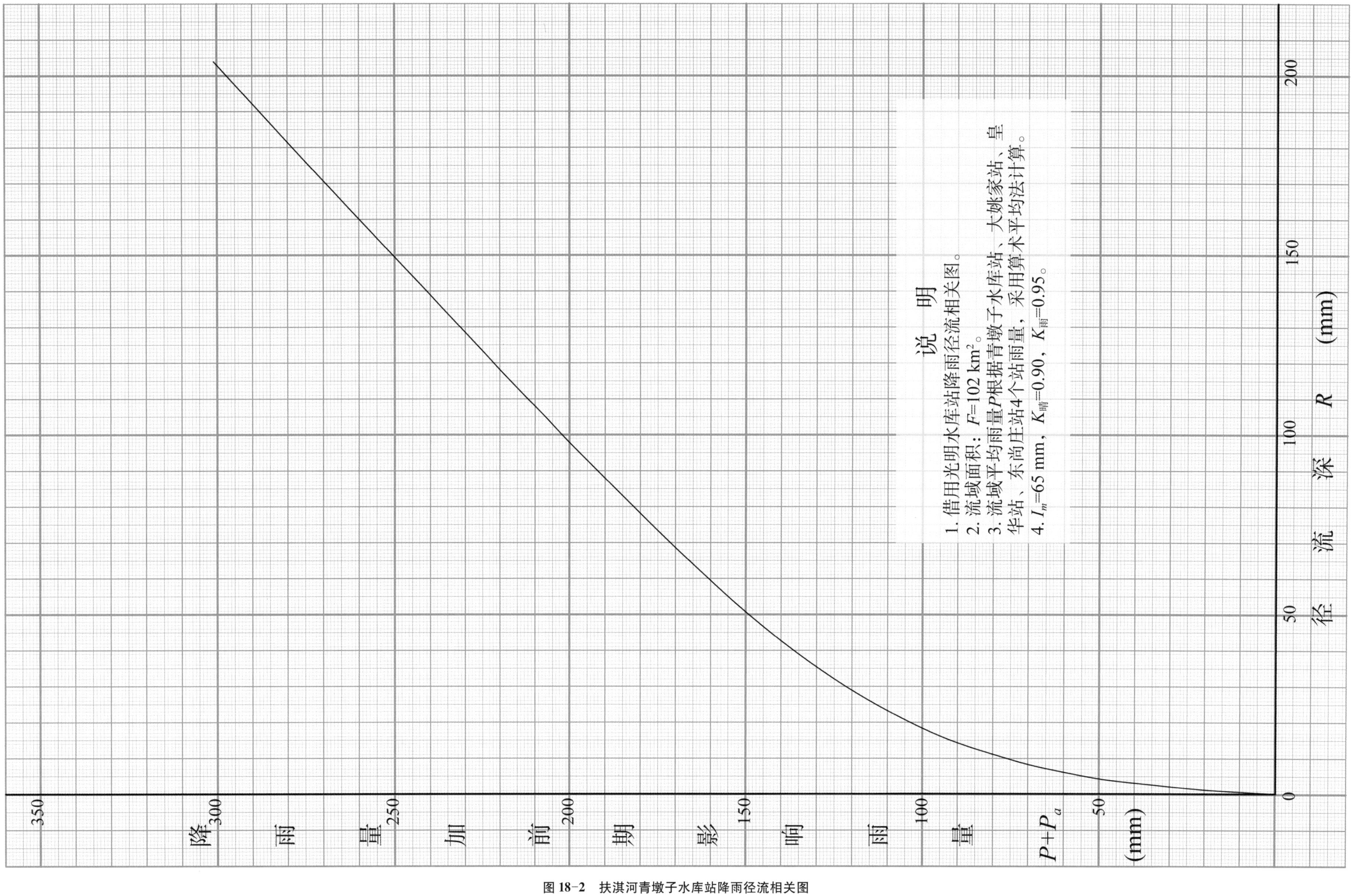

图 18-2　扶淇河青墩子水库站降雨径流相关图

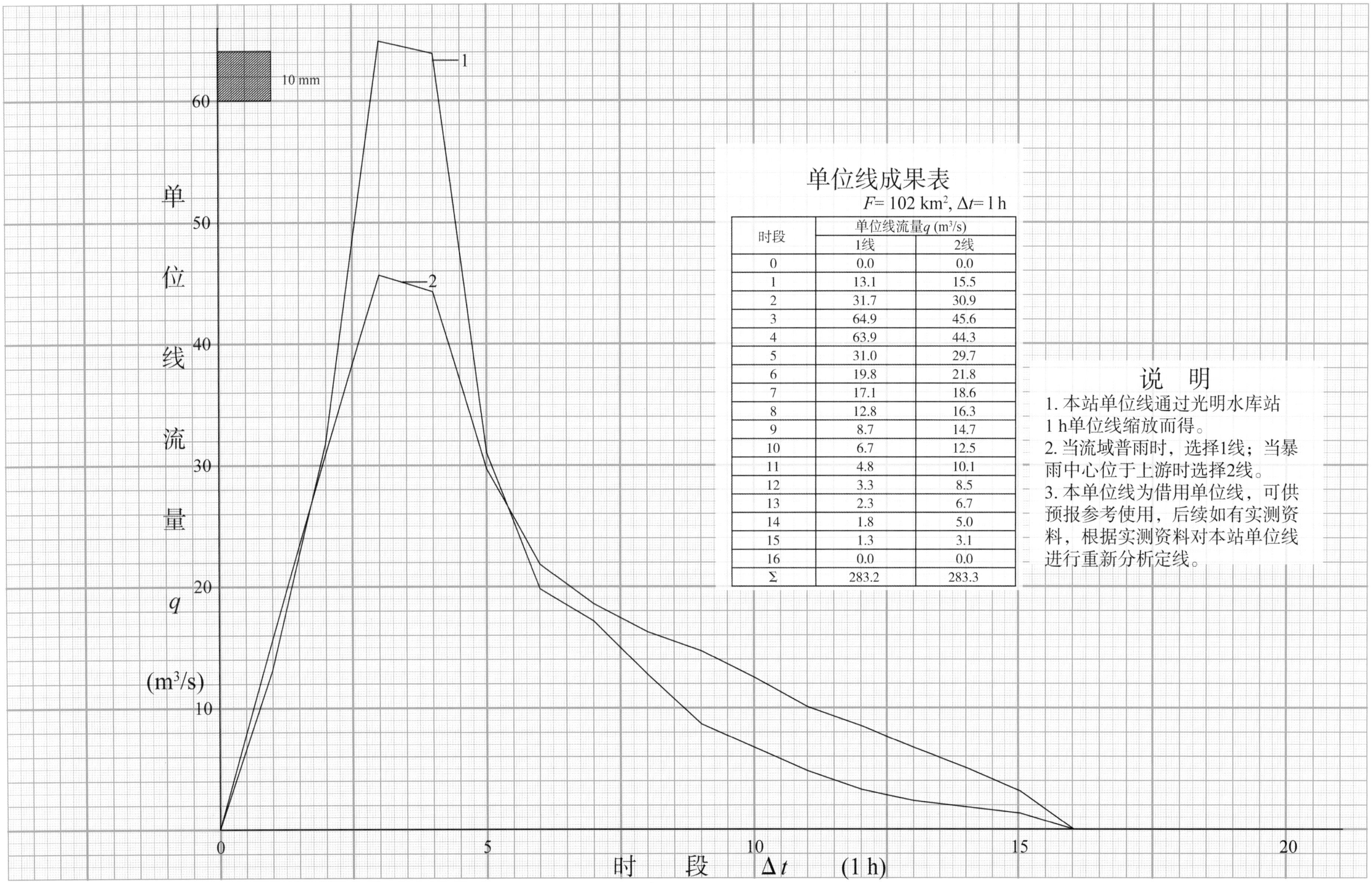

单位线成果表

F= 102 km², Δt= 1 h

时段	单位线流量q (m³/s)	
	1线	2线
0	0.0	0.0
1	13.1	15.5
2	31.7	30.9
3	64.9	45.6
4	63.9	44.3
5	31.0	29.7
6	19.8	21.8
7	17.1	18.6
8	12.8	16.3
9	8.7	14.7
10	6.7	12.5
11	4.8	10.1
12	3.3	8.5
13	2.3	6.7
14	1.8	5.0
15	1.3	3.1
16	0.0	0.0
Σ	283.2	283.3

说 明

1. 本站单位线通过光明水库站1 h单位线缩放而得。
2. 当流域普雨时，选择1线；当暴雨中心位于上游时选择2线。
3. 本单位线为借用单位线，可供预报参考使用，后续如有实测资料，根据实测资料对本站单位线进行重新分析定线。

图 18-3 扶淇河青墩子水库站单位线综合图

第十九章　扶淇河三里庄水库站水文预报方案编制说明

1　流域概况

1.1　自然地理特征

1.1.1　河流水系

三里庄水库位于潍河支流扶淇河的下游，控制流域面积 240 km^2。扶淇河发源于桃林镇的黄牛山和郝戈庄的秦山，流经皇华、密州街道等五个乡镇（街道），从白玉山子村入潍河，全长 34 km，流域面积约 278 km^2，是潍河水系在诸城境内主要支流之一。三里庄水库流域图见图 19-1。

1.1.2　地形、地质、地貌

三里庄水库流域地势南高北低，东、西高，中间低，地面海拔在 35～679 m，流域内多为石山区，南部是绵延起伏、呈东北—西南走向的低山，占流域面积的 94%，其余是丘陵区，占流域面积的 6%。

1.1.3　气象水文特征

三里庄水库流域属暖温带半湿润季风气候区，四季分明，温差变化较大。春、秋季少雨；冬季干旱少雪；降水多集中在夏末秋初，降雨强度大、历时短。该区域多年平均气温为 12.2 ℃，多年平均封冻期约为 53 天，最大冻土深 44 cm，多年平均年最大风速为 12.8 m/s。

1.2　水库工程概况

1.2.1　水库概述

三里庄水库主体工程于 1958 年 3 月动工，1958 年 8 月建成，位于诸城市南外环路以南，紧靠市区，是一座集防洪、供水和生态环境等综合利用于一体的中型水库。根据山东省水利勘测设计院编制的《诸城市三里庄水库除险加固工程初步设计报告》（2018 年 3 月），三里庄水库除险加固后总库容9 036 万 m^3，兴利库容 2 572 万 m^3，死库容 67 万 m^3，水库设计标准为 100 年一遇，校核标准为 2 000 年一遇，设计工程由大坝、溢洪道（闸）、放水洞等主要建筑物组成。

1.2.2　水库工程主体

三里庄水库工程现状主要由主坝、西副坝、放水洞、溢洪道（闸）、南副坝（库区内围堤）等组成。

三里庄水库主坝全长 430 m，坝顶高程 76.46 m，为均质坝，最大坝高 18.50 m，坝顶宽 15.0 m，迎水坡 1∶3，干砌块石护坡；背水坡 1∶2.5，草皮护坡。西副坝全长 4 900 m，坝顶高程 76.46 m，为均质坝，最大坝高 15.06 m，坝顶宽 14.0 m，迎水坡 1∶2.5，干砌块石护坡；背水坡 1∶2.5，草皮护坡。南副坝（库区内围堤）共 3 段，全长 4 160 m，坝顶高程一般为 72～74 m。溢洪道建有 5 孔溢洪闸，净宽 50.0 m，堰顶高程为 65.66 m，闸门尺寸为 10 m×5.2 m。水库原有放水洞 2 座，分为东、西放水洞，东放水洞位于主坝东头，原为 2 孔，为内径 1.05 m 的钢筋混凝土管；西放水洞位于西副坝 1+090 处，为砌石涵洞，尺寸为 0.8 m×0.9 m，进口底高程 64.00 m。现状东、西放水洞已被封堵。

1.2.3　历次重大改建、扩建、加固情况

三里庄水库枢纽工程于 1958 年 3 月动工兴建，当年 8 月竣工。

1962 年对西副坝坝顶进行加高。

1963 年续建工程动工，在主坝西段建弧形钢闸门，西副坝加高，并将第二溢洪道导流沟回填，以及对 1+500～1+550 原横沟子处等五处险工段进行处理。

岁修工程于 1969 年 10 月 25 日开工，1970 年 6 月 10 日结束。

1976 年保安全工程动工，仅做了大坝加高。

2000 年水库除险加固工程主要内容包括：①主坝迎水面块石护坡翻修，坝顶防浪墙和照明设施建设，坝后建纵横向排水沟；②西副坝背水坡培厚，迎水面块石护坡，坝顶防浪墙及部分坝段照明设施建设，坝后建纵横向排水沟；③溢洪闸下两岸护砌，原启闭机房整修，闸门更换及启闭机维修；④放水洞接长及西副坝其他建筑物加固；⑤管理设施建设工程加固；⑥整修交通桥路面，更换交通桥栏杆及扶手路灯等。

2019 年 1 月开工建设的三里庄水库除险加固工程，完成的建设任务有：主坝、西副坝坝体坝基塑性混凝土防渗墙防渗；坝顶路面翻修，改建纵横向排水沟，西副坝加高；拆除并重建溢洪闸，泄槽增设钢筋混凝土面层防护；封堵东、西放水洞，拆除并重建引涓入库涵闸，完善工程管理设施，维修管理房屋。2019 年 12 月 26 日完工验收，2019 年 12 月 28 日完成下闸蓄水验收。

1.2.4　主要控制运用指标（2022 年）

三里庄水库主要控制运用指标见表 19-1。

表 19-1　三里庄水库主要控制运用指标表（2022 年）

控制运用指标名称	水位 Z（m）	相应库容 V（万 m^3）
溢洪道底高程	65.66	356
汛中限制水位	70.15	2 588
汛中允许超蓄水位	70.15	2 588
汛末蓄水位	70.22	2 639

续表

控制运用指标名称	水位 Z（m）	相应库容 V（万 m^3）
警戒水位	71.58	1 820
允许最高水位	75.31	2 048

1.3 上游水利工程概况

三里庄水库坝址以上流域内，有 1 座中型水库——青墩子水库，控制流域面积 102 km^2，现状校核洪水标准为 1 000 年一遇，兴利库容 1 914 万 m^3，总库容 4 419 万 m^3。流域内还有小型水库 19 座、塘坝 189 座。

1.4 测站概况

三里庄水库坝址以上流域内有 5 处雨量站，分别为青墩子水库站、三里庄水库站、赵家柏戈庄站、郝戈庄站、前寿塔站。

2 预报方案编制

2.1 资料情况

三里庄水库站无实测年鉴水文摘录资料。

2.2 参证站选择

三里庄水库水文站和白浪河水库水文站，二者地形地貌和下垫面基本特征相似，故以白浪河水库水文站作为三里庄水库水文站的参证站。参证站白浪河水库水文站以上流域面积 $F_{参}=353\ km^2$；设计站三里庄水库水文站以上流域面积 $F_{设}=240\ km^2$。两站虽分属不同流域，考虑到流域面积、地形地貌、下垫面条件等流域相似性，认为以白浪河水库站为参证站较为合适。

2.3 产流方案

利用白浪河水库水文站的产流方案推求三里庄水库水文站的产流过程，三里庄水库水文站降雨径流相关图（$P+P_a-R$）见图 19-2。

2.3.1 流域平均雨量 P 的计算

根据青墩子水库站、三里庄水库站、赵家柏戈庄站、郝戈庄站、前寿塔站等 5 个雨量站雨量采用算术平均法计算流域平均雨量 P。

2.3.2 流域平均前期影响雨量 P_a 的计算

$$P_{a,t+1}=K(P_{a,t}+P_t)$$

式中：$P_{a,t+1}$ 为第 t+1 日的前期影响雨量（mm）；$P_{a,t}$ 为第 t 日的前期影响雨量（mm）；P_t 为第 t 日的流域平均雨量（mm）；K 为前期影响雨量递减系数，$K_{晴}=0.90$，$K_{雨}=0.95$。

其中，K 值计算公式如下：

$$K=1-E_m/I_m$$

式中：E_m 为最大蒸发能力；I_m 为最大损失量，采用 120 mm，并作为 P_a 值的上限控制数。

2.4 汇流方案

采用参证站白浪河水库站单位线进行缩放。将白浪河水库站单位线（$\Delta t=1$ h）进行缩放后作为三里庄水库站单位线，详见图 19-3。

单位线的缩放按下列公式计算：

$$\alpha=(F_{设}/F_{参})^{0.5}$$

$$T_{设i}=\alpha T_{参i}$$

$$q_{设i}=\alpha q_{参i}$$

式中：α 为单位线缩放系数；$F_{参}$ 为参证站以上控制流域面积；$F_{设}$ 为设计站以上控制流域面积；$T_{参i}$ 为参证站单位线逐时段，$T_{参i}=1$，2，…，N；$T_{设i}$ 为设计站单位线逐时段，通常为小数，为满足实际要求，需进一步对缩放结果进行插值，从而得到整时段单位线结果；$q_{参i}$ 为参证站单位线逐时段流量；$q_{设i}$ 为设计站单位线逐时段流量。

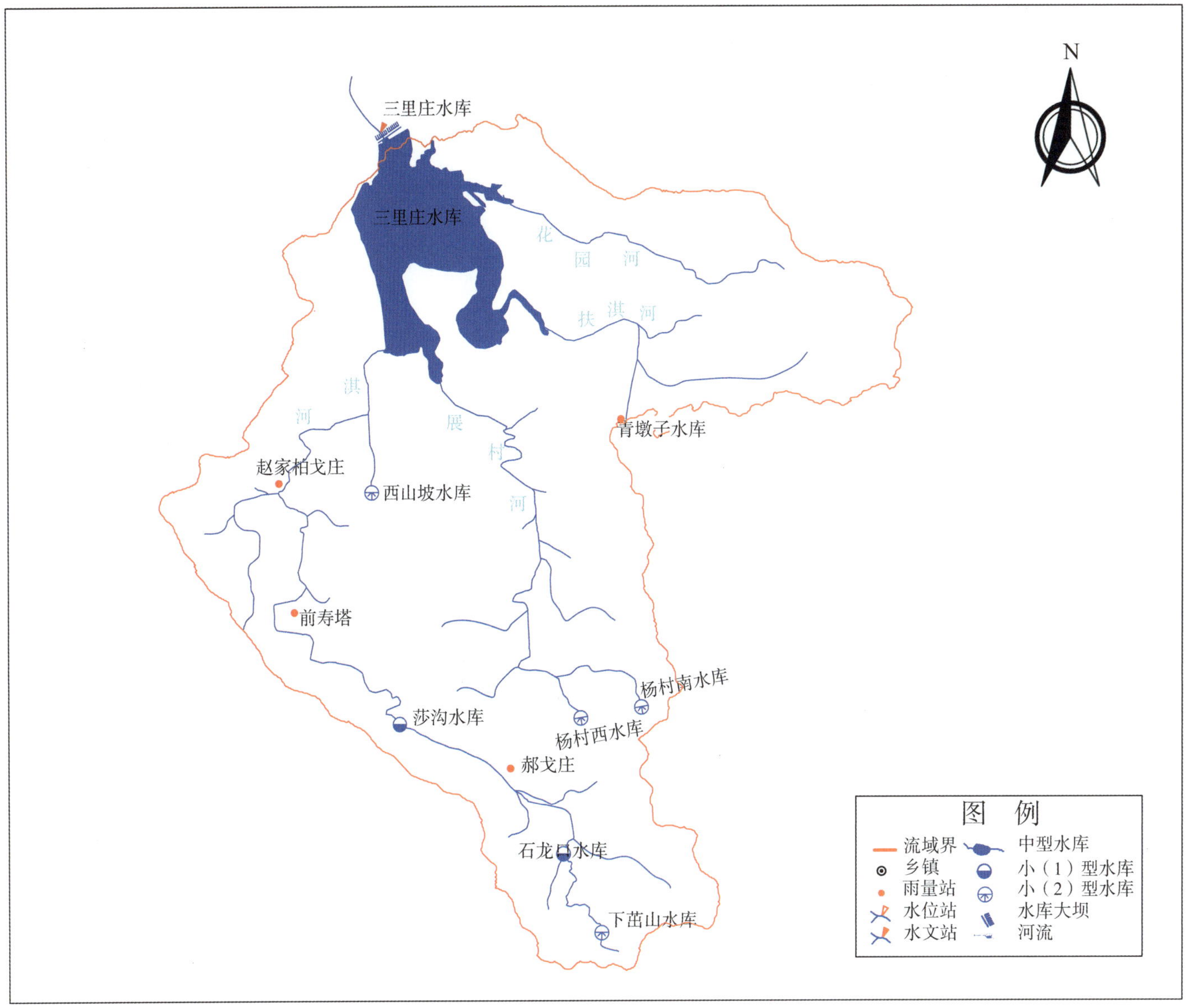

图 19-1　扶淇河三里庄水库流域图

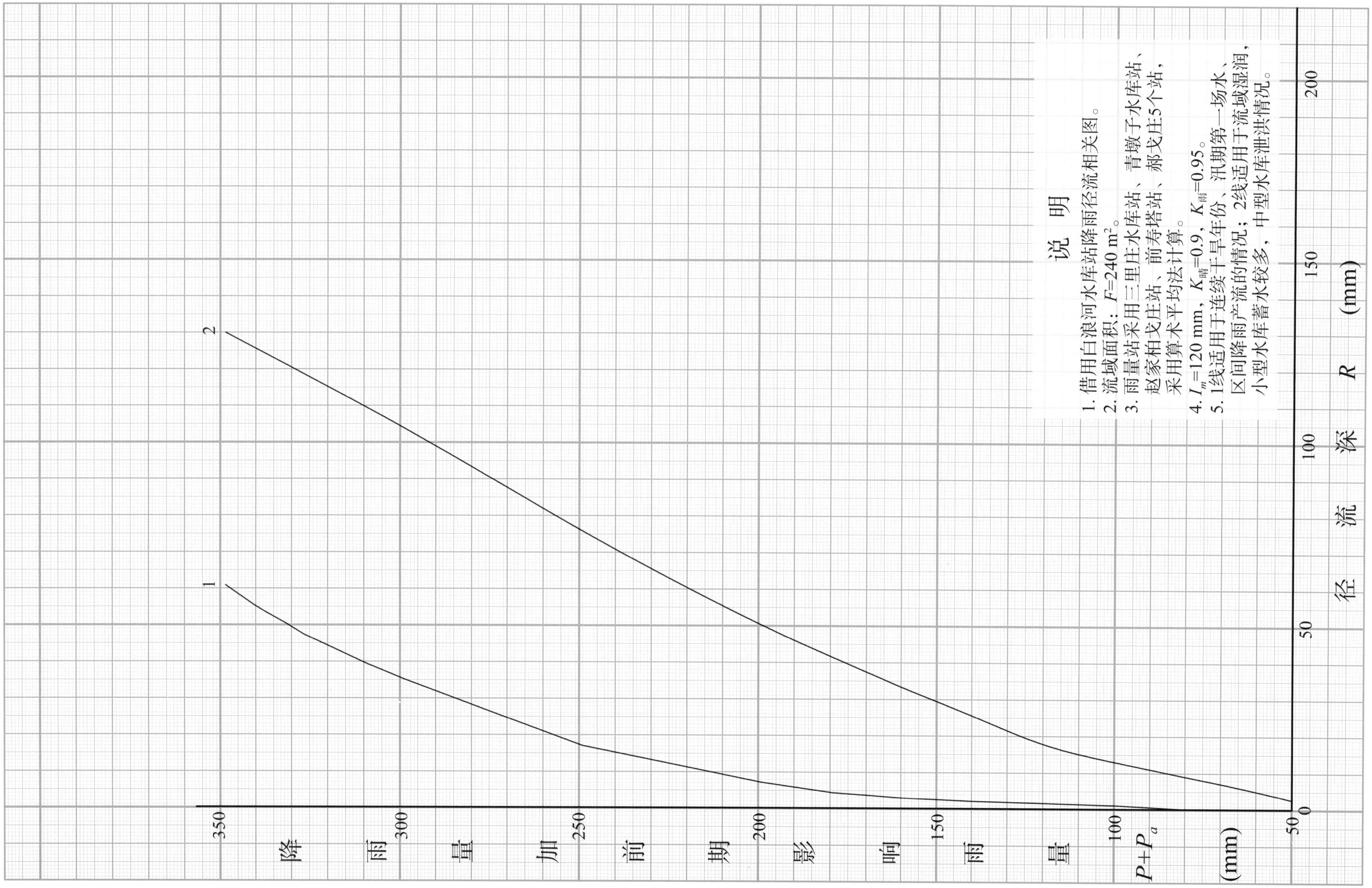

图 19-2 扶淇河三里庄水库站降雨径流关系图

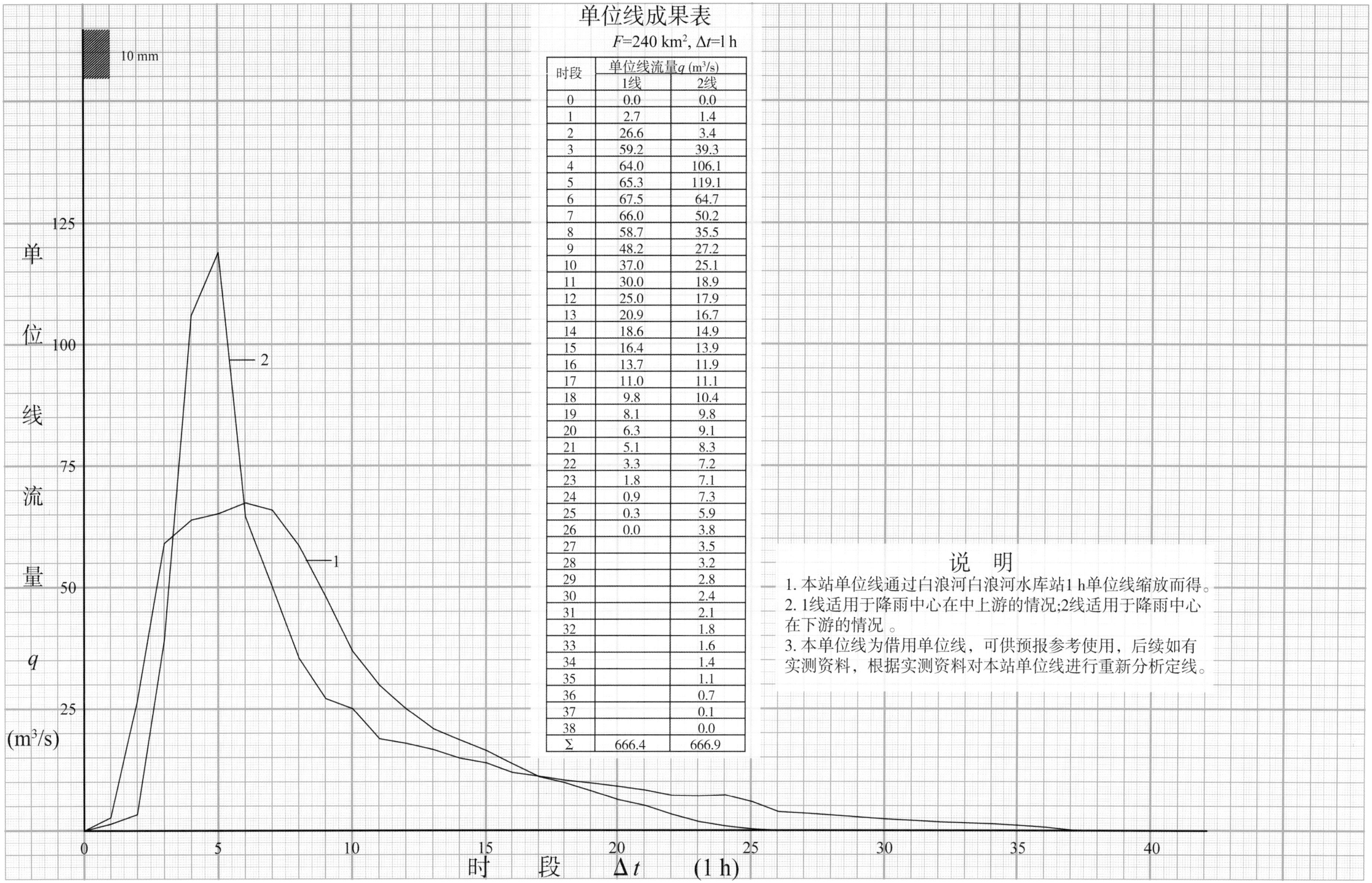

单位线成果表

F=240 km², Δt=1 h

时段	单位线流量 q (m³/s)	
	1线	2线
0	0.0	0.0
1	2.7	1.4
2	26.6	3.4
3	59.2	39.3
4	64.0	106.1
5	65.3	119.1
6	67.5	64.7
7	66.0	50.2
8	58.7	35.5
9	48.2	27.2
10	37.0	25.1
11	30.0	18.9
12	25.0	17.9
13	20.9	16.7
14	18.6	14.9
15	16.4	13.9
16	13.7	11.9
17	11.0	11.1
18	9.8	10.4
19	8.1	9.8
20	6.3	9.1
21	5.1	8.3
22	3.3	7.2
23	1.8	7.1
24	0.9	7.3
25	0.3	5.9
26	0.0	3.8
27		3.5
28		3.2
29		2.8
30		2.4
31		2.1
32		1.8
33		1.6
34		1.4
35		1.1
36		0.7
37		0.1
38		0.0
Σ	666.4	666.9

说 明

1. 本站单位线通过白浪河白浪河水库站1 h单位线缩放而得。
2. 1线适用于降雨中心在中上游的情况;2线适用于降雨中心在下游的情况 。
3. 本单位线为借用单位线，可供预报参考使用，后续如有实测资料，根据实测资料对本站单位线进行重新分析定线。

图 19-3 扶淇河三里庄水库站单位线综合图

第二十章　芦河石门水库站水文预报方案编制说明

1　流域概况

1.1　自然地理特征

1.1.1　河流水系

石门水库位于潍河水系芦河上游，芦河为潍河支流，发源于诸城市林家村镇东北庄村，于诸城市昌城镇刘家河岔村汇入潍河，全长 43 km，流域面积 173 km^2。水库控制流域面积 22.0 km^2，坝址以上干流长度 5.5 km，干流平均比降 13‰，流域平均宽度 4.0 km。石门水库流域形状呈叶状，三面环山，地势南高北低，以西南部为最高。上游最高山峰马山海拔 299.00 m，坝址处河底高程 118.40 m。石门水库流域图见图 20-1。

1.1.2　地形、地质、地貌

石门水库流域内上游石山区占 20%，多为土层瘠薄、植被较差的土石山等，中下游浅山区占 80%，表层为 0.5~1.0 m 厚的黄黏土或沙壤土。

1.1.3　植被

石门水库流域山区坡地种植有刺槐树及苹果、桃、栗子、山楂等果树，覆盖率在 80% 以上。

1.1.4　气象水文特征

石门水库流域属暖温带半湿润季风气候区，四季分明，温差变化大，春季少雨；冬季干旱少雪；降水多集中在夏末秋初，根据流域内 1960—2014 年实测降雨资料统计，流域多年平均降水量 744.0 mm，最大 24 h 降雨量为 120.6 mm，造成流域暴雨的主要气候成因有气旋、锋面、台风。

1.2　水库工程概况

1.2.1　水库概述

石门水库位于潍河水系芦河上游、诸城市林家村镇石门村南 0.5 km 处，是一座以防洪、灌溉为主，结合水产养殖综合利用的中型水库。石门水库分东、西两库，两库通过连通沟相连，控制流域面积 22.0 km^2，流域内建有小（2）型水库 2 座。石门水库总库容 1 002 万 m^3，调洪库容 332 万 m^3，兴利库容 604 万 m^3。防洪标准为 50 年一遇洪水标准设计、1 000 年一遇洪水标准校核。石门水库工程技术特性见表 20-1。

表 20-1　石门水库工程技术特性表

水库名称		石门水库
所在市		诸城市
流域面积（km^2）		22.0
总库容（万 m^3）		1 002
兴利库容（万 m^3）		604
溢洪闸	溢流堰顶高程（m）	125.50
	闸孔净宽（m）	6.0
	孔数	3
设计洪水成果	中小洪水（20 年一遇）洪峰（m^3/s）	246.4
	设计洪水（50 年一遇）洪峰（m^3/s）	421.3
	校核洪水（1 000 年一遇）洪峰（m^3/s）	729.1
汛期调度运用指标	下游河道安全泄量（m^3/s）	80.0
	汛中限制水位（m）	129.80
	兴利水位（m）	129.80
	警戒水位（m）	131.16
	允许最高水位（m）	131.87
	汛中允许超蓄水位（m）	129.80
	汛末蓄水位（m）	129.80
	闸门调度运用方式	库水位介于 129.80~131.16 m 时，溢洪闸闸门宜同步开启 3 孔，开度为 0.75 m，最大下泄流量 80 m^3/s；库水位高于 131.16 m 时，溢洪闸闸门 3 孔全部开启，敞泄

1.2.2　水库工程主体

石门水库枢纽工程由大坝、溢洪道（闸）、放水洞三部分组成。大坝长 730 m，为均质坝和黏土心墙砂壳坝，最大坝高 14.8 m，坝顶高程 133.20 m，坝顶宽度 7.5 m。溢洪道位于大坝西端，设有 3 孔 5.3 m×6 m 露顶式平面钢闸门，堰顶高程 125.50 m，最大泄量 396.1 m^3/s。放水洞工作门采用 1.5 m×1.0 m 潜孔式平面定轮钢闸门，进口底高程 122.44 m，最大流量 2.5 m^3/s。

1.2.3　历次重大改建、扩建、加固情况

石门水库于 1959 年 2 月动工兴建，1960 年 6 月建成。

2009 年 8 月除险加固工程开工，2010 年 9 月完工并通过竣工验收。主要建设内容有：大坝坝体坝基防渗；抛石压重，上游护坡翻修；溢洪道开挖及新建溢洪闸、新建放水洞及管理设施建设等。

1.2.4 主要控制运用指标（2022 年）

石门水库主要控制运用指标见表 20-2。

表 20-2 石门水库主要控制运用指标表（2022 年）

控制运用指标名称	水位 Z（m）	相应库容 V（万 m^3）
溢洪道底高程	125.50	
汛中限制水位	129.80	669
汛中允许超蓄水位	129.80	669
汛末蓄水位	129.80	669
警戒水位	131.16	
允许最高水位	131.87	

1.3 测站概况

石门水库站主要测验项目有水位、降水量、出库流量、水文调查等。本站采用冻结基面，1985 年国家高程基准高程与冻结基面高程换算关系为 $Z_{85}=Z_{冻结}$。

2 预报方案编制

2.1 资料情况

石门水库站无实测年鉴水文摘录资料。

2.2 参证站选择

石门水库水文站和即墨水文站，二者地形地貌和下垫面基本特征相似，故以即墨水文站作为石门水库水文站的参证站。参证站即墨水文站以上流域面积 $F_{参}=74.8\ km^2$；设计站石门水库水文站以上流域面积 $F_{设}=22\ km^2$。两站虽分属不同流域，考虑到流域面积相似、地形地貌、下垫面条件等流域相似性，认为以即墨站为参证站较为合适。

2.3 产流方案

利用即墨水文站的产流方案推求石门水库水文站的产流过程，石门水库水文站降雨径流相关图（$P+P_a-R$）见图 20-2。

2.3.1 流域平均雨量 P 的计算

根据石门水库站、马山后站、邹家沟站 3 个雨量站采用算术平均法计算流域平均雨量 P。

2.3.2 流域平均前期影响雨量 P_a 的计算

$$P_{a,t+1}=K(P_{a,t}+P_t)$$

式中：$P_{a,t+1}$ 为第 t+1 日的前期影响雨量（mm）；$P_{a,t}$ 为第 t 日的前期影响雨量（mm）；P_t 为第 t 日的流域平均雨量（mm）；K 为前期影响雨量递减系数，$K_{晴}=0.90$，$K_{雨}=0.95$。

其中，K 值计算公式如下：

$$K=1-E_m/I_m$$

式中：E_m 为最大蒸发能力（参考即墨站历年平均各月最大日蒸发量）；I_m 为最大损失量，采用 80 mm，并作为 P_a 值的上限控制数。

2.4 汇流方案

采用参证站即墨站单位线进行缩放。将即墨站单位线（$\Delta t=1$ h）进行缩放后作为石门水库站单位线，详见图 20-3。

单位线的缩放按下列公式计算：

$$\alpha=(F_{设}/F_{参})^{0.5}$$

$$T_{设i}=\alpha T_{参i}$$

$$q_{设i}=\alpha q_{参i}$$

式中：α 为单位线缩放系数；$F_{参}$为参证站以上控制流域面积；$F_{设}$ 为设计站以上控制流域面积；$T_{参i}$ 为参证站单位线逐时段，$T_{参i}=1, 2, \cdots, N$；$T_{设i}$ 为设计站单位线逐时段，通常为小数，为满足实际要求，需进一步对缩放结果进行插值，从而得到整时段单位线结果；$q_{参i}$ 为参证站单位线逐时段流量；$q_{设i}$ 为设计站单位线逐时段流量。

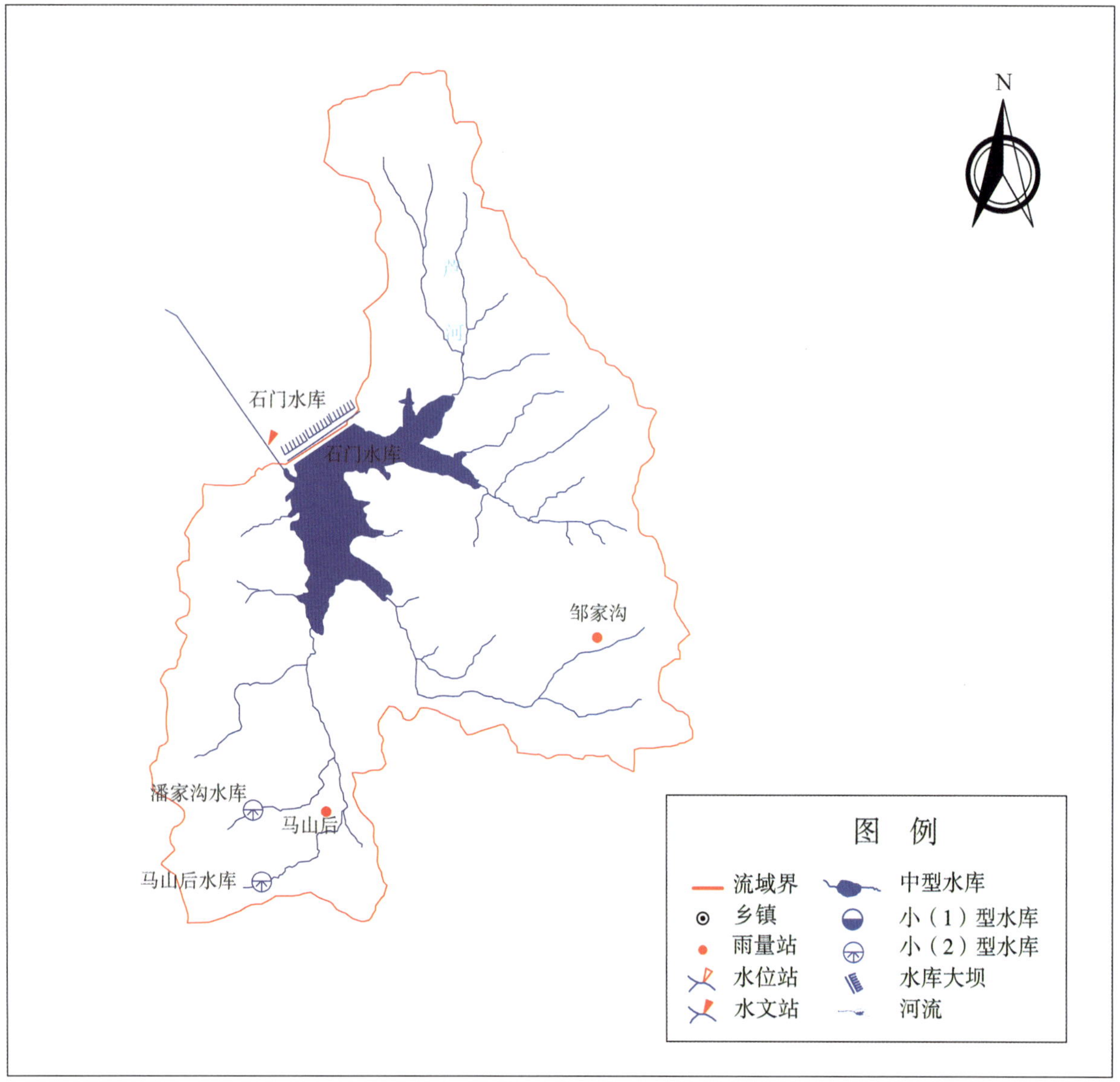

图 20-1　芦河石门水库流域图

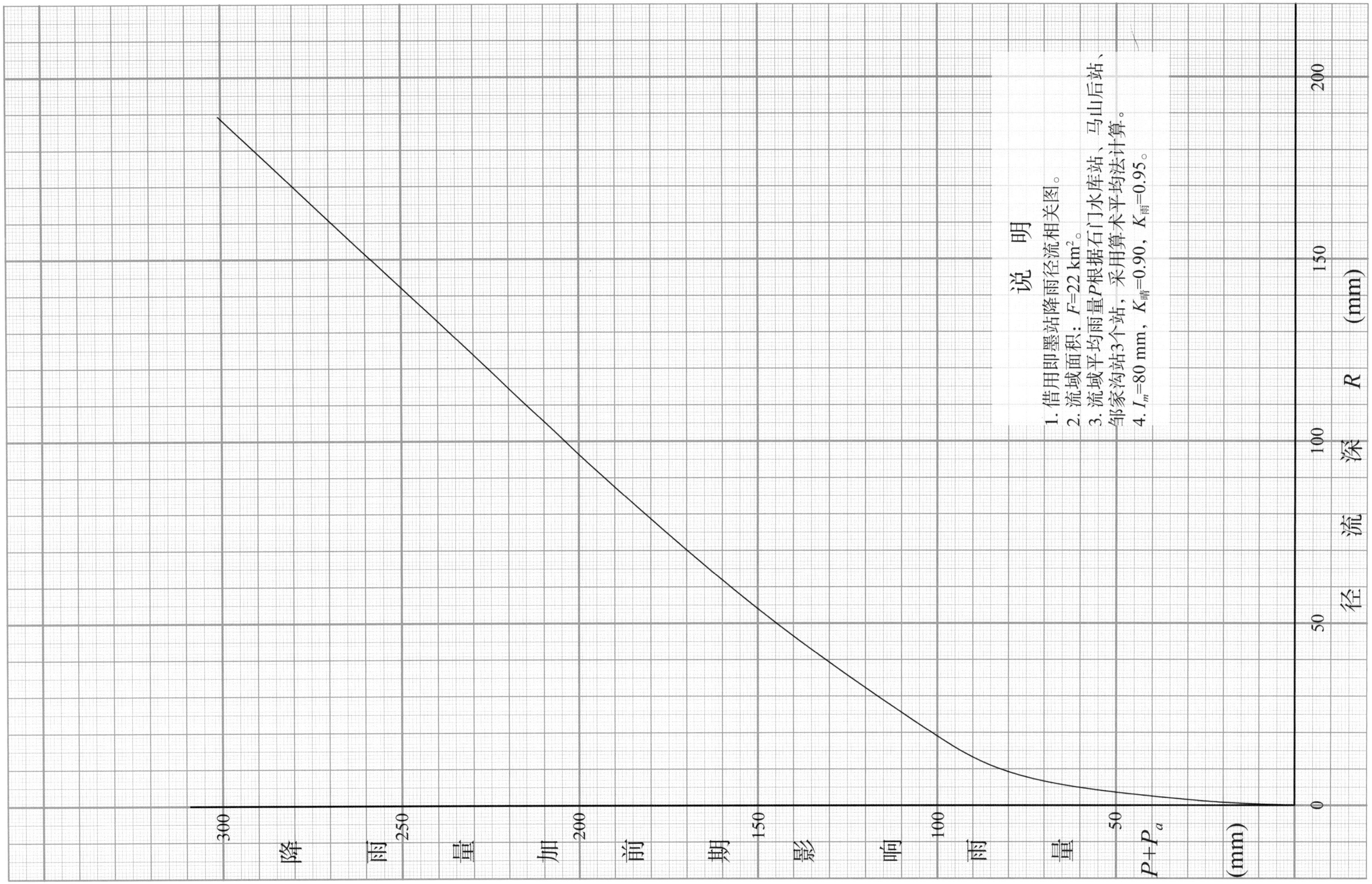

图 20-2 芦河石门水库站降雨径流关系图

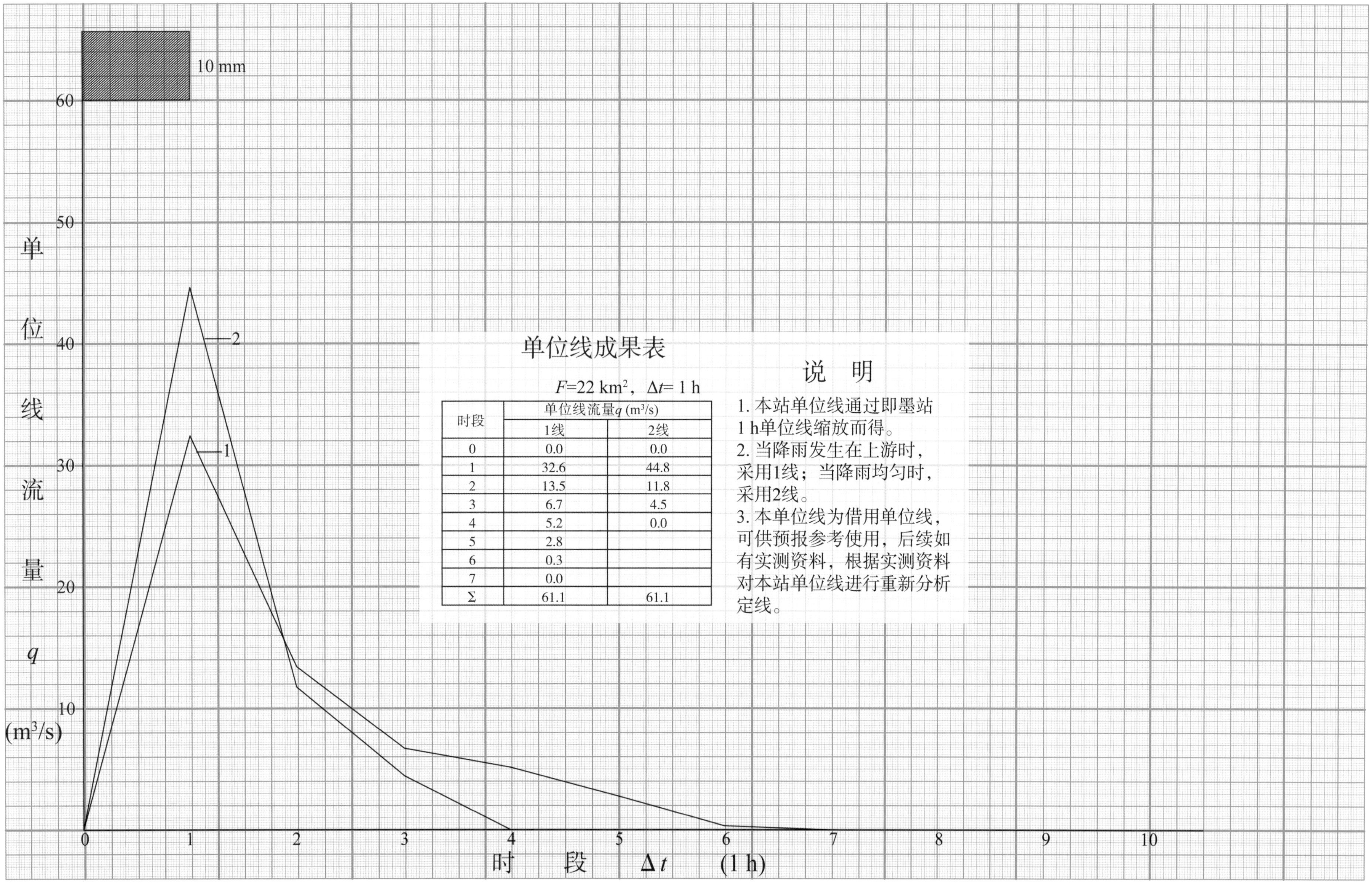

单位线成果表

F=22 km²，Δt= 1 h

时段	单位线流量q (m³/s)	
	1线	2线
0	0.0	0.0
1	32.6	44.8
2	13.5	11.8
3	6.7	4.5
4	5.2	0.0
5	2.8	
6	0.3	
7	0.0	
Σ	61.1	61.1

说　明

1. 本站单位线通过即墨站1 h单位线缩放而得。
2. 当降雨发生在上游时，采用1线；当降雨均匀时，采用2线。
3. 本单位线为借用单位线，可供预报参考使用，后续如有实测资料，根据实测资料对本站单位线进行重新分析定线。

图 20-3　芦河石门水库站单位线综合图

第二十一章　百尺河郭家村水库站水文预报方案编制说明

1　流域概况

1.1　自然地理特征

1.1.1　河流水系

郭家村水库位于诸城市林家村镇郭家村南 0.5 km、潍河水系百尺河上游。百尺河为潍河支流，发源于诸城市林家村镇鲁山沟村，于诸城市昌城镇王家巴山村汇入潍河，全长 49 km，流域面积 353 km^2，干流平均比降 1.03‰。流域形状呈扇形，南高北低，上游最高峰鲁山海拔 256.70 m，坝址处河底高程 80.00 m，河道长 9 km，流域平均宽 3.61 km，干流坡降 5.3‰。流域内主要农作物是小麦、玉米、花生等。郭家村水库流域图见图 21-1。

1.1.2　地形、地质、地貌

郭家村水库流域内上游山区占 20%，多为土层瘠薄、植被较差的土石山，中下游丘陵区占 80%，表层为 0.5～1.0 m 厚的黄黏土或沙壤土，土层下部为火成岩或浆板岩。

1.1.3　气象水文特征

郭家村水库库区地处泰沂山北麓，属暖温带半湿润大陆性季风气候区，四季分明，春季温和多风，夏季炎热多雨，秋季干旱少雨，冬季寒冷少雪。该地区温差变化较大，多年平均气温 12.0 ℃，最高气温 39.0 ℃，最低气温-20.2 ℃。

根据历史实测资料分析，暴雨是造成本流域洪水的主要原因。流域内暴雨多为气旋、锋面、台风及北方冷空气影响所形成，暴雨多发生在 7、8 月份。降水量年际变化较大，年内分布不均匀，降水主要集中在汛期，6—9 月份降雨量占年降水量的 63.1%。多年平均年降水量 780 mm，多年平均年径流量 820 万 m^3。

1.2　水库工程概况

1.2.1　水库概述

郭家村水库位于诸城市林家村镇郭家村南 0.5 km 处、潍河水系百尺河上游，水库枢纽工程于 1966 年 10 月开工建设，1968 年 10 月竣工，建成主坝、副坝、开敞式溢洪道、放水洞等，是一座集防洪、灌溉等综合利用的重点中型水库。其控制流域面积 32.5km^2，总库容 1 550 万 m^3，兴利库容 893 万 m^3，兴利水位 94.00 m，死库容 72 万 m^3，死水位 86.00 m，防洪库容 410 万 m^3，防洪标准为 100 年一遇洪水标准设计、1 000 年一遇洪水标准校核。郭家村水库工程技术特性见表 21-1。

1.2.2　水库工程主体

郭家村水库枢纽工程包括大坝、闸门式溢洪道、放水洞和水电站四部分。

大坝为均质土坝，主坝长 300 m，坝顶高程 97.00 m，最大坝高 17.0 m，坝顶宽度 6.0 m；2 座副坝，总长 1 707 m，最大坝高 8.0 m，坝宽 6.0 m。溢洪道位于西阶地坝段南端，设 4 孔 6 m×4.5 m 平面钢闸门，堰顶高程 90.00 m，最大泄量 586 m^3/s。水库有东、西两座放水洞。东放水洞为 0.8 m×2 m 廊道，进口底高程 85.80 m，最大流量 6.8 m^3/s；西放水洞为直径 0.7 m 的廊道内衬管，进口底高程 87.50 m，最大流量 2.42 m^3/s。

1.2.3　历次重大改建、扩建、加固情况

郭家村水库于 1959 年开始兴建，1960 年由于自然灾害等原因未按设计完成。后于 1966 年 10 月开工扩建，1968 年 10 月建成。

1973 年开挖溢洪道，增建溢洪闸（附桥）。

1977 年实施保安全工程，对溢洪道上游段 150 m 进行了加宽；至此，水库形成现有规模。

2006 年 3 月 27 日开始实施除险加固工程：坝体坝基防渗，迎水坡干砌石护砌，背水坡培土加厚，改建坝顶防浪墙、大坝照明、坝后排水沟、排水体、坝顶路等；放水洞工程进出口护砌，洞身加固，重建启闭机房，更换金属结构，增设电气设备等；新建溢洪闸，新建泄槽段，尾水渠开挖；管理设施建设等。

表 21-1　郭家村水库工程技术特性表

<table>
<tr><td colspan="2">水库名称</td><td>郭家村水库</td><td rowspan="10">水库特征</td><td colspan="2">调节性能</td><td>多年</td></tr>
<tr><td colspan="2">所在省</td><td>山东省</td><td colspan="2">校核洪水位</td><td>96.39 m</td></tr>
<tr><td colspan="2">所在市</td><td>潍坊市</td><td colspan="2">设计洪水位</td><td>95.85 m</td></tr>
<tr><td colspan="2">所在县（市、区）</td><td>诸城市</td><td colspan="2">汛中限制水位</td><td>94.00 m</td></tr>
<tr><td colspan="2">所在河流</td><td>潍河支流百尺河</td><td colspan="2">正常蓄水位</td><td>94.00 m</td></tr>
<tr><td colspan="2">集水面积</td><td>32.5 km^2</td><td colspan="2">死水位</td><td>86.00 m</td></tr>
<tr><td colspan="2">水库所属部门或系统</td><td>水利</td><td colspan="2">总库容</td><td>0.155 亿 m^3</td></tr>
<tr><td colspan="2">设计单位</td><td>山东省水利科学研究院</td><td rowspan="3">其中</td><td>调洪库容</td><td>0.043 9 亿 m^3</td></tr>
<tr><td colspan="2">施工单位</td><td>青州市水利建筑
总公司等</td><td>兴利库容</td><td>0.089 3 亿 m^3</td></tr>
<tr><td rowspan="2">建设时间</td><td>开工日期</td><td>1966 年 10 月</td><td>死库容</td><td>0.007 2 亿 m^3</td></tr>
<tr><td>竣工日期</td><td>1968 年 10 月</td><td rowspan="6">主坝</td><td colspan="2">坝型</td><td>均质土坝</td></tr>
<tr><td colspan="2">地震峰值加速度</td><td>0.10g</td><td colspan="2">最大坝高</td><td>17.0 m</td></tr>
<tr><td colspan="2">地震基本烈度</td><td>Ⅶ度</td><td colspan="2">坝顶高程</td><td>97.00 m</td></tr>
<tr><td colspan="2">设计地震烈度</td><td>Ⅶ度</td><td colspan="2">坝顶长度</td><td>300 m</td></tr>
<tr><td colspan="2">高程基准面</td><td>1956 年黄海基面</td><td colspan="2">坝顶宽度</td><td>6.0 m</td></tr>
<tr><td colspan="2">工程总投资</td><td>3 960 万元</td><td colspan="2">坝基防渗型式</td><td>防渗墙</td></tr>
</table>

续表

水文特征		多年平均年降水量	780 mm	副坝	座数	2
		多年平均年径流量	0.082 亿 m^3		主要坝型	均质土坝
		多年平均年输沙量	—		最大坝高	8.0 m
	设计	重现期	100 年		坝顶高程	97.00 m
		洪峰流量	735 m^3/s		总长度	1 707 m
		洪水历时	3 d	正常溢洪道	型式	宽顶堰
		洪水总量	0.162 亿 m^3		堰顶高程	90.00 m
	校核	重现期	1 000 年		堰顶净宽	24.0 m
		洪峰流量	859 m^3/s		闸门型式	平面钢闸门
		洪水历时	3 d		闸门尺寸	6 m×4.5 m
		洪水总量	0.210 3 亿 m^3		最大泄量	586 m^3/s
管理情况		管理体制	事业单位		消能型式	消力池
		管理职工人数	7 人		启闭设备	卷扬式
	其中	工程技术人员	6 人		溢洪道座数	1 座
		工程师以上	5 人		最大总泄量	586 m^3/s
		管理用房面积	571 m^2	放水洞	型式	廊道/廊道内衬管
		确权土地面积	4 060 亩		断面尺寸	0.8 m×2 m/ϕ0.7 m
大坝监测		水情测报情况	人工测报		进口底高程	85.80 m/87.50 m
		工程监测情况	位移沉降监测设施		闸门型式	平面钢闸门
		主要监测项目	位移沉降		最大流量	6.8 m^3/s/2.42 m^3/s
工程效益	防洪	设计	人口 20 万人，诸城市经济开发区，30 万亩耕地		启闭设备	螺杆式
				工程运用	最高洪水位	94.20 m
		实际	人口 20 万人，诸城市经济开发区，30 万亩耕地		发生日期	1975-8-14
					最大下泄流量	90 m^3/s
	灌溉	设计	2 万亩		最高蓄水位	94.07 m
		有效	0.6 万亩		相应蓄水量	981 万 m^3
		最大实灌	0.78 万亩		水质污染情况	Ⅱ类水
		年灌溉水量	30 万 m^3		河道安全泄量	136 m^3/s
	供水	设计	360 万 m^3	下游情况	人口	20 万人
		最大实供	117 万 m^3		乡镇	林家村镇、辛兴镇
安全鉴定		鉴定与否	再鉴定		耕地	30 万亩
		鉴定时间			铁路或公路	10 km 胶新铁路，5 km 329 省道

1.2.4 主要控制运用指标（2022 年）

郭家村水库主要控制运用指标见表 21-2。

表 21-2 郭家村水库主要控制运用指标表（2022 年）

控制运用指标名称	水位 Z（m）	相应库容 V（万 m^3）
溢洪道底高程	90.00	
汛中限制水位	94.00	965
汛中允许超蓄水位	94.00	965
汛末蓄水位	94.00	965
警戒水位	95.85	
允许最高水位	96.39	

1.3 上游水利工程概况

郭家村水库流域内有小（1）型水库 1 座、小（2）型水库 3 座，控制流域面积 22.1 km^2，兴利库容 148.5 万 m^3，总库容 346 万 m^3。

1.4 测站概况

郭家村水库站主要测验项目有水位、降水量、出库流量、水文调查等。本站采用冻结基面（1956 年黄海基面），1985 年国家高程基准高程与冻结基面高程换算关系为 $Z_{85}=Z_{冻结}$。

2 预报方案编制

2.1 资料情况

郭家村水库站无实测年鉴水文摘录资料。

2.2 参证站选择

郭家村水库水文站和即墨水文站，二者地形地貌和下垫面基本特征相似，故以即墨水文站作为郭家村水库水文站的参证站。参证站即墨水文站以上流域面积 $F_{参}=74.8$ km^2；设计站郭家村水库水文站以上流域面积 $F_{设}=32.5$ km^2。两站虽分属不同流域，考虑到流域面积、地形地貌、下垫面条件等流域相似性，认为以即墨站为参证站较为合适。

2.3 产流方案

利用即墨水文站的产流方案推求郭家村水库水文站的产流过程，郭家村水库水文站降雨径流相关图（$P+P_a-R$）见图 21-2。

2.3.1 流域平均雨量 P 的计算

根据郭家村水库站、鲁山沟站 2 个雨量站雨量，采用算术平均法计算流域平均雨量 P。

2.3.2 流域平均前期影响雨量 P_a 的计算

$$P_{a,t+1}=K\left(P_{a,t}+P_t\right)$$

式中：$P_{a,t+1}$ 为第 t+1 日的前期影响雨量（mm）；$P_{a,t}$ 为第 t 日的前期影响雨量（mm）；P_t 为第 t 日的流域平均雨量（mm）；K 为前期影响雨量递减系数，$K_{晴}=0.90$，$K_{雨}=0.95$。

其中，K 值计算公式如下：

$$K=1-E_m/I_m$$

式中：E_m 为最大蒸发能力；I_m 为最大损失量，采用 80 mm，并作为 P_a 值的上限控制数。

2.4 汇流方案

采用参证站即墨站单位线进行缩放。将即墨站单位线（$\Delta t=1$ h）进行缩放后作为郭家村水库站单位线，详见图 21-3。

单位线的缩放按下列公式计算：

$$\alpha=\left(F_{设}/F_{参}\right)^{0.5}$$

$$T_{设i}=\alpha T_{参i}$$

$$q_{设i}=\alpha q_{参i}$$

式中：α 为单位线缩放系数；$F_{参}$ 为参证站以上控制流域面积；$F_{设}$ 为设计站以上控制流域面积；$T_{参i}$ 为参证站单位线逐时段，$T_{参i}=1, 2, \cdots, N$；$T_{设i}$ 为设计站单位线逐时段，通常为小数，为满足实际要求，需进一步对缩放结果进行插值，从而得到整时段单位线结果；$q_{参i}$ 为参证站单位线逐时段流量；$q_{设i}$ 为设计站单位线逐时段流量。

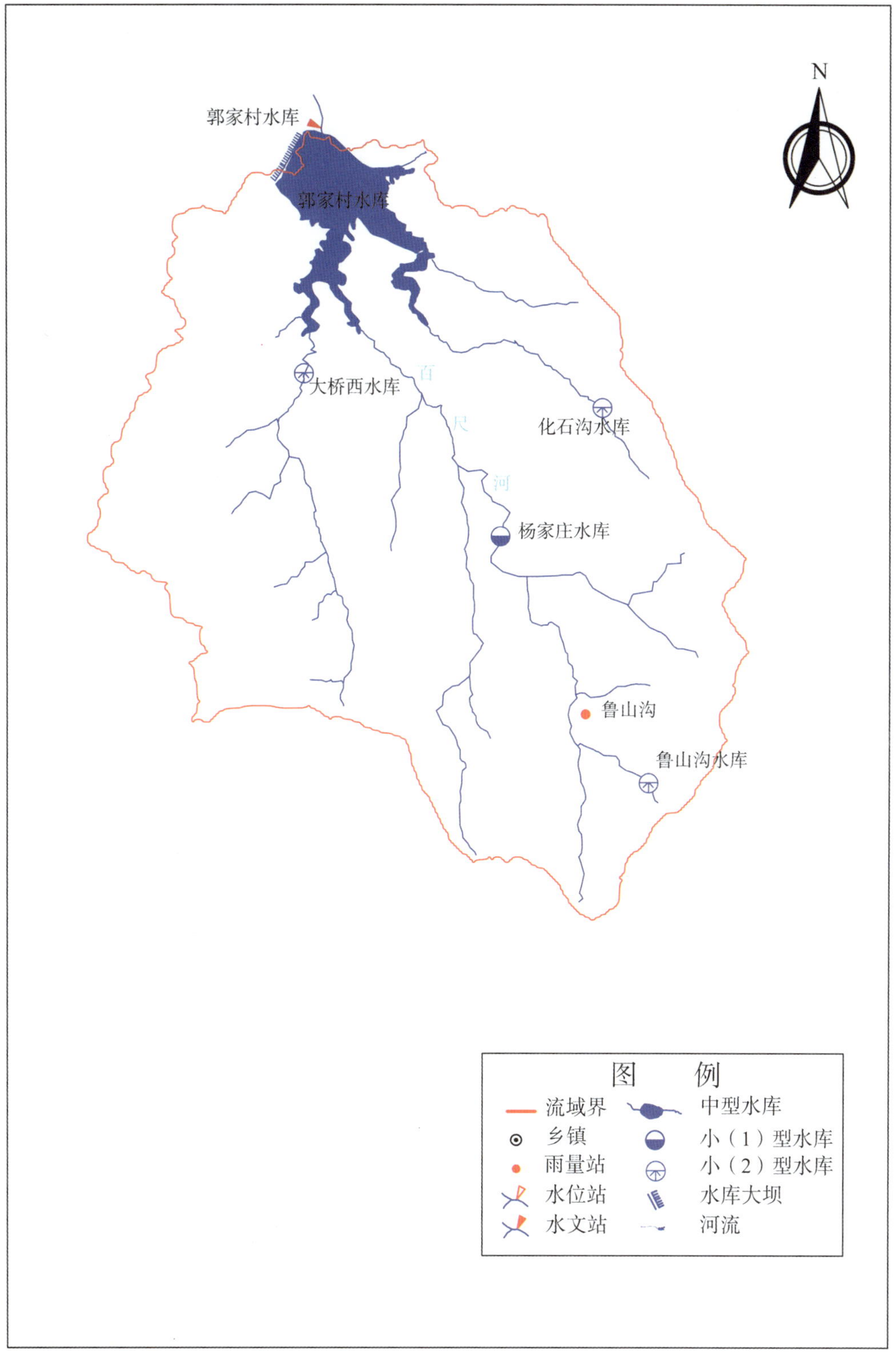

图 21-1 百尺河郭家村水库流域图

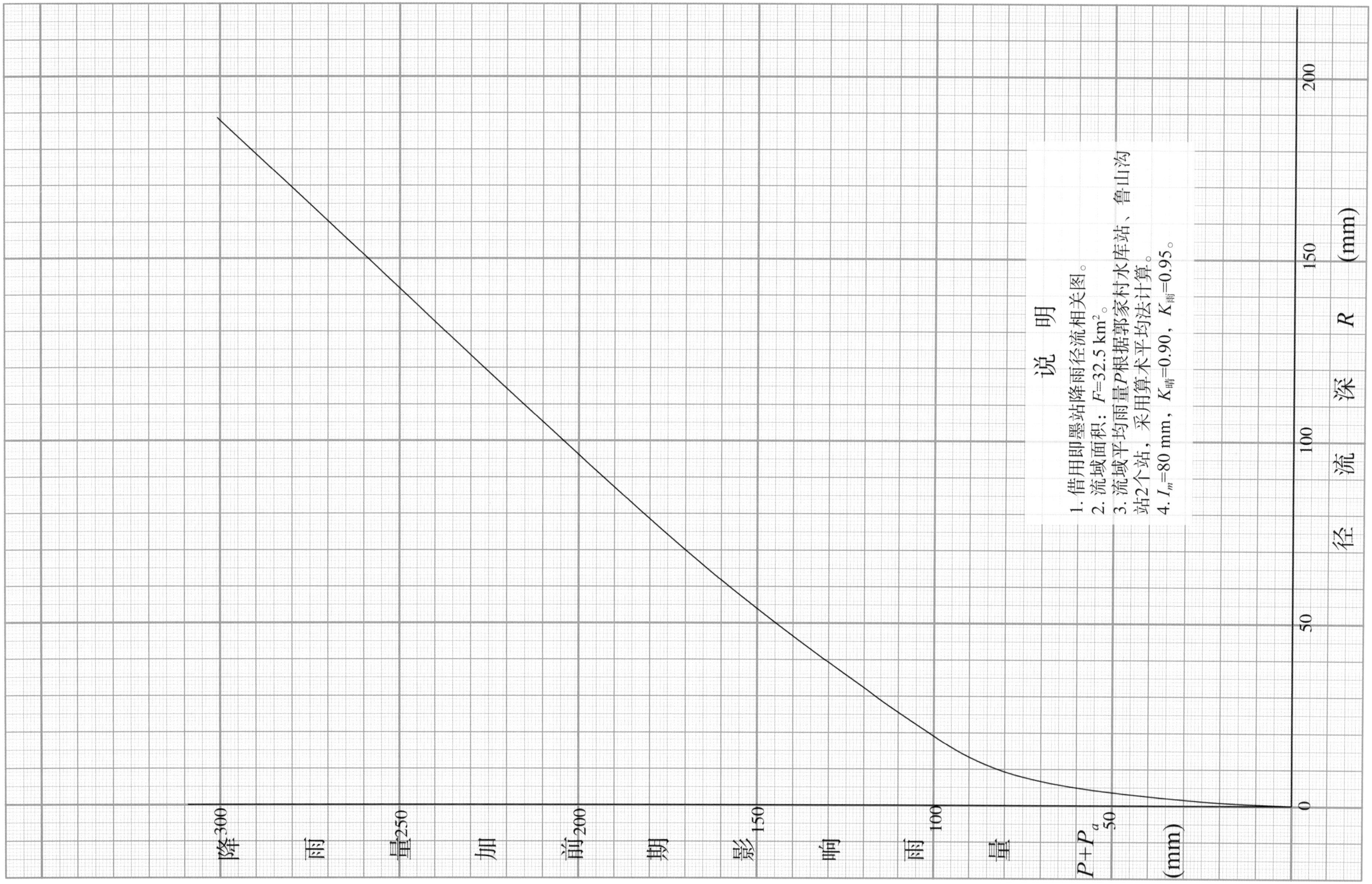

图 21-2　百尺河郭家村水库站降雨径流关系图

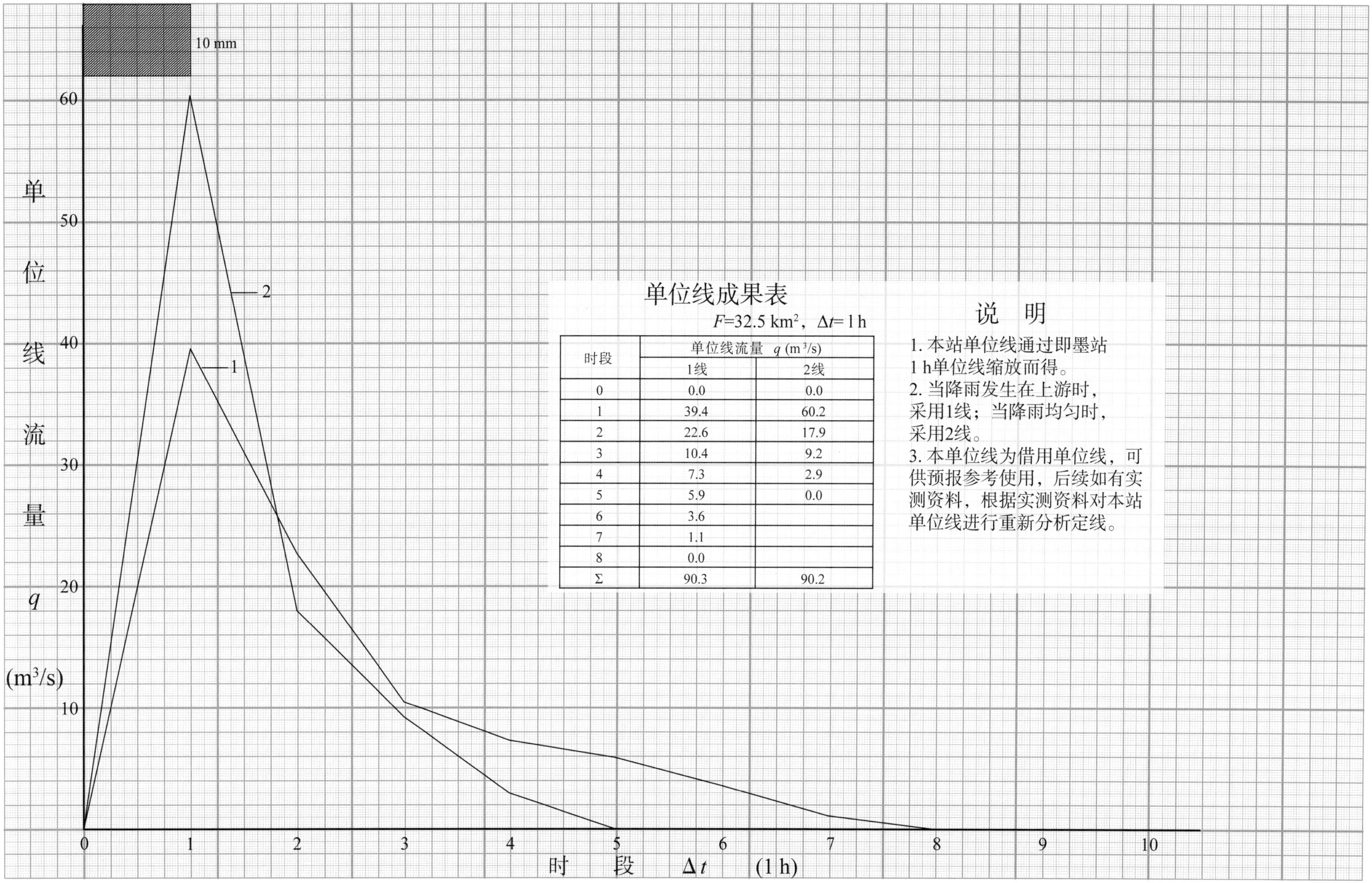

单位线成果表

F=32.5 km^2，Δt= 1 h

时段	单位线流量 q (m^3/s)	
	1线	2线
0	0.0	0.0
1	39.4	60.2
2	22.6	17.9
3	10.4	9.2
4	7.3	2.9
5	5.9	0.0
6	3.6	
7	1.1	
8	0.0	
Σ	90.3	90.2

说 明

1. 本站单位线通过即墨站1 h单位线缩放而得。
2. 当降雨发生在上游时，采用1线；当降雨均匀时，采用2线。
3. 本单位线为借用单位线，可供预报参考使用，后续如有实测资料，根据实测资料对本站单位线进行重新分析定线。

图 21-3　百尺河郭家村水库站单位线综合图

第二十二章　百尺河共青团水库站水文预报方案编制说明

1　流域概况

1.1　自然地理特征

1.1.1　河流水系

共青团水库位于潍河水系百尺河中游，百尺河发源于诸城市林家村镇鲁山沟村，于昌城镇王家巴山村西入潍河，百尺河全长 49 km，流域面积 353 km^2，干流平均比降 1.03‰。共青团水库以上主河道比降为 3‰，共青团水库流域图见图 22-1。

1.1.2　地形、地质、地貌

共青团水库流域地势南高北低，上游最高山峰鲁山海拔 256.70 m，坝址处河底高程 58.50 m。上游山区占 20%，多为土层瘠薄、植被较差的土石山等；中下游浅山区占 60% 左右，平原区不到 20%，表层为 0.5~1.0 m 厚的黄黏土或沙壤土，土层下部为火成岩或浆板岩。

1.1.3　气象水文特征

共青团水库处在半湿润区，属大陆性气候，四季分明，冷热、干湿季节变化明显，春季少雨多风易旱，夏季炎热多雨，秋季凉爽，晚秋易旱，冬季干旱寒冷，雨雪稀少。流域多年平均年降水量 689.6 mm。

1.2　水库工程概况

1.2.1　水库概述

共青团水库位于潍河水系百尺河中游、诸城市辛兴镇镇政府东 700 m 处，流域面积 133.5 km^2。共青团水库于 1957 年兴建，1958 年建成，是一座集防洪、灌溉、供水等功能于一体的中型水库。共青团水库除险加固后，水库正常蓄水位 67.50 m，兴利库容 536 万 m^3；死水位 61.00 m，死库容 3 万 m^3。300 年一遇校核洪水位为 70.11 m，相应库容 1 090 万 m^3；50 年一遇设计洪水位 68.65 m，相应库容 729 万 m^3。共青团水库工程技术特性见表 22-1。

表 22-1　共青团水库工程技术特性表（2020 年）

序号	指标名称	单位	2017 年除险加固初设	备注
一	水文			
1	坝址流域面积	km^2	133.5	
2	平均比降	‰	3	
3	多年平均年降水量	mm	689.6	
4	洪水标准			
	校核洪水标准		0.33%	
	设计洪水标准		2%	
二	水库			
1	水库水位			
	校核洪水位	m	70.11	
	设计洪水位	m	68.65	
	兴利水位	m	67.50	
	死水位	m	61.00	
2	库容			
	总库容	万 m^3	1 090	
	兴利库容	万 m^3	536	
	死库容	万 m^3	3	
	校核调洪库容	万 m^3	554	
三	洪水			
1	设计洪峰流量（P=2%）	m^3/s	1 321	
	设计下泄流量（P=2%）	m^3/s	1 119	
2	校核洪峰流量（P=0.33%）	m^3/s	1 843	
	校核下泄流量（P=0.33%）	m^3/s	1 581	
四	主要建筑物			
1	大坝			
	型式		均质坝	
	主坝长	m	211	
	副坝长	m	西副坝 1 837 m，东副坝 148 m	
	主坝坝顶高程	m	71.20	
	主坝顶宽	m	6.0	
	副坝顶宽	m	5.0	

续表

序号	指标名称	单位	2017 年除险加固初设	备注
	最大坝高	m	12.1	
	上游坡坡比		1∶3.0（1∶2.5）	
	下游坡坡比		1∶2.5（1∶2.0）	
2	溢洪道			
	型式		泄洪闸	
	堰顶高程	m	63.00	
	堰顶净宽	m	50.0	
3	放水洞			
	放水洞型式（南放水洞）		钢筋混凝土箱涵	
	断面尺寸	m×m	1.5×1.8	
	进口底高程	m	61.00	

1.2.2 水库工程主体

共青团水库主坝为均质坝，坝顶高程 71.20 m，防浪墙顶高程 72.20 m，坝顶宽 6.0 m，坝长 211 m；上游坝坡为浆砌块石护坡，坡比 1∶3.0，下游坝坡为草皮护坡，坡比 1∶2.5。西副坝坝顶高程 70.60~71.20 m，防浪墙顶高程 71.60~72.20 m，坝顶宽 5.0 m，长 1 837 m，上游坝坡坡比 1∶2.5，下游坝坡坡比 1∶2.0。东副坝坝顶高程 70.60 m，防浪墙顶高程 71.60 m，坝顶宽 5.0 m，长 148 m，上游坝坡坡比 1∶2.5，下游坝坡坡比 1∶2.0。

溢洪道位于主坝桩号 0+216 处，主坝与东副坝之间，溢洪闸闸室采用 C30 钢筋混凝土开敞式水闸，共 5 孔，单孔净宽 10 m，闸室总净宽 50.00 m，两侧边孔采用两孔一联，中间单孔为一联。两联之间设缝墩，缝内设止水。闸室段顺水流向长 18.0 m，闸底板顶高程 63.00 m，闸墩顶高程 72.00 m，边墩及中墩厚 1.6 m，缝墩厚 1.0 m，底板厚 1.5 m。

放水洞位于主坝桩号 1+600 处，为 1.5 m×1.8 m（宽×高）的单孔钢筋混凝土箱涵，涵洞共 6 节，总长度 51.00 m，单节长 8.50 m，节与节之间设垫梁，缝间设止水，涵洞进口底高程 61.00 m。

1.2.3 历次重大改建、扩建、加固情况

共青团水库于 1958 年建成蓄水。1963 年续建，在溢洪道泄槽以下设二级跌水，对主坝段上游进行护砌，边坡为 1∶2，对阶地段坝顶宽 2.0 m，对阶地段上游坡部分进行了护砌。

1977 年进行了扩建，河槽段坝长增至 203 m，坝顶高程加高至 70.60 m，坝顶加宽至 3.5 m，上游坝坡 1∶3.0，下游坝坡 1∶2.5，阶地段长 1 895 m，顶高程加高至 70.60 m。

1978 年将原有闸蓄水位抬高 1 m，大坝设防浪墙，并对副坝段上游坝坡进行了护砌。溢洪道建成 4 孔 3 m×10 m 水力自控翻板闸门，溢洪道用浆砌块石做了裹头。新建东、南两个放水洞，均为无衬受压石洞，进口高程为 61.00 m，洞身为 0.8 m×0.8 m 半圆拱涵，洞身长 46.7 m，各设拦污栅一个，均用铸铁闸门控制。

1994 年 3 月，将溢洪道陡坡面全部凿面翻新，重新浇筑 15 cm 厚 C25 混凝土。原挡土墙被水冲垮。

1998 年百尺河治理时溢洪道重新砌筑，因当时未能将基础清到底，不久又被冲垮。1997 年调洪时原混凝土闸板西端一孔闸门损坏，1998 年全部更换为潜孔平面铸铁闸门，为水力自控翻板闸门，宽 87.5 m，共计 9 孔，其中 1 孔调洪闸，8 孔泄洪闸。

2002 年春季修建辛兴镇兴华路时，将多余土方用来加固河槽段，河槽段由 3.5 m 加宽至 6.0 m。当时原坝体未进行清基，土方也未经碾压夯实，整个大坝填筑质量较差。

2008 年进行应急加固。对溢洪闸、溢洪道桥及闸后附属构筑物进行拆除重建。将东、北放水洞进行了封堵，南放水洞按原尺寸更换了拦污栅及铸铁闸门。

1.2.4 主要控制运用指标（2020 年）

共青团水库主要控制运用指标见表 22-2。

表 22-2 共青团水库主要控制运用指标表（2020 年）

控制运用指标名称	水位 Z（m）	相应库容 V（万 m^3）
溢洪道底高程	63.00	39
汛中限制水位	67.50	539
汛中允许超蓄水位	68.00	602
汛末蓄水位	68.50	700
警戒水位	68.77	
允许最高水位	70.15	

1.3 上游水利工程概况

共青团水库坝址以上修建有郭家村、牛台山 2 座中型水库，杨家庄、曙光 2 座小（1）型水库，大桥西等 7 座小（2）型水库。

郭家村水库位于诸城市林家村镇郭家村南 0.5 km 处、潍河水系百尺河上游，流域面积 32.5 km^2，总库容 1 550 万 m^3，兴利库容 893 万 m^3，兴利水位 94.00 m；死库容 72 万 m^3，死水位 86.00 m。郭家村水库坝顶高程 97.00 m，设计洪水标准为 100 年一遇，校核洪水标准为 1 000 年一遇。该水库是一座集防洪、灌溉等综合利用的重点中型水库。水库于 1966 年开始兴建，2010 年进行了除险加固，为充分发挥水库兴利效益，郭家村水库起调水位采用兴利水位，即 94.00 m，水库溢洪道安全泄量为 60.0 m^3/s。当水库水位低于 20 年一遇洪水位时，控制泄量 60.0 m^3/s；当水库水位高于 20 年一遇洪水位时，按自由出流敞开闸门泄洪，以确保大坝安全。

牛台山水库位于潍河水系百尺河上游、诸城市辛兴镇山东村，流域面积 36 km^2，总库容 1 104 万 m^3，兴利库容 163 万 m^3，兴利水位 83.00 m。牛台山水库坝顶高程 88.20 m，设计洪水标准为 50 年一遇，校核洪水标准为 1 000 年一遇。该水库是一座以防洪、灌溉为主，兼水产养殖等综合利用的中型水库，于 1966 年开始兴建，2010 年进行了除险加固，其泄流方式为敞泄。

共青团水库上游水利工程情况详见表 22-3。

表 22-3　共青团水库上游主要水利工程情况表

水库名称	水库类型	流域面积（km^2）	总库容（万 m^3）	兴利库容（万 m^3）	备注
郭家村水库	中型	32.5	1 550	893	
牛台山水库	中型	36.0	1 104	163	
杨家庄水库	小（1）	12.5	228	92.5	郭家村水库上游
曙光水库	小（1）	6.0	230	136	牛台山水库上游
东仲金口村东水库	小（2）	1.2	18	12	
东仲金口水库	小（2）	1.1	22.7	6.1	
化石沟水库	小（2）	1.3	21.64	14.5	郭家村水库上游
琅古尧水库	小（2）	1.5	19.38	11.89	郭家村水库上游
下屋子水库	小（2）	1.2	14.74	8.1	牛台山水库上游
鲁山沟水库	小（2）	0.4	12.46	5	郭家村水库上游
大桥西水库	小（2）	6.8	90.4	35	郭家村水库上游

1.4　测站概况

共青团水库站测验方式为巡测，主要测验项目有水位、降水量、出库流量、水文调查等。本站采用冻结基面（1956 年黄海基面），1985 年国家高程基准高程与冻结基面高程换算关系为 $Z_{85}=Z_{冻结}$。

2　预报方案编制

2.1　资料情况

共青团水库站无实测年鉴水文摘录资料。

2.2　参证站选择

共青团水库水文站和红旗水文站，二者地形地貌和下垫面基本特征相似，故以红旗水文站作为共青团水库水文站的参证站。参证站红旗水文站以上流域面积 $F_{参}=43.9$ km^2；设计站共青团水库水文站以上流域面积 $F_{设}=133.5$ km^2。虽然两站流域面积相差略大，但考虑到地形地貌、下垫面条件等流域相似性，认为以红旗水文站为参证站较为合适。

2.3　产流方案

利用红旗水文站的产流方案推求共青团水库水文站的产流过程，共青团水库水文站降雨径流相关图（$P+P_a-R$）见图 22-2。

2.3.1　流域平均雨量 *P* 的计算

选取共青团水库雨量站、郭家村水库雨量站、牛台山水库雨量站、东公村雨量站 4 站，采用算术平均法计算求得流域平均雨量 P。

2.3.2　流域平均前期影响雨量 P_a 的计算

$$P_{a,t+1}=K(P_{a,t}+P_t)$$

式中：$P_{a,t+1}$ 为第 $t+1$ 日的前期影响雨量（mm）；$P_{a,t}$ 为第 t 日的前期影响雨量（mm）；P_t 为第 t 日的流域平均雨量（mm）；K 为前期影响雨量递减系数，$K_{晴}=0.90$，$K_{雨}=0.95$。

其中，K 值计算公式如下：

$$K=1-E_m/I_m$$

式中：E_m 为最大蒸发能力（借用红旗站历年平均各月最大日蒸发量）；I_m 为最大损失量，采用 80 mm，并作为 P_a 值的上限控制数。

2.4　汇流方案

采用参证站红旗站单位线进行缩放。将红旗站单位线（$\Delta t=1$ h）进行缩放后作为共青团水库站单位线，详见图 22-3。

单位线的缩放按下列公式计算：

$$\alpha=(F_{设}/F_{参})^{0.5}$$

$$T_{设i}=\alpha T_{参i}$$

$$q_{设i}=\alpha q_{参i}$$

式中：α 为单位线缩放系数；$F_{参}$ 为参证站以上控制流域面积；$F_{设}$ 为设计站以上控制流域面积；$T_{参i}$ 为参证站单位线逐时段，$T_{参i}=1, 2, \cdots, N$；$T_{设i}$ 为设计站单位线逐时段，通常为小数，为满足实际要求，需进一步对缩放结果进行插值，从而得到整时段单位线结果；$q_{参i}$ 为参证站单位线逐时段流量；$q_{设i}$ 为设计站单位线逐时段流量。

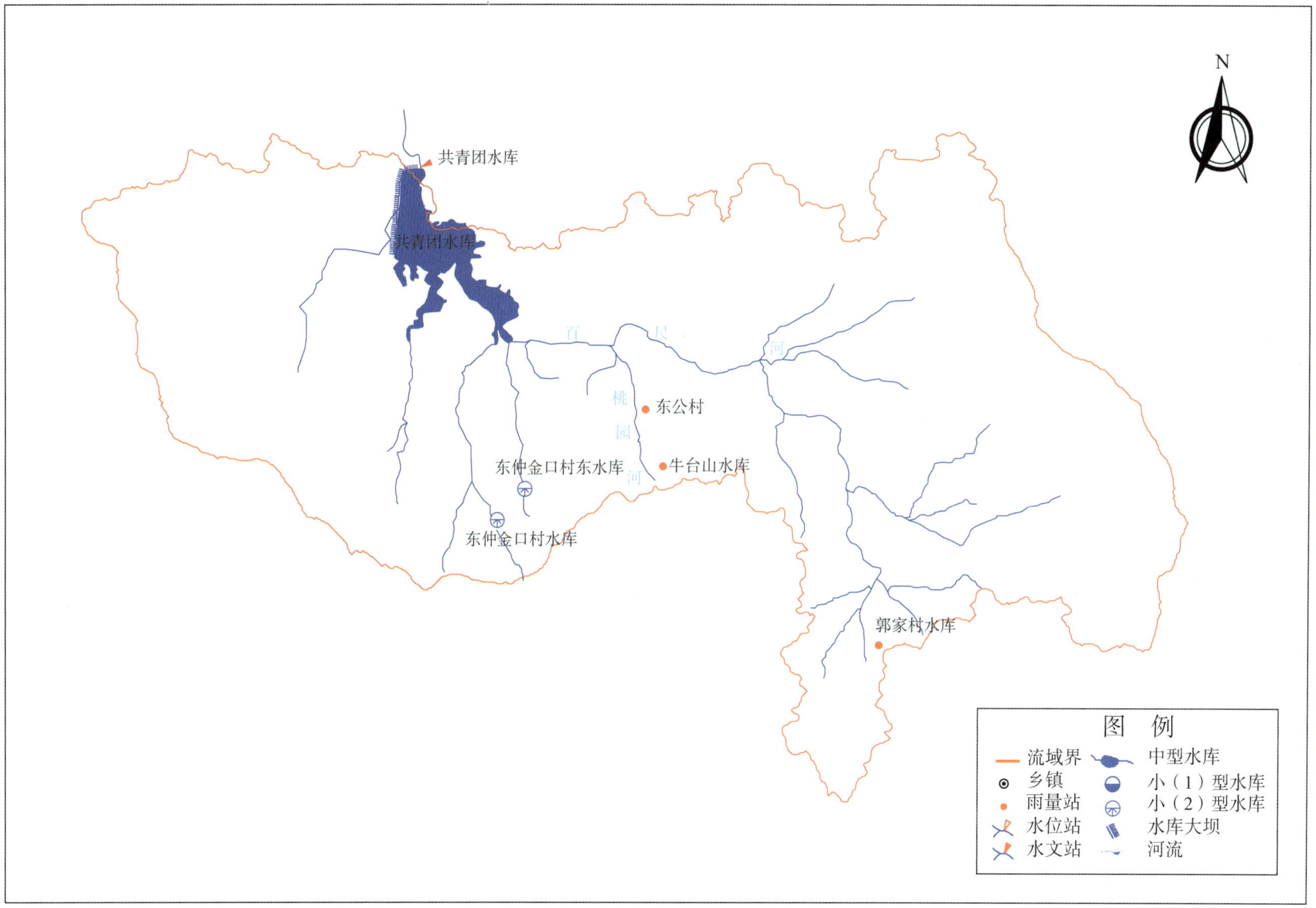

图 22-1　百尺河共青团水库流域图

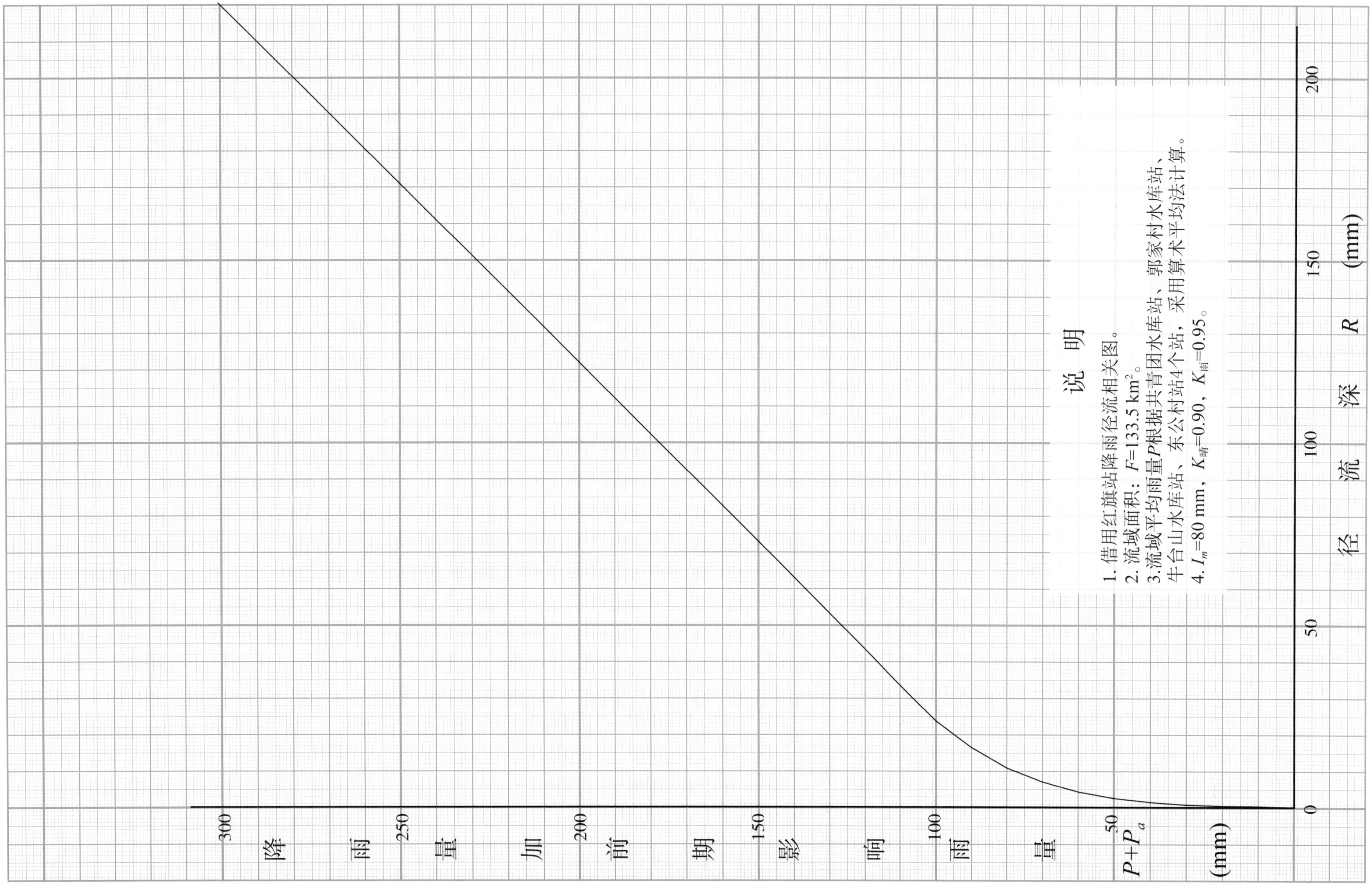

图 22-2　百尺河共青团水库站降雨径流关系图

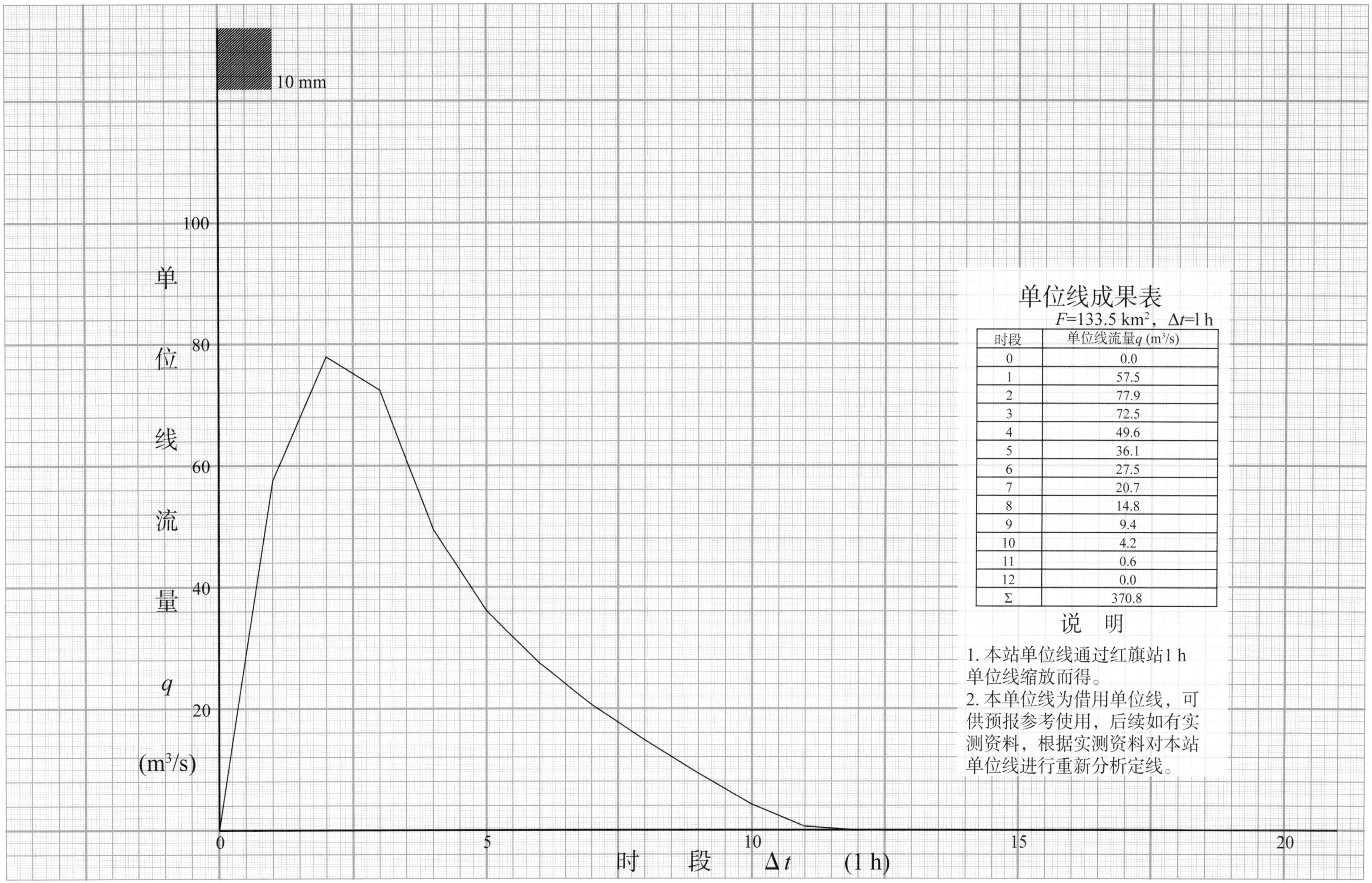

单位线成果表

F=133.5 km², Δt=1 h

时段	单位线流量q (m^3/s)
0	0.0
1	57.5
2	77.9
3	72.5
4	49.6
5	36.1
6	27.5
7	20.7
8	14.8
9	9.4
10	4.2
11	0.6
12	0.0
Σ	370.8

说　明

1. 本站单位线通过红旗站1 h单位线缩放而得。
2. 本单位线为借用单位线，可供预报参考使用，后续如有实测资料，根据实测资料对本站单位线进行重新分析定线。

图 22-3　百尺河共青团水库站单位线综合图

第二十三章　百尺河牛台山水库站水文预报方案编制说明

1　流域概况

1.1　自然地理特征

1.1.1　河流水系

牛台山水库位于潍河水系百尺河上游。百尺河为潍河支流，发源于诸城市林家村镇鲁山沟村，于诸城市昌城镇王家巴山村汇入潍河，全长 49 km，流域面积 353 km^2，干流平均比降 1.03‰。牛台山水库流域图见图 23-1。

1.1.2　气象水文特征

牛台山水库流域处在半湿润区，属大陆性气候，四季分明，冷热、干湿季节变化明显，春季少雨多风易旱，夏季炎热多雨，秋季凉爽，晚秋易旱，冬季干旱寒冷，雨雪稀少。

1.2　水库工程概况

1.2.1　水库概述

牛台山水库位于诸城市辛兴镇，潍河水系百尺河上游大寨河上，是一座以防洪、灌溉为主，兼水产养殖等综合利用的中型水库。牛台山水库流域面积 36 km^2，总库容 1 104 万 m^3，调洪库容 705 万 m^3，兴利库容 163 万 m^3，兴利水位 83.00 m，防洪标准为 50 年一遇设计洪水标准、1 000 年一遇校核洪水标准。牛台山水库流域内建有小（1）型水库 1 座、小（2）型水库 2 座。

1.2.2　水库工程主体

牛台山水库枢纽工程由大坝、溢洪道及放水洞组成。大坝为黏土心墙坝，坝长 550 m，最大坝高 15.2 m，坝顶宽 5 m，坝顶高程 88.20 m，防浪墙顶高程 89.20 m。溢洪道位于大坝东端，为开敞式溢洪道，底宽 40 m，底高程 83.00 m，最大泄量 635.8 m^3/s。放水洞位于大坝西端，为混凝土有压圆管，进口底高程 79.45 m，洞径 2 m，最大流量 3.2 m^3/s。

1.2.3　历次重大改建、扩建、加固情况

牛台山水库始建于 1966 年 7 月，1967 年 6 月蓄水运行。1998 年维修大坝迎水坡护坡石；1999 年维修大坝防浪墙；2000 年 3 月维修溢洪道挡墙；2000 年 11 月拆除放水洞启闭机房；2010 年 3—6 月进行除险加固工程，主要建设内容：大坝培土整平，迎水坡浆砌块石护坡，重新砌筑防浪墙，部分坝基灌浆，坝后排水及草皮护坡，溢洪道新建跌水及挡墙，新建防汛交通桥，放水洞更换闸门、启闭机，拆除重建引水段，上游设置水位标尺，新建管理房。

1.2.4　主要控制运用指标（2022 年）

牛台山水库主要控制运用指标见表 23-1。

表 23-1　牛台山水库主要控制运用指标表（2022 年）

控制运用指标名称	水位 Z（m）	相应库容 V（万 m^3）
溢洪道堰顶高程	83.00	
汛中限制水位	83.00	333
汛中允许超蓄水位	83.00	333
汛末蓄水位	83.00	333
警戒水位	86.22	
允许最高水位	87.83	

1.3　测站概况

牛台山水库站测验方式为巡测，主要测验项目有水位、降水量、出库流量、水文调查等。本站采用冻结基面（1956 年黄海基面），1985 年国家高程基准高程与冻结基面高程换算关系为 $Z_{85}=Z_{冻结}$。

2　预报方案编制

2.1　资料情况

牛台山水库站无实测年鉴水文摘录资料。

2.2　参证站选择

牛台山水库水文站和即墨水文站，二者地形地貌和下垫面基本特征相似，故以即墨水文站作为牛台山水库水文站的参证站。参证站即墨水文站以上流域面积 $F_{参}=74.8$ km^2；设计站牛台山水库水文站以上流域面积 $F_{设}=36$ km^2。两站虽分属不同流域，考虑到流域面积、地形地貌、下垫面条件等流域相似性，认为以即墨站为参证站较为合适。

2.3　产流方案

利用即墨水文站的产流方案推求牛台山水库水文站的产流过程，牛台山水库水文站降雨径流相关图（$P+P_a-R$）见图 23-2。

2.3.1　流域平均雨量 P 的计算

选取牛台山水库雨量站、下娓子雨量站、桃园雨量站 3 站，采用算术平均法计算求得流域平均雨量 P。

2.3.2 流域平均前期影响雨量 P_a 的计算

$$P_{a,t+1}=K\ (P_{a,t}+P_t)$$

式中：$P_{a,t+1}$ 为第 t+1 日的前期影响雨量（mm）；$P_{a,t}$ 为第 t 日的前期影响雨量（mm）；P_t 为第 t 日的流域平均雨量（mm）；K 为前期影响雨量递减系数，$K_{晴}=0.90$，$K_{雨}=0.95$。

其中，K 值计算公式如下：

$$K=1-E_m/I_m$$

式中：E_m 为最大蒸发能力（借用即墨站历年平均各月最大日蒸发量）；I_m 为最大损失量，采用 80 mm，并作为 P_a 值的上限控制数。

2.4 汇流方案

采用参证站即墨站单位线进行缩放。将即墨站单位线（$\Delta t=1$ h）进行缩放后作为牛台山水库站单位线，详见图 23-3。

单位线的缩放按下列公式计算：

$$\alpha=(F_{设}/F_{参})^{0.5}$$

$$T_{设i}=\alpha T_{参i}$$

$$q_{设i}=\alpha q_{参i}$$

式中：α 为单位线缩放系数；$F_{参}$ 为参证站以上控制流域面积；$F_{设}$ 为设计站以上控制流域面积；$T_{参i}$ 为参证站单位线逐时段，$T_{参i}=1, 2, \cdots, N$；$T_{设i}$ 为设计站单位线逐时段，通常为小数，为满足实际要求，需进一步对缩放结果进行插值，从而得到整时段单位线结果；$q_{参i}$ 为参证站单位线逐时段流量；$q_{设i}$ 为设计站单位线逐时段流量。

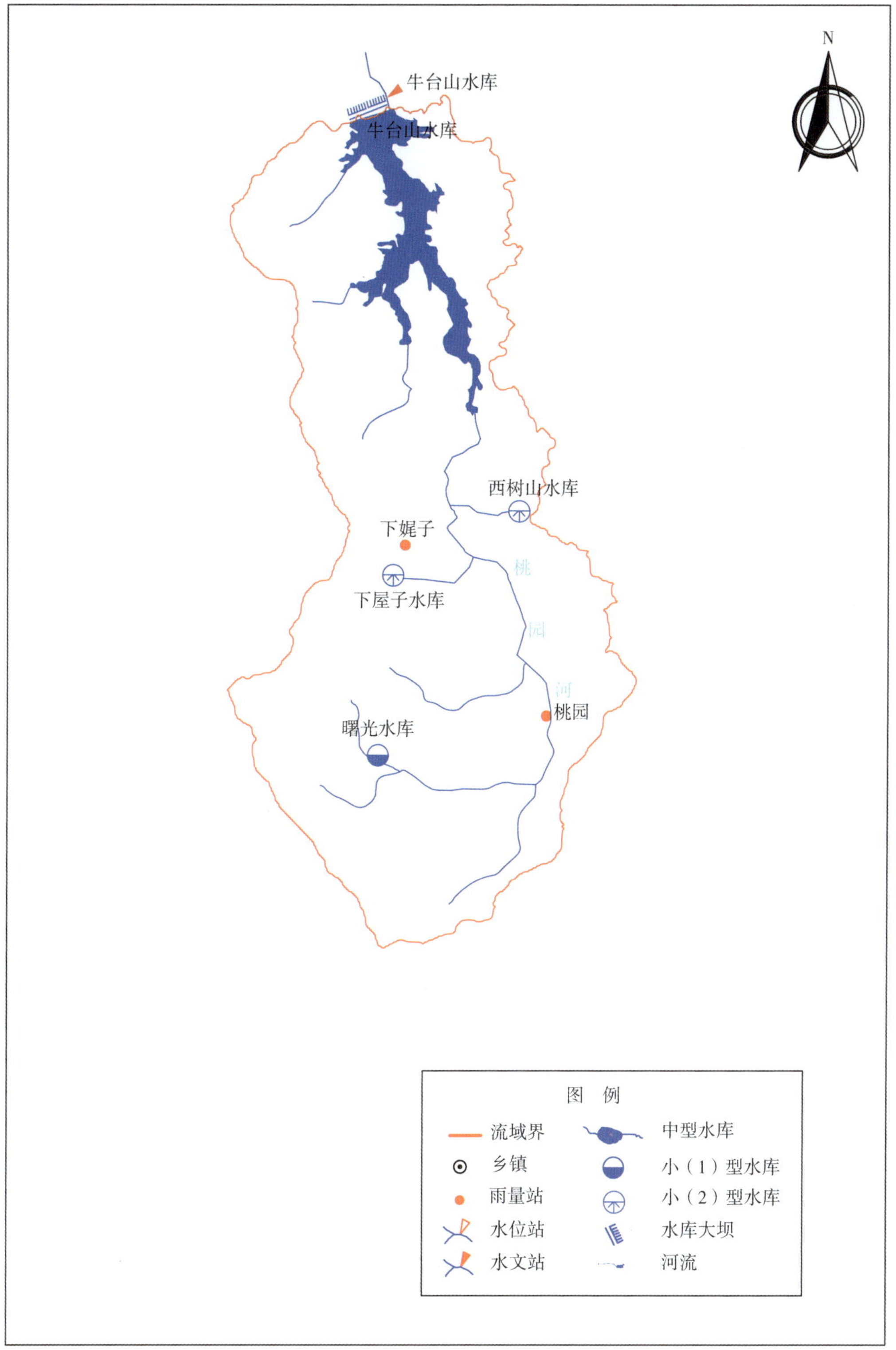

图 23-1　百尺河牛台山水库流域图

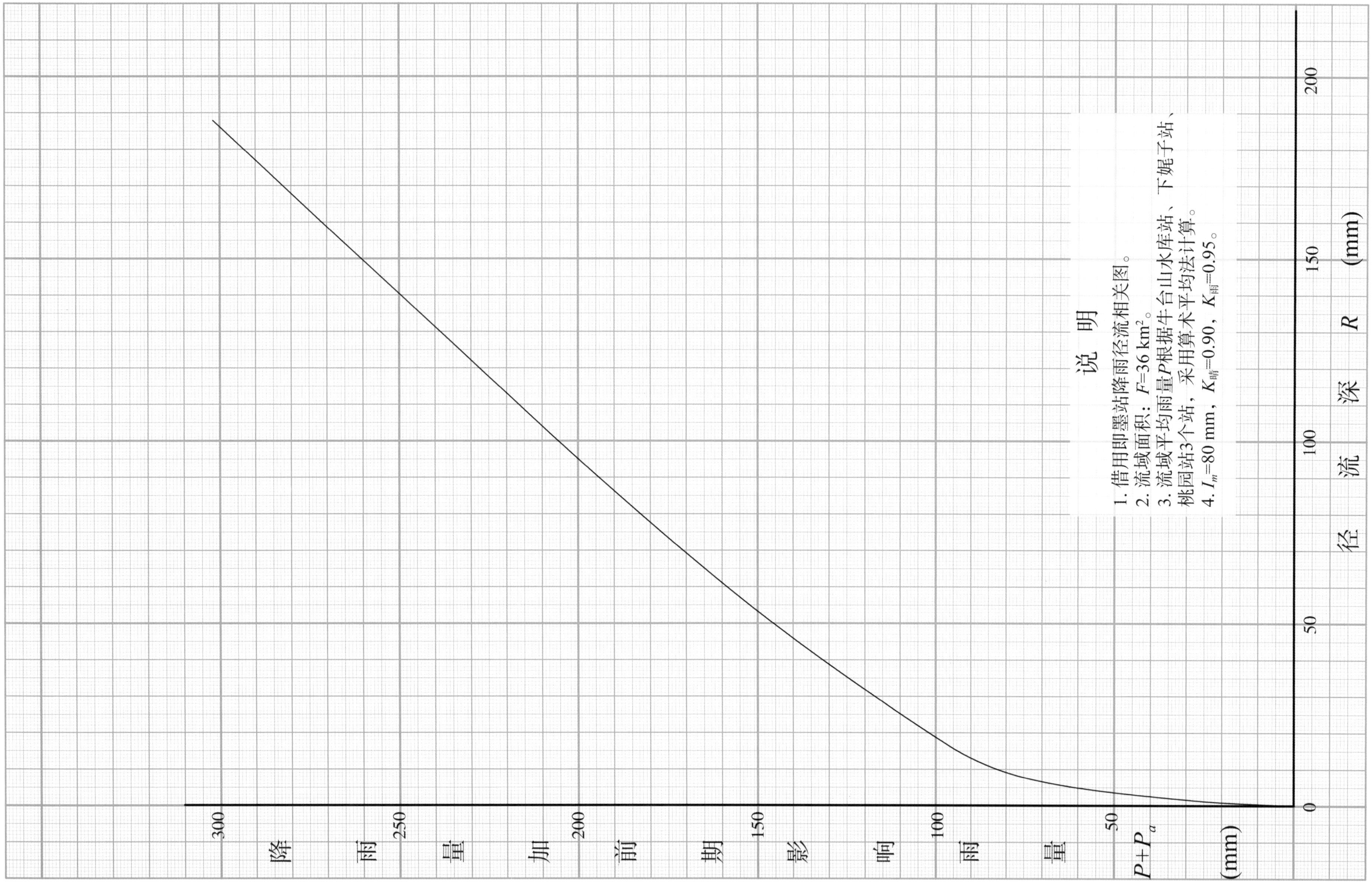

图 23-2　百尺河牛台山水库站降雨径流关系图

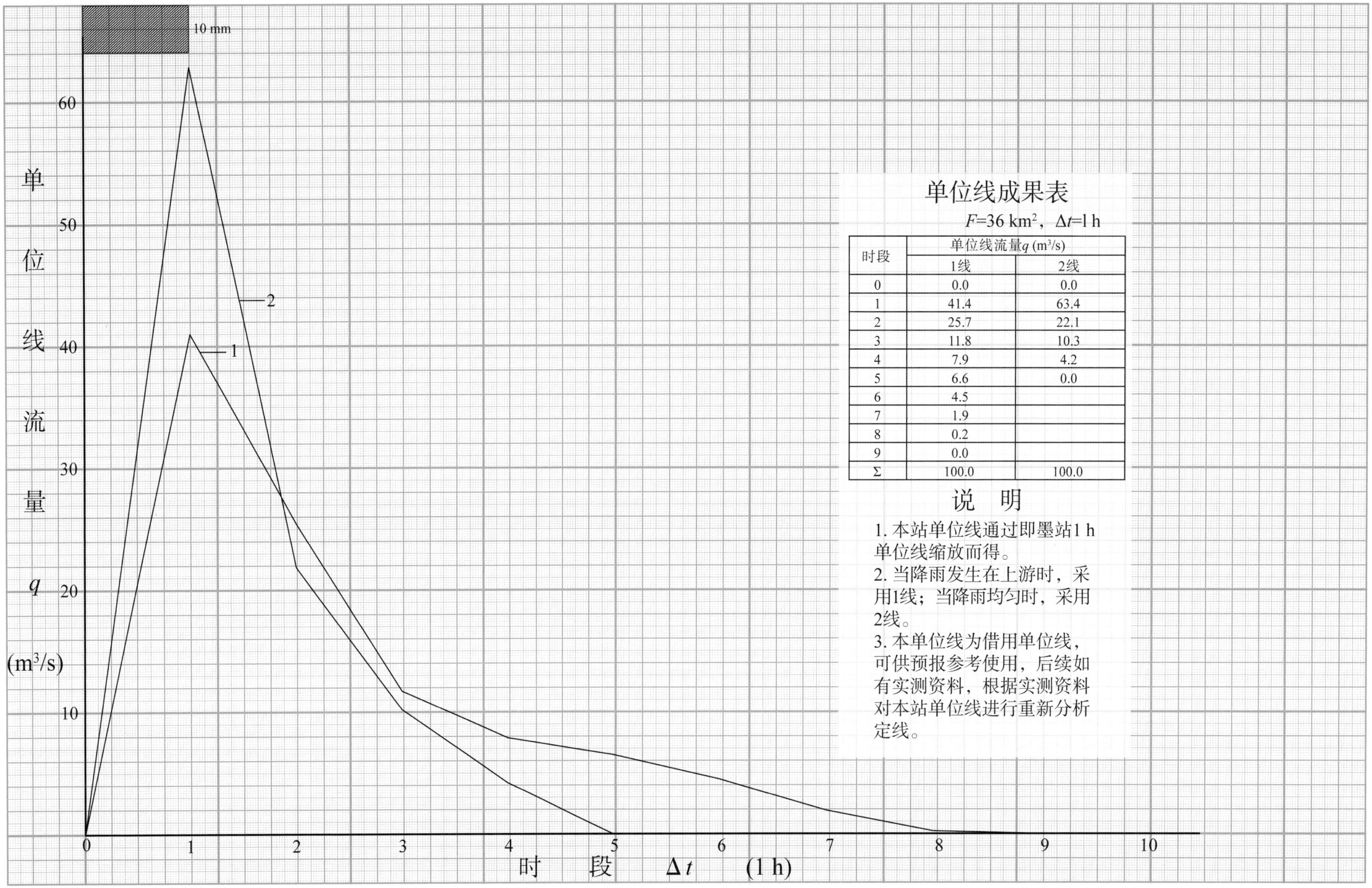

单位线成果表

F=36 km²，Δt=1 h

时段	单位线流量 q (m³/s)	
	1线	2线
0	0.0	0.0
1	41.4	63.4
2	25.7	22.1
3	11.8	10.3
4	7.9	4.2
5	6.6	0.0
6	4.5	
7	1.9	
8	0.2	
9	0.0	
Σ	100.0	100.0

说　明

1. 本站单位线通过即墨站1 h单位线缩放而得。
2. 当降雨发生在上游时，采用1线；当降雨均匀时，采用2线。
3. 本单位线为借用单位线，可供预报参考使用，后续如有实测资料，根据实测资料对本站单位线进行重新分析定线。

图 23-3　百尺河牛台山水库站单位线综合图

第二十四章　荆河吴家楼水库站水文预报方案编制说明

1　流域概况

1.1　自然地理特征

1.1.1　河流水系

吴家楼水库位于潍河水系渠河支流荆河上游、诸城市西北部 37 km 石桥子镇吴家楼村南。荆河发源于诸城市贾悦镇北桃园村，于诸城市石桥子镇都吉台村汇入渠河，河流全长 25 km，流域面积 122 km^2，主河道比降为 4.7‰。吴家楼水库流域图见图 24-1。

1.1.2　地形、地质、地貌

吴家楼水库流域内地形丘陵占 80%，山区占 5%，流域呈扇形。

1.1.3　气象水文特征

吴家楼水库流域属暖温带半湿润季风气候，四季分明，温差变化较大。春秋季少雨，冬季干旱少雪，降水多集中在夏末秋初，降雨强度大、历时短。该区域多年平均气温为 12.2 ℃，多年平均封冻期约为 53 天，最大冻土深 44 cm，多年平均年最大风速为 17.5 m/s。据吴家楼水库雨量站 1961—2014 年实测降雨资料统计，流域多年平均年降水量 699.9 mm，多年平均最大 24 h 降雨量为 455.9 mm，造成流域暴雨的主要气候成因是气旋、锋面、台风。由于水库流域面积较小，降水多集中在汛期，暴雨集流快，洪水暴涨暴落，洪峰持续时间短，建库以来实测最大一次暴雨洪水在 1974 年 8 月 13 日，最大 24 h 降雨量为 455.9 mm，溢洪道最大泄量为 254.1 m^3/s。

1.2　水库工程概况

1.2.1　水库概述

吴家楼水库位于诸城市西北部 37 km 石桥子镇吴家楼村南，控制流域面积 33.0 km^2，水库总库容 1 089 万 m^3，兴利库容 428 万 m^3，死库容 43 万 m^3。该水库是一座防洪、农村供水兼顾养殖等综合利用的中型水库，工程等级为三等，主要建筑物为三级。吴家楼水库工程技术特性见表 24-1。

1.2.2　水库工程主体

吴家楼水库主坝长 500 m，为均质壤土坝。坝顶高程 90.00 m，防浪墙顶高程 90.50 m，最大坝高 16.0 m，坝顶宽 12.8 m，87.88 m 高程以上坝前坡比为 1∶1.9，87.88 m 高程以下为

表 24-1　吴家楼水库工程技术特性表

	水库名称	吴家楼水库	主坝	坝型	均质土坝
	管理机构名称	吴家楼水库运营维护中心	主坝	坝顶高程	90.00 m
	主管部门	原诸城市水利水产局	主坝	最大坝高	16.0 m
	所在地点	诸城市石桥子镇吴家楼村	主坝	坝顶长度	500 m
	所在流域	潍河流域渠河支流荆河	主坝	坝顶宽度	12.8 m
	集水面积	33 km^2	主坝	防渗型式	坝基帷幕灌浆 坝体高喷板墙
	设计单位	原诸城市水利局	主坝	坝后排水型式	排水棱体
建设年月	开工	1959 年 10 月	副坝		无
建设年月	竣工	1960 年 7 月	溢洪道	型式	平板钢闸门
	高程基准面	1956 年黄海基面	溢洪道	闸底高程	83.50 m
水库特征	调节能力	多年调节	溢洪道	闸总净宽	3×8.0 m
水库特征	多年平均年降水量	699.9 mm	溢洪道	泄槽总宽	26.0 m
水库特征	校核洪水位（0.1%）	86.97 m（本次核算）	溢洪道	控泄流量	130.7 m^3/s
水库特征	洪峰流量（0.1%）	693 m^3/s	溢洪道	设计水位泄量	177.3 m^3/s
水库特征	设计洪水位（1%）	86.18 m（本次核算）	溢洪道	校核水位泄量	259.8 m^3/s
水库特征	洪峰流量（1%）	486 m^3/s	溢洪道	消能型式	底流
水库特征	防洪高水位（5%）	85.63 m（本次核算）	溢洪道	启闭设备	卷扬式
水库特征	正常蓄水位	84.80 m	放水洞	型式	混凝土箱涵
水库特征	死水位	80.30 m	放水洞	断面尺寸	1.0 m×1.0 m
水库特征	总库容	0.108 9 亿 m^3（本次核算）	放水洞	进口底高程	80.25 m
水库特征	其中：调洪库容	0.063 7 亿 m^3	放水洞	闸门型式	潜孔平面钢闸门
水库特征	其中：兴利库容	0.042 8 亿 m^3	放水洞	设计泄量	4.5 m^3/s
水库特征	其中：死库容	0.004 3 亿 m^3	放水洞	启闭设备	卷扬式

1∶3.0；坝顶至 85.35 m 高程坝后坡比为 1∶1.9，85.35 m 高程以下为 1∶3.5。

放水洞位于主坝北端，为混凝土箱涵，断面为 1.0 m×1.0 m，输水能力为 4.5 m^3/s，进口底高程 80.25 m。设潜孔平面钢闸门，配备卷扬式启闭机。

溢洪闸 3 孔，为平板钢闸门，底高程 83.50 m，每孔净宽 8.0 m，门高 3.0 m，最大泄量 259.8 m^3/s。消能方式为底流消能。

1.2.3　历次重大改建、扩建、加固情况

吴家楼水库枢纽工程于 1959 年 10 月开工，1960 年 7 月建成蓄水。

1960 年 7 月，吴家楼水库老河道段坝后出现大量管涌，立即做反滤处理。1963 年 7 月水

库老河道段坝顶出现纵向裂缝，宽 5cm、长 45 m，同时坝后塌坡 150 m（当时坝顶宽 2.5 m，坝后坡比只有 1∶1）。1964 年水库岁修时，重修锥体反滤和表面反滤，加宽坝顶至 5 m，后坝坡比为 1∶3。1964 年 7 月坝后锥体反滤上部 2 m 处有一处渗漏浑水，立即做表面处理。1969 年老河道段坝顶出现纵向裂缝，缝宽 5 mm、长 20 m，未处理。同时，该段坝后锥体反滤上部 2 m 处出现鸡爪式裂缝，宽 5 cm，立即做灌浆处理。

2007 年 4 月 7 日，山东省水利勘测设计院对吴家楼水库大坝进行了安全鉴定，为三类坝。水库除险加固工程于 2009 年 8 月 10 日开工建设，2010 年 9 月通过竣工验收。

1.2.4 主要控制运用指标（2022 年）

吴家楼水库主要控制运用指标见表 24-2。

表 24-2 吴家楼水库主要控制运用指标表（2022 年）

控制运用指标名称	水位 Z（m）	相应库容 V（万 m^3）
溢洪道底高程	83.50	
汛中限制水位	84.80	471
汛中允许超蓄水位	84.80	471
汛末蓄水位	84.80	471
警戒水位	86.18	
允许最高水位	86.97	

1.3 上游水利工程概况

吴家楼水库上游建有 2 座小（2）型水库，控制流域面积 3.3 km^2，总库容 44.3 万 m^3。吴家楼水库上游主要水利工程情况详见表 24-3。

表 24-3 吴家楼水库上游主要水利工程统计表

序号	水库名称	规模	建成时间	流域面积（km^2）	总库容（万 m^3）	兴利库容（万 m^3）
1	臧家营子	小（2）	1959 年 7 月	2.5	10.0	6.2
2	棠棣戈庄	小（2）	1958 年 7 月	0.8	34.3	23.8
合计				3.3	44.3	30.0

1.4 测站概况

吴家楼水库站主要测验项目有水位、降水量、出库流量、水文调查等。本站采用冻结基面（1956 年黄海基面），1985 年国家高程基准高程与冻结基面高程换算关系为 $Z_{85}=Z_{冻结}$。

2 预报方案编制

2.1 资料情况

吴家楼水库站无实测年鉴水文摘录资料。

2.2 参证站选择

吴家楼水库水文站和即墨水文站，二者地形地貌和下垫面基本特征相似，故以即墨水文站作为吴家楼水库水文站的参证站。参证站即墨水文站以上流域面积 $F_{参}=74.8\ km^2$；设计站吴家楼水库水文站以上流域面积 $F_{设}=33\ km^2$。两站虽分属不同流域，考虑到流域面积、地形地貌、下垫面条件等流域相似性，认为以即墨站为参证站较为合适。

2.3 产流方案

利用即墨水文站的产流方案推求吴家楼水库水文站的产流过程，吴家楼水库水文站降雨径流相关图（$P+P_a-R$）见图 24-2。

2.3.1 流域平均雨量 P 的计算

根据吴家楼水库站、臧家营子站 2 站雨量采用算术平均法计算流域平均雨量 P。

2.3.2 流域平均前期影响雨量 P_a 的计算

$$P_{a,t+1}=K(P_{a,t}+P_t)$$

式中：$P_{a,t+1}$ 为第 t+1 日的前期影响雨量（mm）；$P_{a,t}$ 为第 t 日的前期影响雨量（mm）；P_t 为第 t 日的流域平均雨量（mm）；K 为前期影响雨量递减系数，$K_{晴}=0.90$，$K_{雨}=0.95$。

其中，K 值计算公式如下：

$$K=1-E_m/I_m$$

式中：E_m 为最大蒸发能力；I_m 为最大损失量，采用 80 mm，并作为 P_a 值的上限控制数。

2.4 汇流方案

采用参证站即墨站单位线进行缩放。将即墨站单位线（$\Delta t=1$ h）进行缩放后作为吴家楼水库站单位线，详见图 24-3。

单位线的缩放按下列公式计算：

$$\alpha=(F_{设}/F_{参})^{0.5}$$

$$T_{设i}=\alpha T_{参i}$$

$$q_{设i}=\alpha q_{参i}$$

式中：α 为单位线缩放系数；$F_{参}$ 为参证站以上控制流域面积；$F_{设}$ 为设计站以上控制流域面积；$T_{参i}$ 为参证站单位线逐时段，$T_{参i}=1,2,\cdots,N$；$T_{设i}$ 为设计站单位线逐时段，通常为小数，为满足实际要求，需进一步对缩放结果进行插值，从而得到整时段单位线结果；$q_{参i}$ 为参证站单位线逐时段流量；$q_{设i}$ 为设计站单位线逐时段流量。

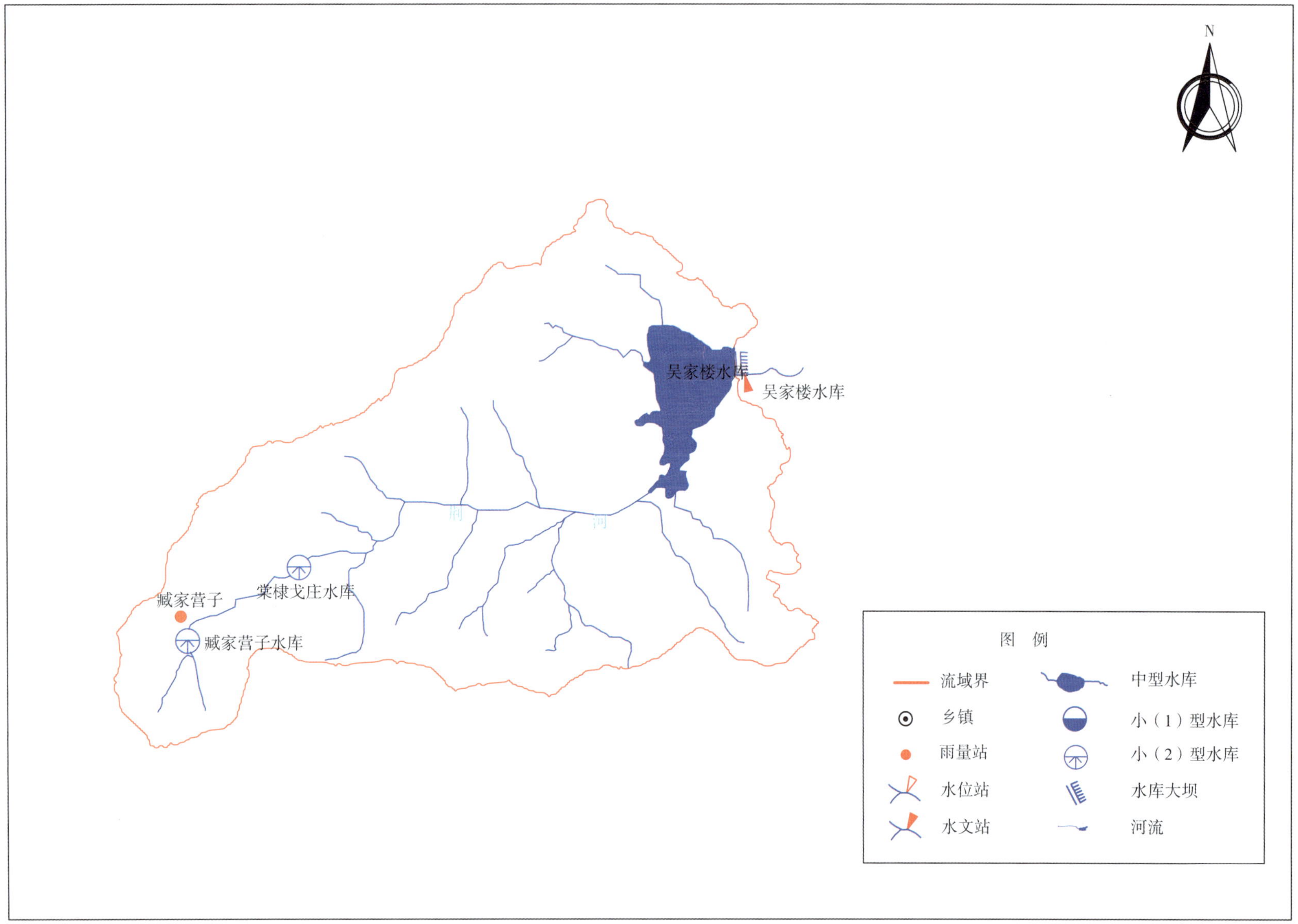

图 24-1　荆河吴家楼水库流域图

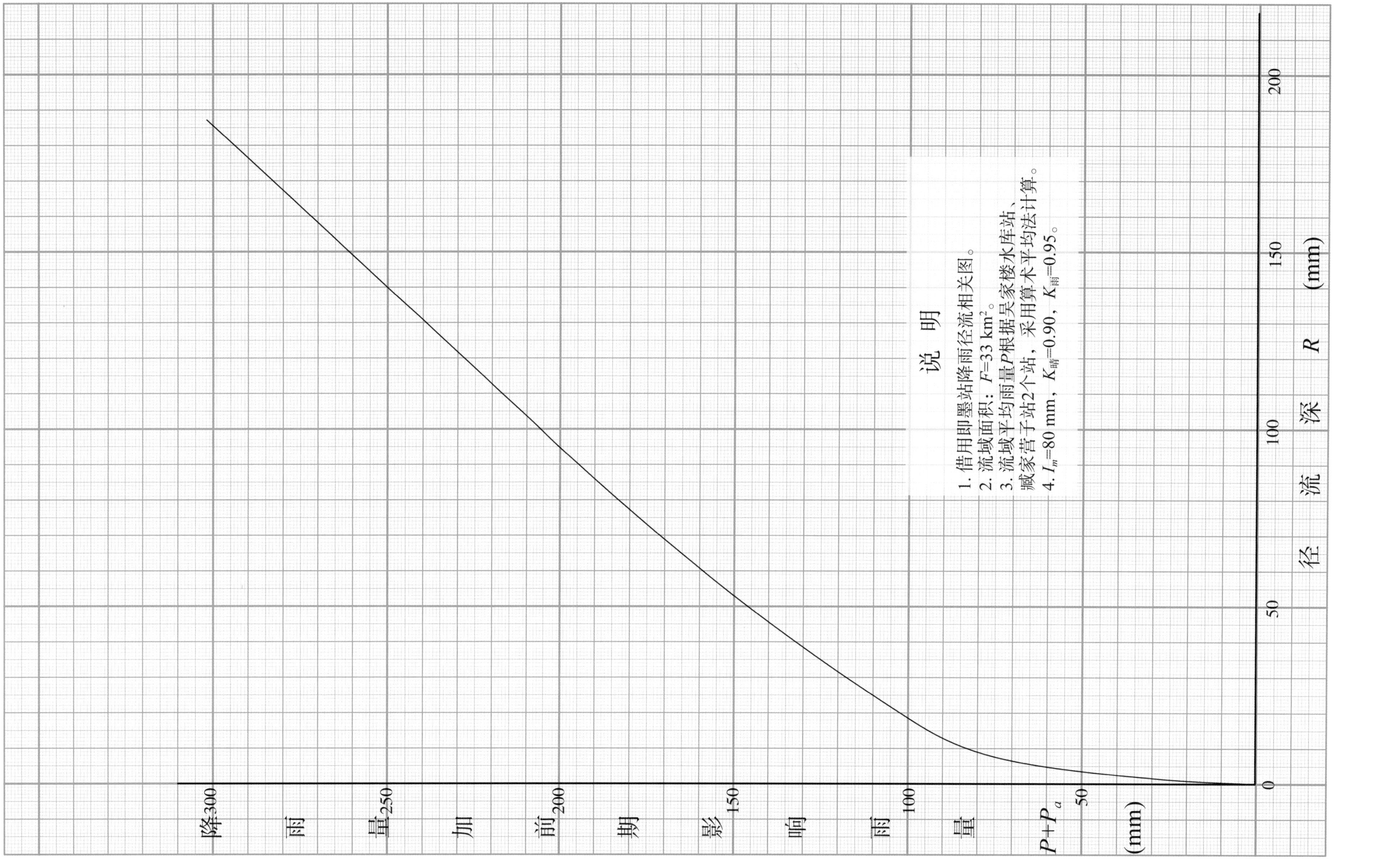

图 24-2　荆河吴家楼水库站降雨径流关系图

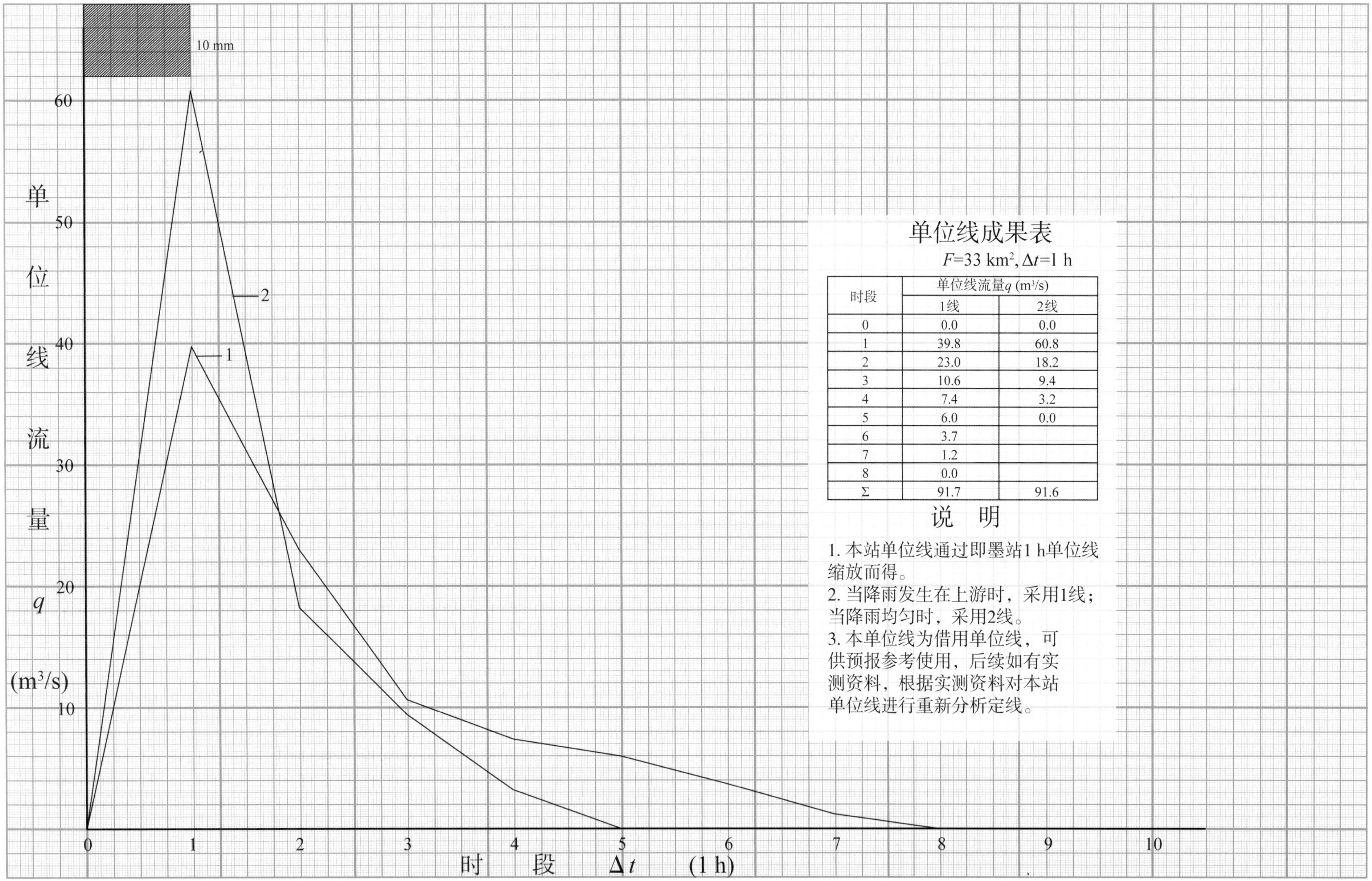

单位线成果表

F=33 km^2, Δt=1 h

时段	单位线流量q (m^3/s)	
	1线	2线
0	0.0	0.0
1	39.8	60.8
2	23.0	18.2
3	10.6	9.4
4	7.4	3.2
5	6.0	0.0
6	3.7	
7	1.2	
8	0.0	
Σ	91.7	91.6

说　明

1. 本站单位线通过即墨站1 h单位线缩放而得。
2. 当降雨发生在上游时，采用1线；当降雨均匀时，采用2线。
3. 本单位线为借用单位线，可供预报参考使用，后续如有实测资料，根据实测资料对本站单位线进行重新分析定线。

图 24-3　荆河吴家楼水库站单位线综合图

第二十五章　老子河于家河水库站水文预报方案编制说明

1　流域概况

1.1　自然地理特征

1.1.1　河流水系

于家河水库位于潍河水系渠河上游的老子河口，安丘市石埠子镇于家河村西。渠河发源于临朐县沂山镇大官庄村，干流全长103 km，流域面积1 061 km^2，流经临朐县、沂水县、安丘市、诸城市、潍坊市峡山区5县（市、区），于峡山区汇入峡山水库。渠河河道自于家河水库以下两岸逐渐开阔平坦，比降变缓。虽残缺不全，但大部分河段都有堤防，堤高一般为2～4 m，个别地方高达6 m。渠河支流有十余条，主要有车庄河、秋峪河、清河、大店河、大苑河、店子河等。水库坝址以上干流长度174 km，流域宽度5.75 km，干流平均坡降为5‰，控制流域面积100 km^2。水库下游距安沂公路2 km，距206国道40 km，下游有4个乡镇、6万多人口及2万亩耕地。于家河水库流域图见图25-1。

1.1.2　地形、地质、地貌

于家河水库流域形状呈短叶形，北高南低，上游最高山峰虎眉山海拔474.00 m，坝址处河底高程124.00 m。流域内为山丘区，表层土壤为壤土或沙壤土，土层下部裸露岩石以火成岩为主，岩层为前震旦纪古老岩层，风化较严重。

1.1.3　气象水文特征

于家河水库流域属暖温带半湿润季风气候区，有显著的大陆性气候特征，四季变化明显，光照充足。冬季寒冷干燥，多北风，少雨雪；夏季炎热，盛行东南风和西南风，暴雨洪水集中；春季多风，秋季天高气爽，春秋两季干燥少雨，经常出现春旱和秋旱。该区域多年平均气温为12.2 ℃，多年平均封冻期约为53天，最大冻土深44cm左右，多年平均年最大风速为12.9 m/s。

据于家河水库流域周边雨量站石埠子及柘山镇1961—2005年实测降水资料计算，于家河水库流域多年平均降水量707.0 mm。降水量年内分配不均匀，主要集中在汛期（6—9月），其中7—8月降水次数多，雨量大。多年平均汛期（6—9月）降水量为504.8 mm，占年均降水量的71.4%。降水量年际变化比较大，年降水量最大的年份是1964年，为1 324.8 mm；年降水量最小的年份是1986年，为396.0 mm，丰枯比为3.3。水库多年平均水面蒸发量为1 196.5 mm，多年平均陆面蒸发量为500 mm。

暴雨是造成本流域洪水的主要原因。形成暴雨的天气系统主要为气旋、台风、锋面、切变线等。暴雨多发生在盛夏初秋，具有明显的季节性。渠河属雨洪性河流，洪水主要集中于汛期，河道流量随季节变化，枯水季节河道流量很小。由于水库坝址以上集水面积较小，河流较短，河道比降陡，洪水期间洪峰出现时间短，洪水过程线呈陡涨陡落型。

1.2　水库工程概况

1.2.1　水库概述

于家河水库位于潍河水系渠河上游的老子河口，安丘市石埠子镇于家河村西，是一座集防洪、灌溉、发电、水产养殖和城市供水等综合利用于一体的中型水库，控制流域面积100 km^2。于家河水库总库容5 402万m^3，中型水库，工程等别Ⅲ等，主要建筑物级别3级。水库设计洪水标准为100年一遇，校核洪水标准为1 000年一遇。水库死水位133.30 m，相应库容390万m^3,兴利水位147.30 m，兴利库容3 007万m^3，设计洪水位149.62 m，校核洪水位151.56 m。

1.2.2　水库工程主体

于家河水库枢纽工程主要由大坝、溢洪道、放水洞等主要建筑物组成。

水库大坝为黏土心墙砂壳坝，坝长470 m，坝顶设计高程152.00 m，防浪墙顶高程153.00 m，最大坝高28 m，坝顶宽7.0 m。大坝上游高程在146.50 m以上的坡比为1∶3，146.5～138.00 m高程坡比为1∶3.25，146.50 m高程处设1.5 m宽的戗台；138.00 m高程处设块石压重平台，平台宽20 m，平台下临水侧坡比为1∶3.5；134.25 m高程处设抛石压重平台，平台宽20 m，平台下临水侧边坡比为1∶1.5。下游在140.00 m高程处设2.5 m宽的戗台，戗台以下坡比为1∶2.75，以上为1∶2.5，在128.00 m高程处填筑风化料石渣作为下游坝脚压重，压重平台顶宽20 m，平台下边坡为1∶1.5，下游坝脚新建排水沟，排水沟底宽1.0 m，两侧边坡为1∶1.5。

水库溢洪道位于大坝西端350 m处，由引水渠、控制段、泄槽、消能设施等组成，轴线基本与原溢洪道轴线一致。新建3孔溢洪闸，单孔净宽10.0 m，闸底板顶高程142.80 m。溢洪道消能型式采用挑流消能，挑流鼻坎布置于溢洪道桩号0+350处。新建泄水渠最大泄量1 206 m^3/s。

拆除重建放水洞轴线与原放水洞轴线重合，位于大坝桩号0+390处，放水洞进口洞底高程130.00 m，出口洞底高程129.30 m，进口设竖井，放水洞洞身为单孔1.8 m×1.8 m（宽×高）C25钢筋混凝土涵洞，出口设消力池。

水电站为坝后式，设计水头10.30 m，设计流量5.10 m^3/s，装机容量450 kW，设计发电量62.66万kW·h。

本水库各主要工程高程基面均为1956年黄海基面。

1.2.3　历次重大改建、扩建、加固情况

于家河水库于1966年11月动工兴建，1967年7月建成蓄水。

1976 年，水库黏土心墙加高 1.3 m，高程至 151.80 m。

1981 年，坝顶加高 0.2 m，高程至 152.00 m。

2006 年 8 月水库进行除险加固，2010 年 11 月完工。工程主要完成了大坝黏土心墙加高、坝前压重护坡、坝后压重、放水洞拆除重建、溢洪道新建溢洪闸及泄水渠。

1.2.4 主要控制运用指标（2022 年）

于家河水库主要控制运用指标见表 25-1。

表 25-1 于家河水库主要控制运用指标表（2022 年）

控制运用指标名称	水位 Z（m）	相应库容 V（万 m^3）
溢洪道底高程	142.80	
汛中限制水位	145.90	2 890
汛中允许超蓄水位	146.50	3 100
汛末蓄水位	147.30	3 397
警戒水位	149.62	
允许最高水位	151.56	

1.3 上游水利工程概况

于家河水库流域内有小（1）型水库 1 座、小（2）型水库 2 座，总控制面积 17 km^2，总库容 338.6 万 m^3，兴利库容 176.5 万 m^3，分别占于家河水库的 17.0%、6.3%、5.9%。

1.4 测站概况

于家河水库水文站建于 2011 年，位于山东省安丘市石埠子镇于家河村西，为区域用水量监测站，其主要测验项目有降水、水文调查。

2 预报方案编制

2.1 资料情况

于家河水库站无实测年鉴水文摘录资料。

2.2 参证站选择

于家河水库站地形地貌和下垫面基本特征与沙沟水库站相似，故以沙沟水库站作为于家河水库站的参证站。参证站沙沟水库站以上流域面积 $F_{参}=164\ km^2$；设计站于家河水库站以上流域面积 $F_{设}=100\ km^2$。两站虽分属不同流域，考虑到流域面积、地形地貌、下垫面条件等流域相似性，认为以沙沟水库站为参证站较为合适。

2.3 产流方案

利用沙沟水库站的产流方案推求于家河水库站的产流过程，于家河水库站降雨径流相关图（$P+P_a-R$）见图 25-2。

2.3.1 流域平均雨量 P 的计算

根据于家河水库站、老子站、马时沟站、岳家秋峪站 4 个雨量站采用算术平均法计算流域平均雨量 P。

2.3.2 流域平均前期影响雨量 P_a 的计算

$$P_{a,t+1}=K(P_{a,t}+P_t)$$

式中：$P_{a,t+1}$ 为第 t+1 日的前期影响雨量（mm）；$P_{a,t}$ 为第 t 日的前期影响雨量（mm）；P_t 为第 t 日的流域平均雨量（mm）；K 为前期影响雨量递减系数，$K_{晴}=0.90$，$K_{雨}=0.95$。

其中，K 值计算公式如下：

$$K=1-E_m/I_m$$

式中：E_m 为最大蒸发能力（借用沙沟水库历年平均各月最大日蒸发量）；I_m 为最大损失量，采用 60 mm，并作为 P_a 值的上限控制数。

2.4 汇流方案

采用沙沟水库站单位线进行缩放。将沙沟水库站单位线（$\Delta t=1$ h）进行缩放后作为于家河水库站单位线，详见图 25-3。

单位线的缩放按下列公式计算：

$$\alpha=(F_{设}/F_{参})^{0.5}$$

$$T_{设i}=\alpha T_{参i}$$

$$q_{设i}=\alpha q_{参i}$$

式中：α 为单位线缩放系数；$F_{参}$ 为参证站以上控制流域面积；$F_{设}$ 为设计站以上控制流域面积；$T_{参i}$ 为参证站单位线逐时段，$T_{参i}=1, 2, \cdots, N$；$T_{设i}$ 为设计站单位线逐时段，通常为小数，为满足实际要求，需进一步对缩放结果进行插值，从而得到整时段单位线结果；$q_{参i}$ 为参证站单位线逐时段流量；$q_{设i}$ 为设计站单位线逐时段流量。

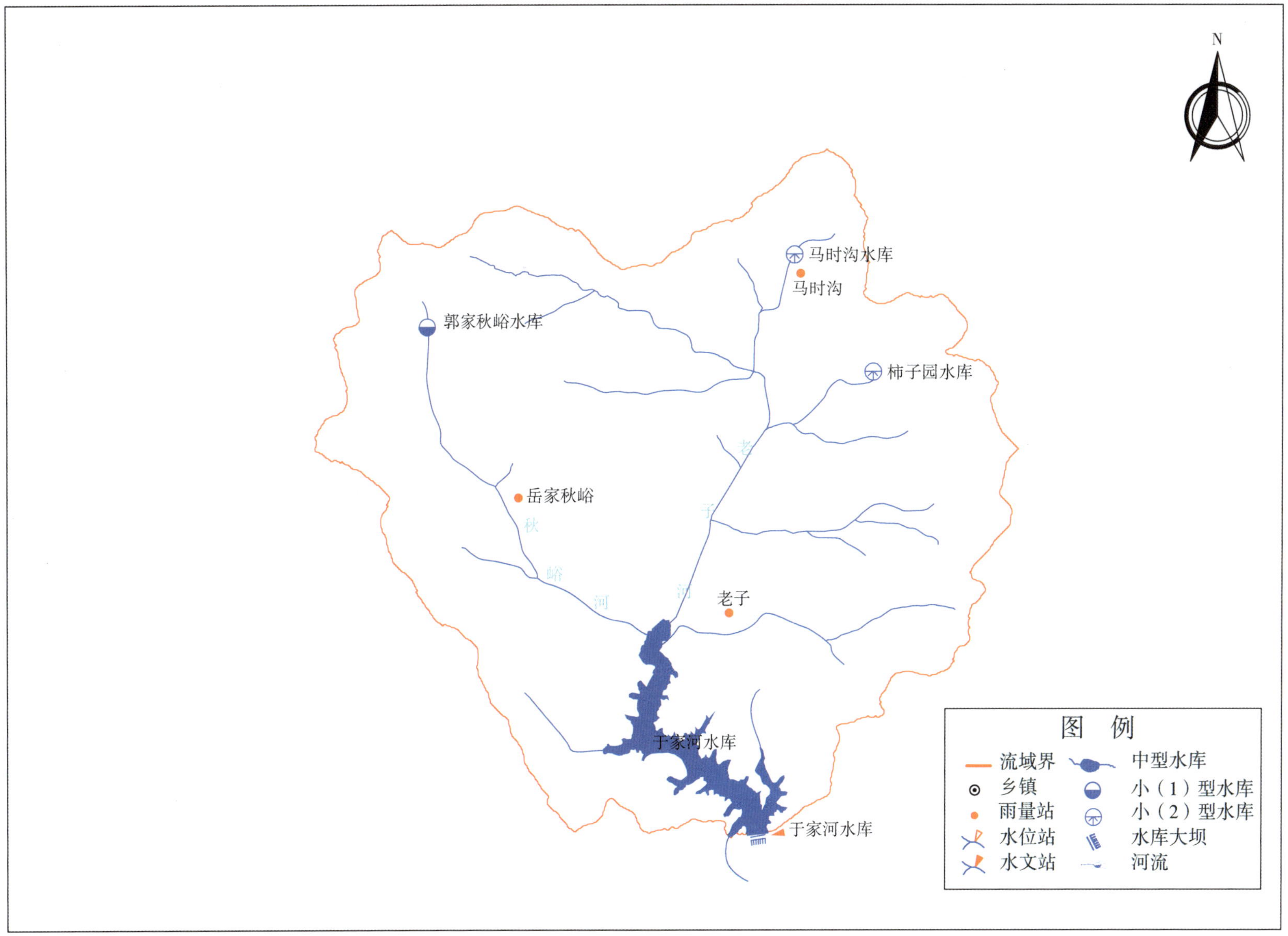

图 25-1　老子河于家河水库流域图

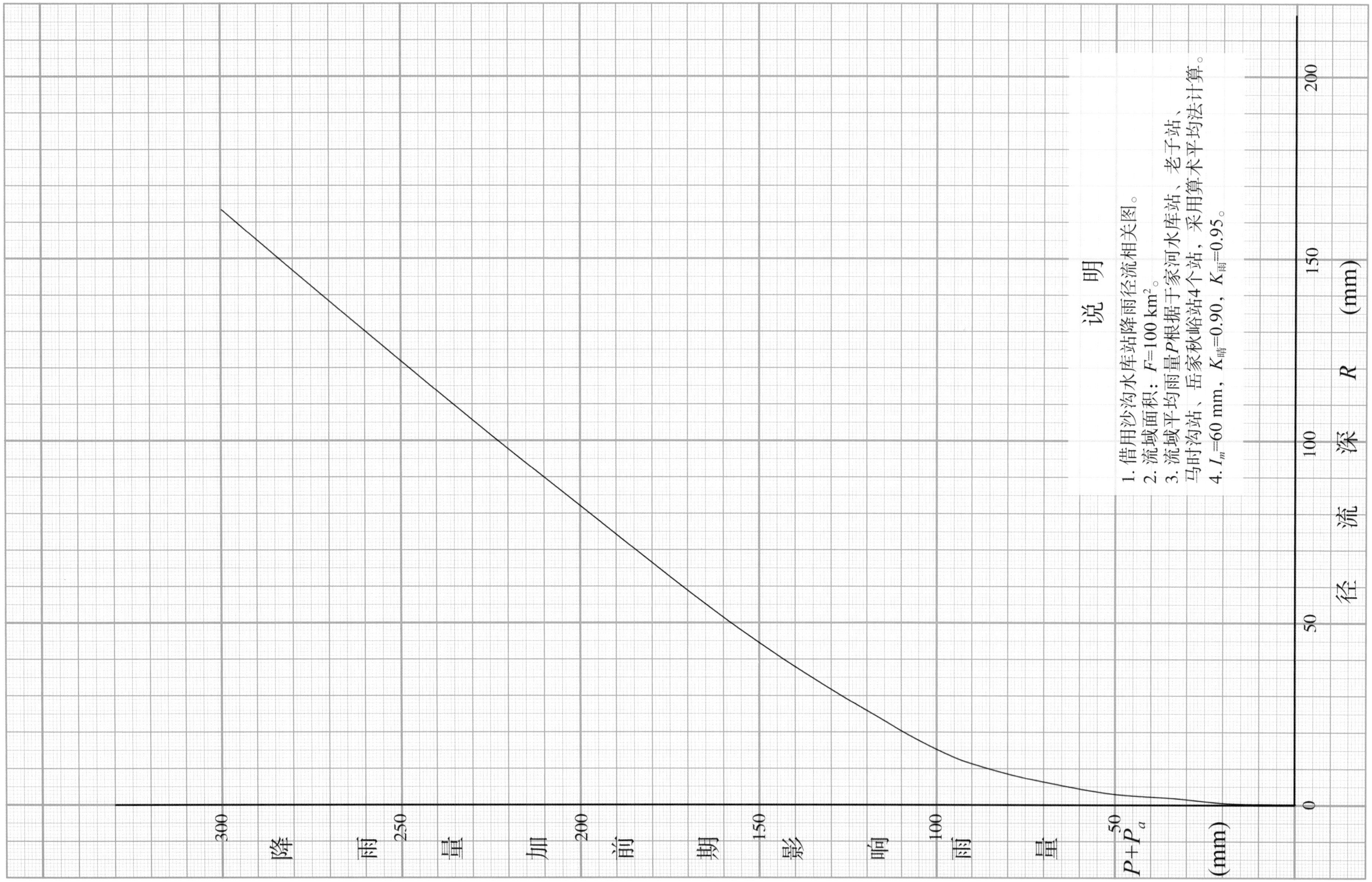

图 25-2　老子河于家河水库站降雨径流关系曲线图

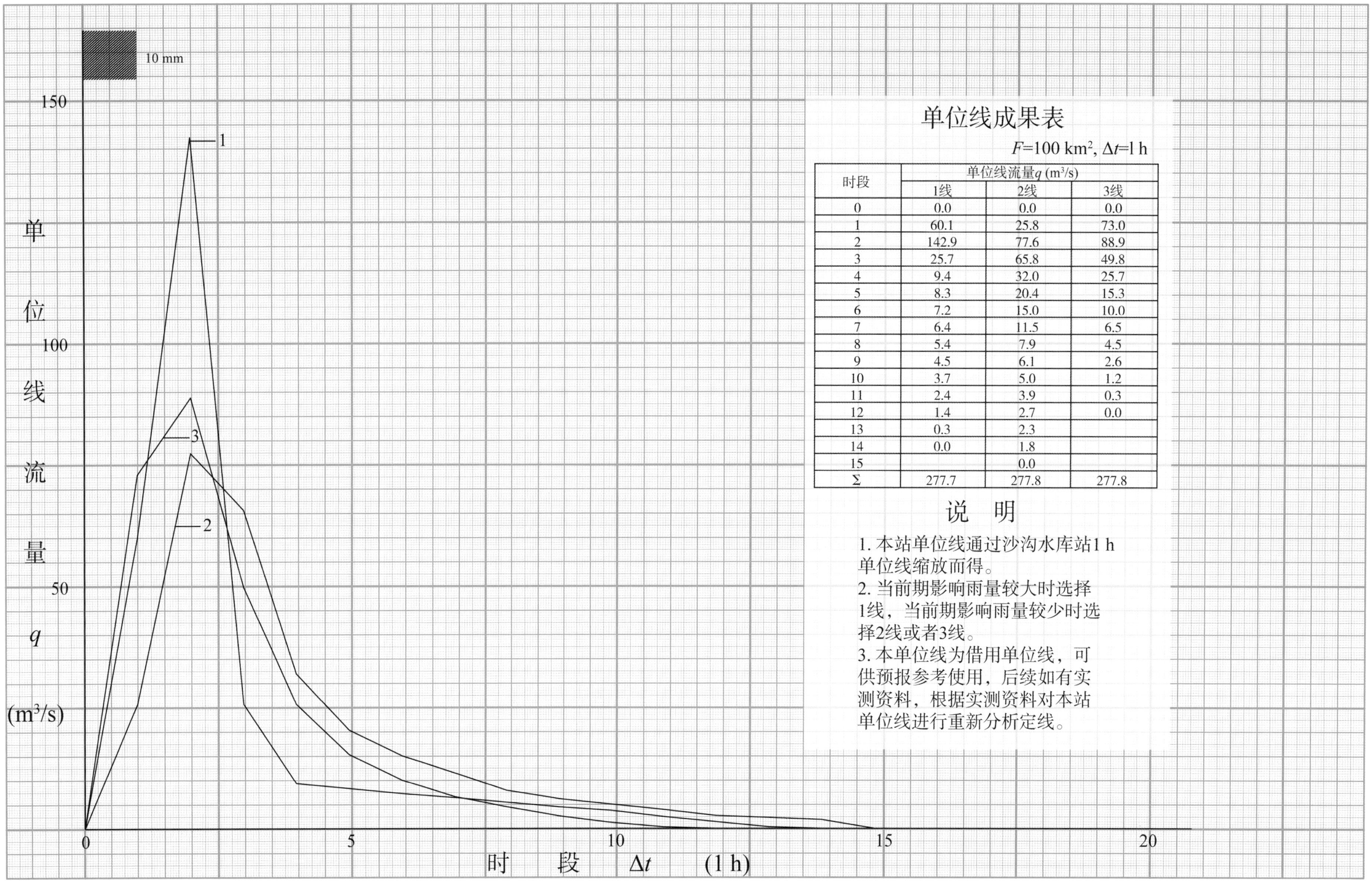

单位线成果表

F=100 km², Δt=1 h

时段	单位线流量q (m³/s)		
	1线	2线	3线
0	0.0	0.0	0.0
1	60.1	25.8	73.0
2	142.9	77.6	88.9
3	25.7	65.8	49.8
4	9.4	32.0	25.7
5	8.3	20.4	15.3
6	7.2	15.0	10.0
7	6.4	11.5	6.5
8	5.4	7.9	4.5
9	4.5	6.1	2.6
10	3.7	5.0	1.2
11	2.4	3.9	0.3
12	1.4	2.7	0.0
13	0.3	2.3	
14	0.0	1.8	
15		0.0	
Σ	277.7	277.8	277.8

说 明

1. 本站单位线通过沙沟水库站1 h单位线缩放而得。
2. 当前期影响雨量较大时选择1线，当前期影响雨量较少时选择2线或者3线。
3. 本单位线为借用单位线，可供预报参考使用，后续如有实测资料，根据实测资料对本站单位线进行重新分析定线。

图 25-3　老子河于家河水库站单位线综合图

第二十六章　渠河下株梧水库站水文预报方案编制说明

1　流域概况

1.1　自然地理特征

1.1.1　河流水系

下株梧水库位于安丘市城西南 35 km 处的石埠子镇境内，坐落于潍河水系渠河支流孝廉河中游。水库控制流域面积 32 km^2，流域内 80% 是山区，河道干流平均坡降 12.4‰，总库容 1 634 万 m^3。下株梧水库流域图见图 26-1。

1.1.2　气象水文特征

下株梧水库流域属暖温带半湿润大陆季风气候区，四季分明，温差变化大，降雨季节性强。冬季寒冷干燥，多北风，少雨雪；夏季炎热，盛行东南风和西南风，暴雨洪水集中；春季多风，秋季天高气爽，春秋两季干燥少雨，经常出现春旱和秋旱。该区域多年平均气温为 12.2 ℃，多年平均封冻期约为 53 天，最大冻土深在 44 cm 左右，多年平均年最大风速为 12.9 m/s。多年平均年降水量在 720 mm 左右，年内分配极不均衡，主要集中在汛期（6—9 月），其中 7—8 月降水次数多，雨量大，多年平均 6—9 月降水量为 500.5 mm，占年均降水量的 69.5%；降水量年际变化比较大，年降水量最大的年份是 1964 年，为 1 324.8 mm；年降水量最小的年份是 1986 年，为 396.0 mm，丰枯比为 3.3。总的特点是春旱秋涝，晚秋大旱，全年无霜期在 186 天左右，多年平均年径流深为 265 mm，多年平均年径流总量为 880 万 m^3。

根据下株梧水库流域周边的雨量站石埠子及雹泉 1961—2005 年实测降水资料计算，下株梧水库多年平均年降水量 720 mm。暴雨是造成本流域洪水的主要原因。形成暴雨的天气系统主要为气旋、台风、锋面、切变线等。暴雨多发生在盛夏初秋，具有明显的季节性。渠河属雨洪性河流，洪水主要集中于汛期，河道流量随季节变化，枯水季节河道流量很小。由于水库坝址以上集水面积较小，河流较短，河道比降陡，洪水期间洪峰出现时间短，洪水过程线呈陡涨陡落型。

1.2　水库工程概况

1.2.1　水库概述

下株梧水库于 1958 年 10 月动工兴建，1960 年 12 月竣工蓄水，是一座集防洪、灌溉、应急供水等综合利用的中型水库。

1.2.2　水库工程主体

（1）大坝

下株梧水库大坝长 530 m，均质土坝，最大坝高 20.17 m。

（2）溢洪道（闸）

溢洪道为堰闸结合结构，闸为 2 孔闸，每孔净宽 6.0 m，闸底板高程 111.20 m；堰顶高程为 20 年一遇防洪高水位 115.70 m。

（3）放水洞

放水洞截面净尺寸为 1.5 m×1.5 m（宽×高），单孔。

1.2.3　历次重大改建、扩建、加固情况

下株梧水库于 1958 年 10 月开工建设，1960 年 12 月竣工。1961—1962 年加高大坝，开挖溢洪道；1963 年翻修坝后反滤体；1964 年加固坝坡；1965 年翻修坝前护坡的 60%；1966 年改建放水洞，修建溢洪闸；1974 年全部完成大坝护坡；1977 年经过防洪复核，大坝加高 2 m；1978 年完成了大坝防浪墙、坝后排水等工程；1981 年放水洞更换闸门，重建启闭机房；2009 年 8 月—2010 年 10 月进行除险加固，主要对坝体、坝基进行防渗处理，重建护坡等。

1.2.4　主要控制运用指标（2022 年）

下株梧水库主要控制运用指标见表 26-1。

表 26-1　下株梧水库主要控制运用指标表（2022 年）

控制运用指标名称	水位 Z（m）	相应库容 V（万 m^3）
溢洪道底顶高程	111.20	
汛中限制水位	113.45	850
汛中允许超蓄水位	113.45	850
汛末蓄水位	114.20	978
警戒水位	116.11	
允许最高水位	117.26	

1.3　上游水利工程概况

下株梧水库上游有小（2）型水库 4 座，分别为庙山、芦家河、看水楼、小石盆，控制流域面积 18.4 km^2，总兴利库容 41.4 万 m^3；小塘坝 9 座，控制流域面积 12.8 km^2，总兴利库容 41.2 万 m^3。

1.4　测站概况

下株梧水库水文站位于安丘市石埠子镇岐山村西，为辅助水文站。其测验方式为巡测，主要测验项目有水位、降水量、出库流量、水文调查等。

2 预报方案编制

2.1 资料情况

下株梧水库站无实测年鉴水文摘录资料。

2.2 参证站选择

下株梧水库水文站地形地貌和下垫面基本特征与沂河前城子水文站相似，故以前城子水文站作为下株梧水库站的参证站。参证站前城子站以上流域面积 $F_{参}=55\ km^2$；设计站下株梧水库站以上流域面积 $F_{设}=32\ km^2$。两站虽分属不同流域，考虑到流域面积、地形地貌、下垫面条件等流域相似性，认为以前城子站为参证站较为合适。

2.3 产流方案

利用前城子站的产流方案推求下株梧水库站的产流过程，下株梧水库站降雨径流相关图（$P+P_a-R$）见图 26-2。

2.3.1 流域平均雨量 *P* 的计算

根据下株梧水库站、芦家河站 2 个雨量站采用算术平均法计算流域平均雨量 P。

2.3.2 流域平均前期影响雨量 P_a 的计算

$$P_{a,t+1}=K(P_{a,t}+P_t)$$

式中：$P_{a,t+1}$ 为第 $t+1$ 日的前期影响雨量（mm）；$P_{a,t}$ 为第 t 日的前期影响雨量（mm）；P_t 为第 t 日的流域平均雨量（mm）；K 为前期影响雨量递减系数，$K_{晴}=0.90$，$K_{雨}=0.95$。

其中，K 值计算公式如下：

$$K=1-E_m/I_m$$

式中：E_m 为最大蒸发能力（借用前城子站历年平均各月最大日蒸发量）；I_m 为最大损失量，采用 60 mm，并作为 P_a 值的上限控制数。

2.4 汇流方案

采用前城子站单位线进行缩放。将前城子站单位线（$\Delta t=1$ h）进行缩放后作为下株梧水库站单位线，详见图 26-3。

单位线的缩放按下列公式计算：

$$\alpha=(F_{设}/F_{参})^{0.5}$$

$$T_{设i}=\alpha T_{参i}$$

$$q_{设i}=\alpha q_{参i}$$

式中：α 为单位线缩放系数；$F_{参}$ 为参证站以上控制流域面积；$F_{设}$ 为设计站以上控制流域面积；$T_{参i}$ 为参证站单位线逐时段，$T_{参i}=1, 2, \cdots, N$；$T_{设i}$ 为设计站单位线逐时段，通常为小数，为满足实际要求，需进一步对缩放结果进行插值，从而得到整时段单位线结果；$q_{参i}$ 为参证站单位线逐时段流量；$q_{设i}$ 为设计站单位线逐时段流量。

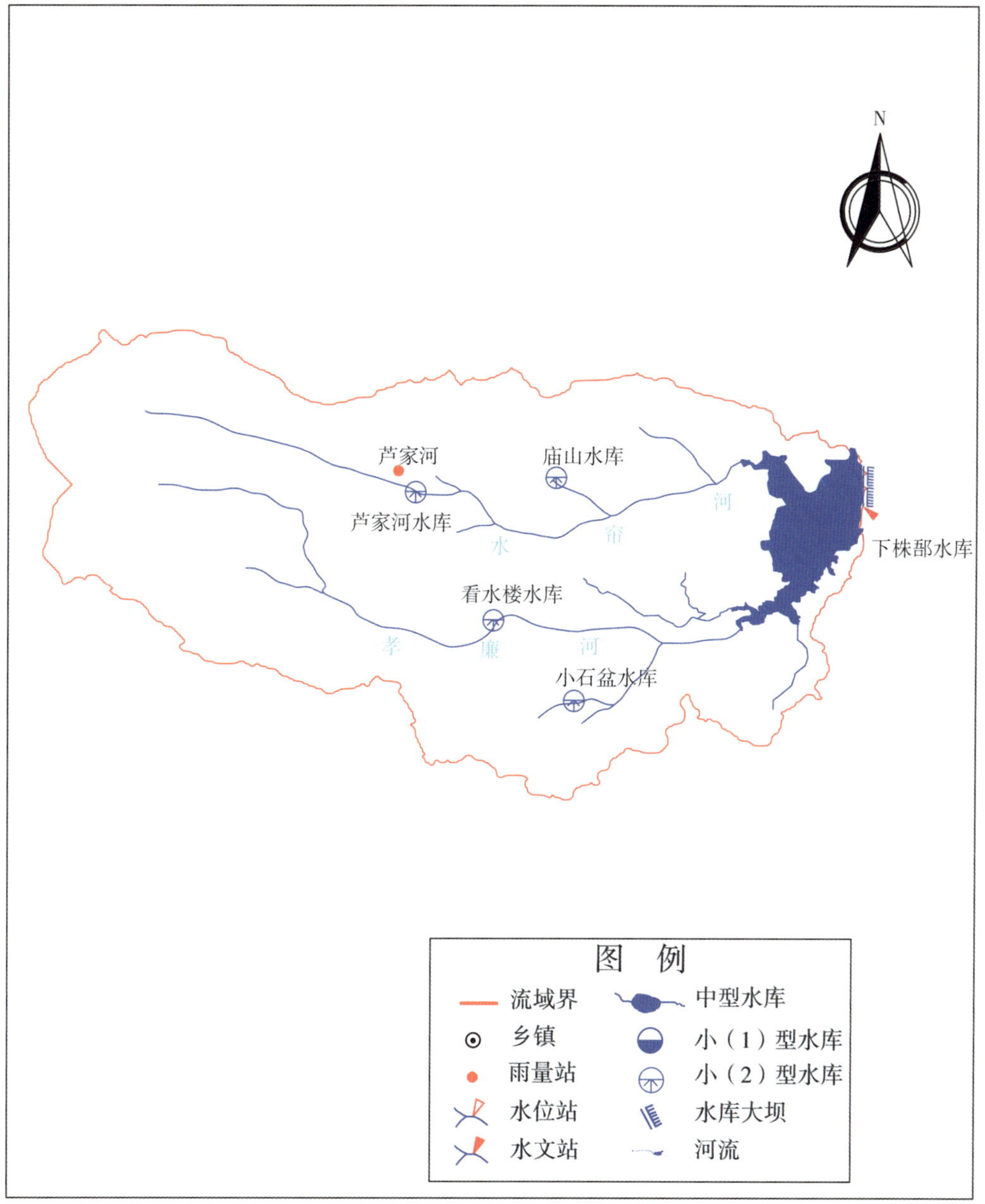

图 26-1 渠河下株梧水库流域图

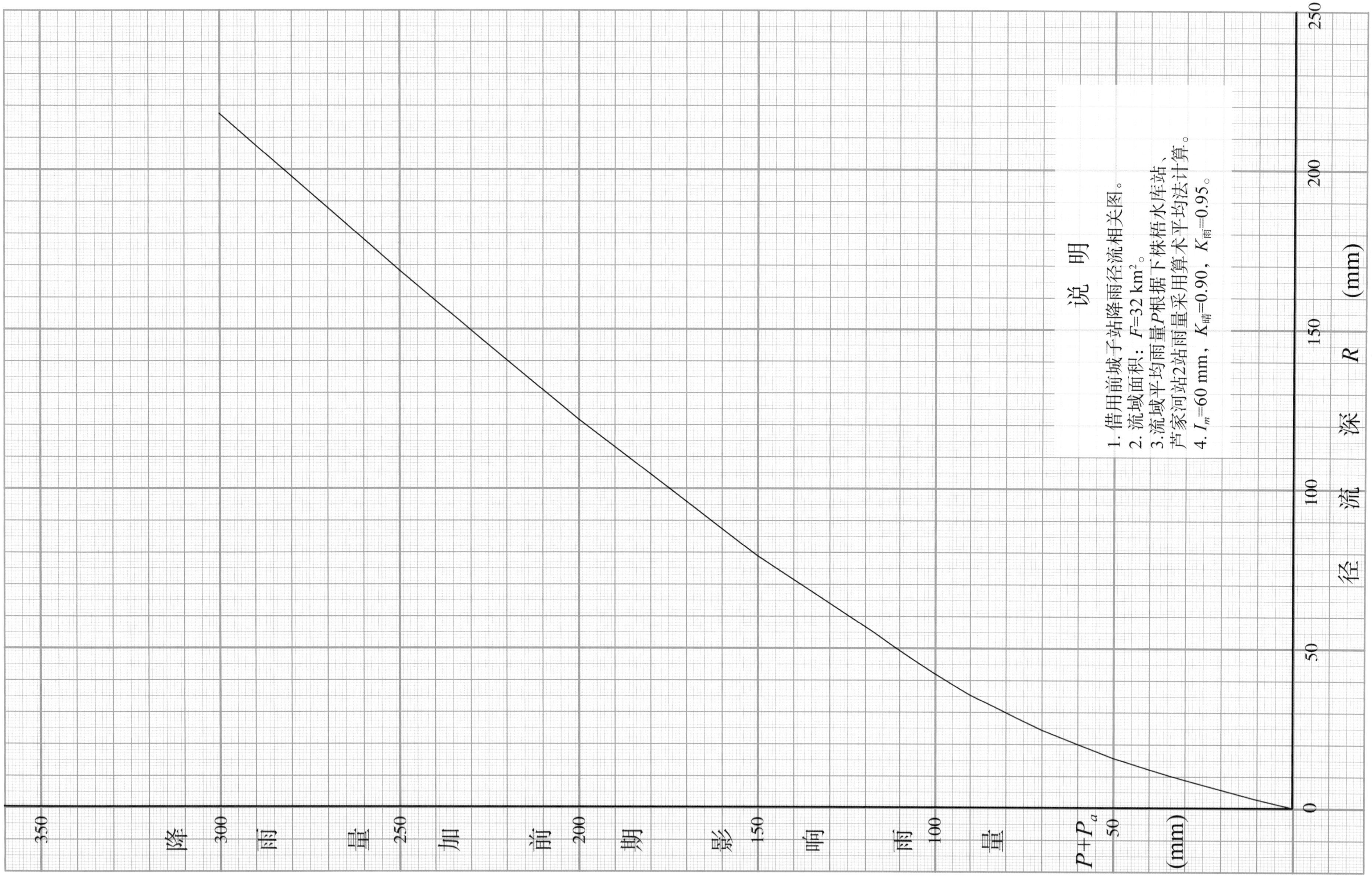

图 26-2 渠河下株梧水库站降雨径流相关图

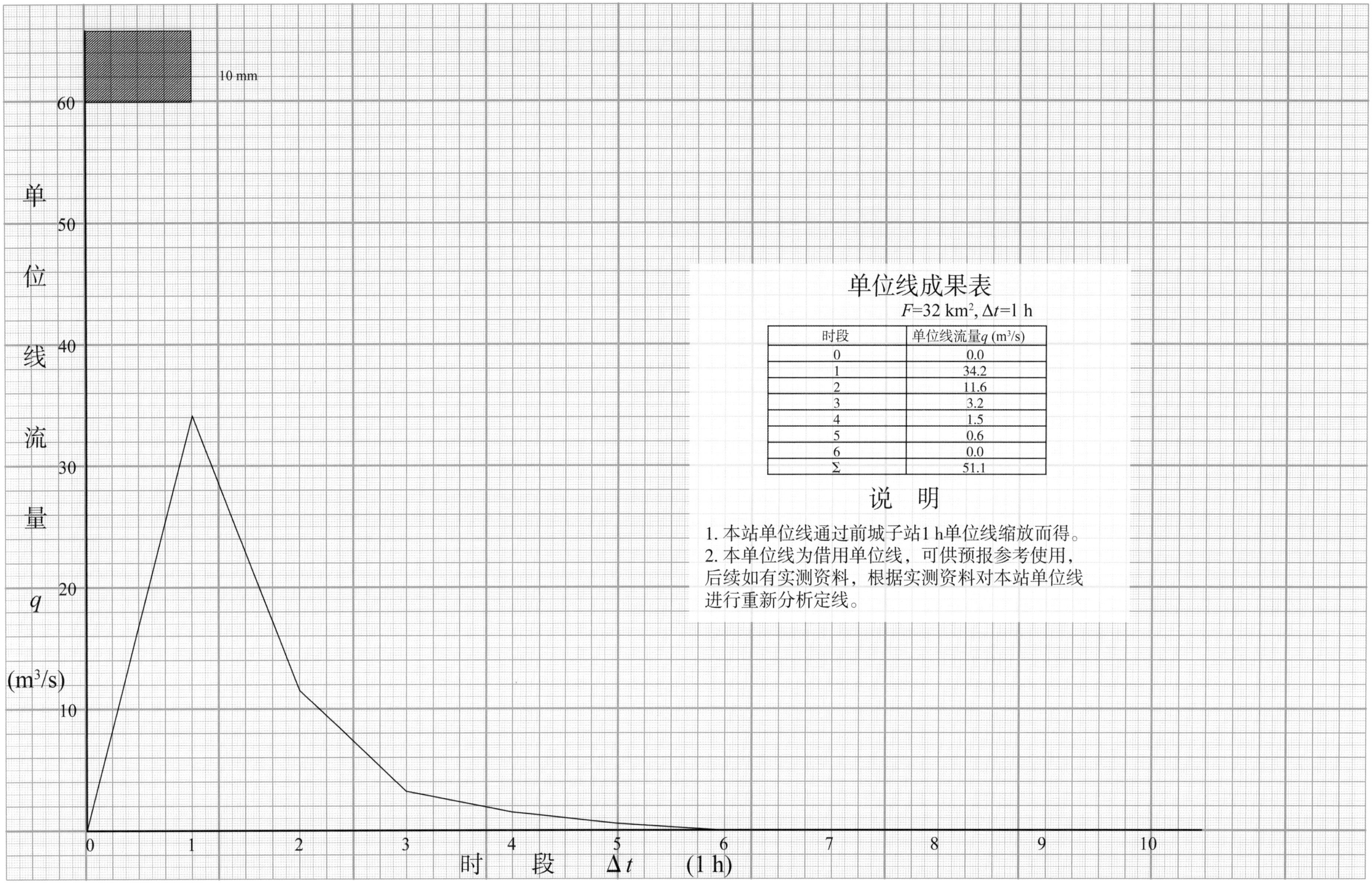

时段	单位线流量q (m^3/s)
0	0.0
1	34.2
2	11.6
3	3.2
4	1.5
5	0.6
6	0.0
Σ	51.1

图 **26-3** 渠河下株梧水库站单位线综合图

第二十七章　汶河大关水库站水文预报方案编制说明

1　流域概况

1.1　自然地理特征

1.1.1　河流水系

大关水库位于临朐县沂山镇大关村、潍河支流汶河上游。汶河发源于临朐县境内的沂山东麓法云寺圣水泉，流经临朐县、昌乐县、安丘市、潍坊市坊子区，最后于坊子区黄旗堡街道夹河套村北汇流于潍河，是潍河最大的支流。汶河流域面积 1 687.3 km^2，干流全长 110 km，干流平均比降 1.74‰。汶河支流众多，其中流域面积在 50 km^2 以上的有常庄河、双山河、孟津河、鲤龙河、温泉河、史沟河、红河、凌河、小汶河、墨溪河、渭水河等 11 条支流。大关水库流域图见图 27-1。

1.1.2　地形、地质、地貌

大关水库所在水系为潍河支流汶河，汶河发源于沂山东麓，途经昌乐县的高崖水库、安丘市的牟山水库，在辉村注入潍河。水库流域形状呈圆扇形，干流平均坡降 3.52‰。

1.1.3　气象水文特征

大关水库位于暴雨中心，降水量大，次数多，径流大。大关水库流域属温带大陆性气候，四季分明，具有春旱、夏涝、晚秋又旱的特点。该区域多年平均气温 12.5 ℃，1 月份最低，平均 -3.5 ℃，7 月份最高，平均 26 ℃。多年平均无霜期 180 天左右，封冻期约为 55 天，最大冻土深 0.45 m，最大冰厚 0.25 m。根据大关水库流域实测降雨资料统计，流域多年平均年降水量 769.9 mm。降水年际、年内分配不均，变化较大，年降水量多集中在汛期。汛期（6—9 月）多年平均降雨量为 549.7 mm，占全年降水量的 71.4%，最大年降水量发生于 1998 年，为 1 186.0 mm，最小年降水量发生于 2006 年，为 387.0 mm。大关水库建成后，水库最高洪水位为 243.00 m，发生于 2018 年 8 月 19 日；最低水位为 231.65 m，发生于 1981 年 5 月 29 日。

1.2　水库工程概况

1.2.1　水库概述

大关水库位于临朐县沂山镇大关村、潍河支流汶河上游，是一座以防洪为主，兼顾灌溉、发电、养殖、旅游的综合性中型水库。大关水库工程技术特性见表 27-1。

表 27-1　大关水库工程技术特性表

水库名称		大关水库	主坝	坝型	黏土心墙
建设地点		沂山风景区南端		坝顶高程（m）	251.10
所在河流		潍河支流汶河		最大坝高（m）	27.0
流域面积（km^2）		47.6		坝顶长度（m）	620
管理单位名称		临朐县大关水库运行维护中心		坝顶宽度（m）	8.0
主管单位名称		临朐县水利局		防浪墙顶高程（m）	252.00
竣工日期		1979 年 10 月			
工程等级		三等三级			
地震基本烈度/抗震设计烈度		8/8	副坝	坝型	均质坝
多年平均年降水量（mm）		769.9		坝顶高程（m）	251.30
设计	洪水标准（%）	1		坝顶长度（m）	120
	洪峰流量（m^3/s）	867		坝顶宽度（m）	8.0
校核	洪水标准（%）	0.1		防浪墙顶高程（m）	252.00
	洪峰流量（m^3/s）	1 290	正常溢洪道	堰顶高程（m）	240.50
水库特性	水库调节特性	多年调节		堰顶净宽（m）	2×7
	校核洪水位（m）	247.78		闸门尺寸（m×m）	5×7
	设计洪水位（m）	246.11		闸门型式	平板钢闸门
				最大泄量（m^3/s）	433.4
	正常蓄水位（m）	243.00		消能型式	挑流消能
	汛限水位（m）	242.30（本次核算）		启闭设备	卷扬式
	死水位（m）	233.30	工程运行	历史最高库水位（m）及发生日期	243.00/2018 年 8 月
	总库容（m^3）	2 394		历史最大入库流量（m^3/s）及发生时间	280/1998 年 8 月
	兴利库容（m^3）	1 170.6			
	死库容（m^3）	233		历史最大出库流量（m^3/s）及发生时间	155/2019 年 8 月

1.2.2　水库工程主体

大关水库枢纽工程主要由大坝、溢洪道、放水洞、坝后电站等建筑物组成。

大坝主坝为黏土心墙砂壳坝，坝顶高程 251.10 m，防浪墙顶高程 252.00 m，坝顶轴线长度 620 m，坝顶宽度 8.0 m，最大坝高 27.0 m。上游干砌块石护坡，坡比为 1∶2.5～1∶3.25；下游草皮护坡，坡比为 1∶2.5～1∶2.75。副坝为均质坝，坝顶高程 251.30 m，最大坝高 10.0 m，坝顶长度 120 m，坝顶宽度 8.0 m，防浪墙顶高程 252.00 m。

现状溢洪道位于大坝左岸，设闸门控制，闸门型式为平板钢闸门，闸室共2孔，每孔净宽7.0 m，总净宽14.0 m，顺水流向长15.0 m，闸底板顶高程240.50 m。

放水洞为钢筋混凝土有压圆管，直径为1.5 m，闸门型式为平板钢闸门，尺寸为1.5 m×1.5 m，进口底高程231.50 m，全长109 m，出口底高程230.40 m，设计流量11.0 m^3/s。

坝后电站设计装机容量2×100 kW，设计水头10.00 m，设计流量3.52 m^3/s，设计年发电量60万kW，年实际发电量30万kW。

1.2.3 历次重大改建、扩建、加固情况

2007年12月，山东省水利勘测设计院编制完成了《临朐县大关水库除险加固工程初步设计报告》，工程主要内容包括大坝除险加固、溢洪道除险加固、放水洞除险加固等。

2017年3月，山东省水利勘测设计院编制完成了《山东省临朐县大关水库增容工程初步设计报告》，主要内容包括抬田工程、生产桥及安全防护工程等。

1.2.4 主要控制运用指标（2022年）

大关水库主要控制运用指标见表27-2。

表27-2 大关水库主要控制运用指标表（2022年）

控制运用指标名称	水位 *Z*（m）	相应库容 *V*（万 m^3）
溢洪道堰顶高程	240.50	
汛中限制水位	242.30	1 285
汛中允许超蓄水位	242.30	1 285
汛末蓄水位	243.00	1 403.6
警戒水位	246.11	
允许最高水位	247.76	

1.3 上游水利工程概况

大关水库上游建有2座小（2）型水库，控制流域面积3.8 km^2，总库容26.7万 m^3。

1.4 测站概况

大关水库坝址以上流域内无水文站，仅有大关水库雨量站一处，该站于1961年4月设立，原站址在东镇庙，1963年原站与现站合并更名为大关站。大关水库洪水预报方案主要是通过流域内水文站及雨量站监测降水量，预测入库洪水规模，同时应注意收集水库水位变化资料，为反演入库洪峰流量及水库防洪应急响应、调度提供基础资料。

大关水库报汛方式主要是自动测报及人工电话报汛相结合，测验方式为巡测，主要测验项目有水位、降水量、出库流量、水文调查等。

2 预报方案编制

2.1 资料情况

大关水库流域内有2处雨量站，分别为大关水库站、上寺院站。

2.2 参证站选择

大关水库水文站和前城子水文站，二者地形地貌和下垫面基本特征相似，故以前城子水文站作为大关水库水文站的参证站。参证站前城子水文站以上流域面积 $F_{参}=55\ km^2$；设计站大关水库水文站以上流域面积 $F_{设}=47.6\ km^2$。两站虽分属不同流域，考虑到流域面积、地形地貌、下垫面条件等流域相似性，认为以前城子站为参证站较为合适。

2.3 产流方案

利用前城子水文站的产流方案推求大关水库水文站的产流过程，大关水库水文站降雨径流相关图（$P+P_a-R$）见图27-2。

2.3.1 流域平均雨量 *P* 的计算

根据大关水库站、上寺院站2个雨量站采用算术平均法计算流域平均雨量 *P*。

2.3.2 流域平均前期影响雨量 P_a 的计算

$$P_{a,t+1}=K(P_{a,t}+P_t)$$

式中：$P_{a,t+1}$ 为第 $t+1$ 日的前期影响雨量（mm）；$P_{a,t}$ 为第 t 日的前期影响雨量（mm）；P_t 为第 t 日的流域平均雨量（mm）；K 为前期影响雨量递减系数，$K_{晴}=0.90$，$K_{雨}=0.95$。

其中，K 值计算公式如下：

$$K=1-E_m/I_m$$

式中：E_m 为最大蒸发能力（借用前城子站历年平均各月最大日蒸发量）；I_m 为最大损失量，采用60 mm，并作为 P_a 值的上限控制数。

2.4 汇流方案

采用参证站前城子站单位线进行缩放。将前城子站单位线（$\Delta t=1$ h）进行缩放后作为大关水库站单位线，详见图27-3。

单位线的缩放按下列公式计算：

$$\alpha=(F_{设}/F_{参})^{0.5}$$

$$T_{设i}=\alpha T_{参i}$$

$$q_{设i}=\alpha q_{参i}$$

式中：α 为单位线缩放系数；$F_{参}$ 为参证站以上控制流域面积；$F_{设}$ 为设计站以上控制流域面积；$T_{参i}$ 为参证站单位线逐时段，$T_{参i}=1, 2, \cdots, N$；$T_{设i}$ 为设计站单位线逐时段，通常为小数，为满足实际要求，需进一步对缩放结果进行插值，从而得到整时段单位线结果；$q_{参i}$ 为参证站单位线逐时段流量；$q_{设i}$ 为设计站单位线逐时段流量。

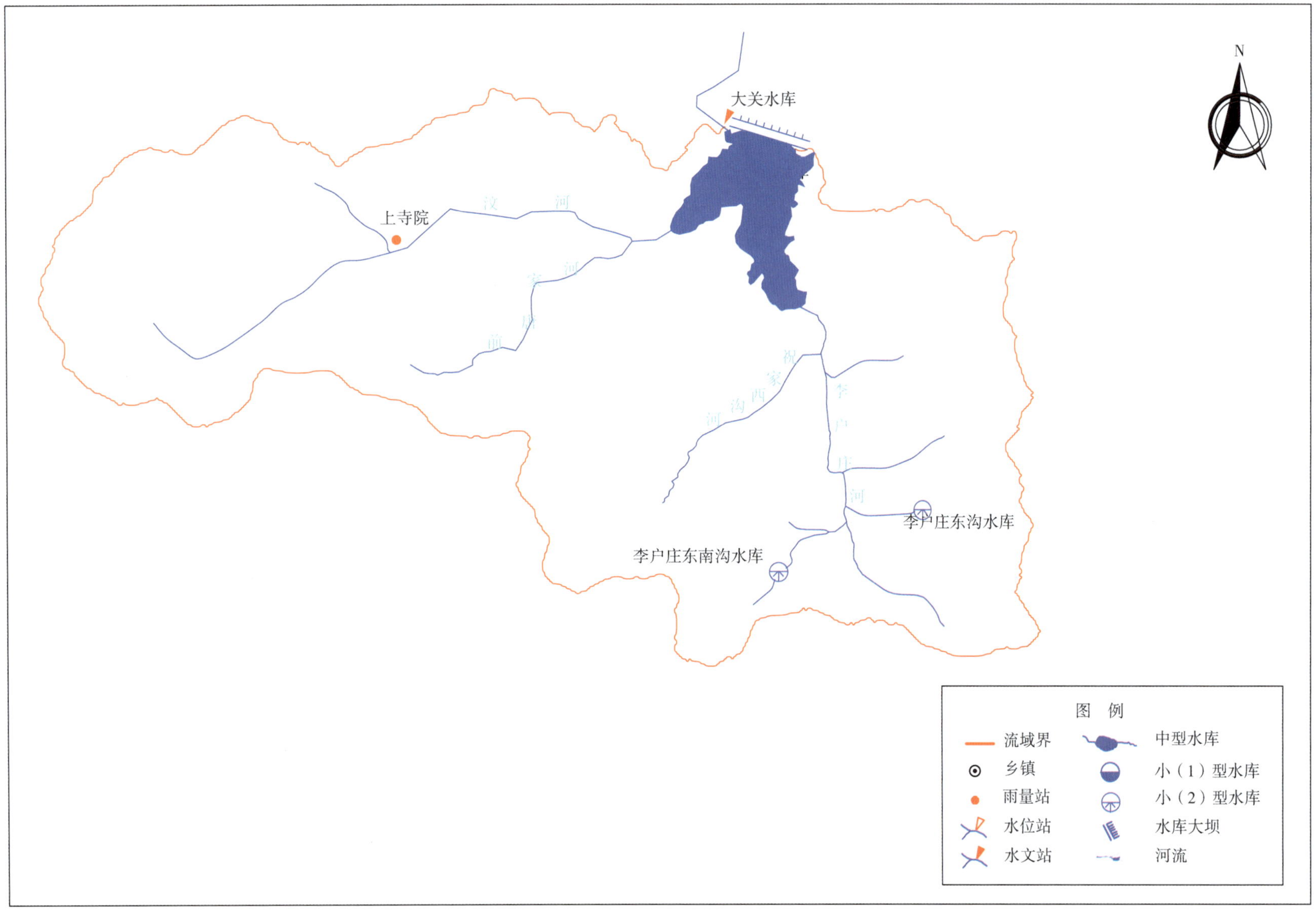

图 27-1　汶河大关水库流域图

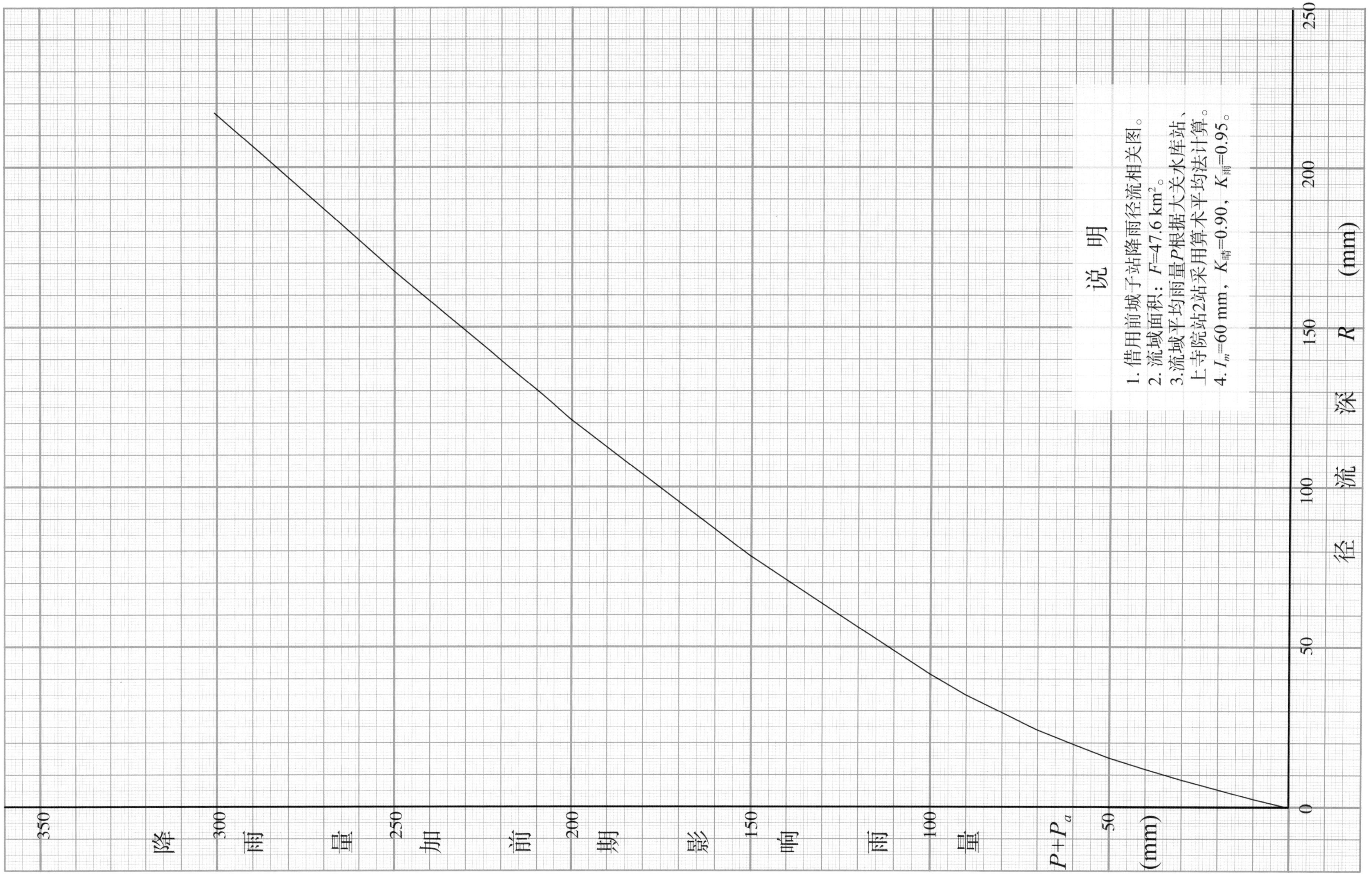

图 27-2　汶河大关水库站降雨径流相关图

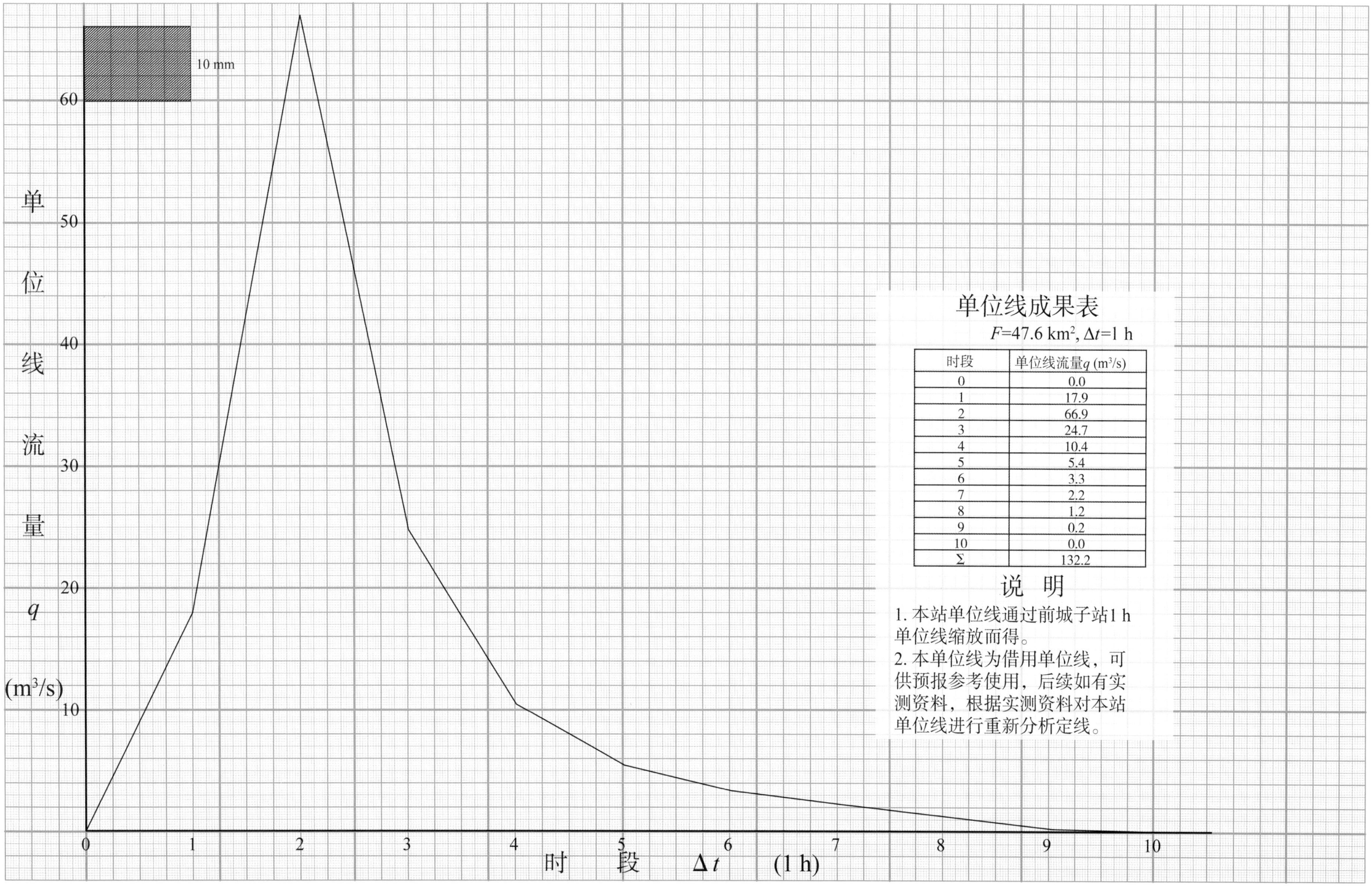

单位线成果表

F=47.6 km², Δt=1 h

时段	单位线流量q (m³/s)
0	0.0
1	17.9
2	66.9
3	24.7
4	10.4
5	5.4
6	3.3
7	2.2
8	1.2
9	0.2
10	0.0
Σ	132.2

说 明

1. 本站单位线通过前城子站1 h单位线缩放而得。
2. 本单位线为借用单位线，可供预报参考使用，后续如有实测资料，根据实测资料对本站单位线进行重新分析定线。

图 27-3　汶河大关水库站单位线综合图

第二十八章　凌河尚庄水库站水文预报方案编制说明

1　流域概况

1.1　自然地理特征

1.1.1　河流水系

尚庄水库位于安丘市辉渠镇北尚庄村东、潍河水系汶河支流凌河上。凌河发源于安丘市辉渠镇马湾村，于安丘市凌河街道汇入汶河，河道全长 29 km，流域面积 125 km^2。尚庄水库流域图见 28-1。

1.1.2　洪水特征

尚庄水库流域内河流为山溪性雨源河流，径流易于集中，入库洪水过程与降雨变化规律一致。入库洪水呈陡涨陡落型，根据水库较大场次暴雨洪水资料分析，洪峰多呈单峰型，降雨后 3.5～18 h 出现洪峰；洪水历时一般为 24～70 h。

1.1.3　气象水文特征

尚庄水库地处泰沂山北区，属暖温带半湿润大陆性季风气候，春旱秋涝，四季分明。受季风影响，降水年际变化悬殊，最大年降水量为 1974 年的 1 006.1 mm，最小年降水量为 1991 年的 402.8 mm；流域多年平均年降水量 650.7 mm，年内分配不均，多集中在 6—9 月份，约占全年的 72%。多年平均气温 12.1 ℃，最低气温 -18.7 ℃。流域内形成暴雨的主要天气系统为气旋、西南季风、台风、切变线等，具有明显的季节性。流域属于东亚季风区，区内季风盛行，冬季受西伯利亚高压气团控制，盛行偏北风，风力较大；夏季受太平洋暖气团控制，多偏南风，一般情况下风力比冬季小。

1.2　水库工程概况

1.2.1　水库概述

尚庄水库于 1959 年 10 月动工，1960 年 5 月竣工，控制流域面积 68 km^2，水库总库容 2 089 万 m^3，兴利库容 1 019 万 m^3，兴利水位 114.22 m；死库容 132 万 m^3，死水位 104.92 m，是一座集防洪、灌溉、水产养殖和城市供水等综合利用于一体的多年调节中型水库。

1.2.2　水库工程主体

尚庄水库工程由大坝、溢洪闸、输水洞及其他附属建筑物组成。大坝为均质坝，除险加固后坝长 400 m，坝顶宽 6.5 m，坝顶高程 118.40 m，最大坝高 21.10 m。上游边坡分为三级，分别为 1∶2.5、1∶2.8、1∶4，下游分为两级，分别为 1∶2.5、1∶3。

溢洪闸位于大坝左侧，共 3 孔，单孔净宽 8.0 m，闸底高程 109.52 m，采用挑流消能。工程分为引水渠、控制段、泄槽、消能设施。

放水洞位于大坝桩号 0+360 m 处，放水洞进口底高程 103.70 m，出口洞底高程 103.48 m，进口设竖井，放水洞洞身为单孔 2.0 m×2.0 m 钢筋混凝土涵洞，出口设消力池。设计流量 8.88 m^3/s。

尚庄水库工程技术特性见表 28-1。

表 28-1　尚庄水库工程技术特性表

序号	指标名称	单位	加固后	加固前	备注
一	水文				
1	坝址控制流域面积	km^2	68	68	
2	干流长度	km	13.3	13.3	
3	干流平均坡降	‰	8.6	8.6	
4	多年平均年径流量	万 m^3	1 113.0	1 584.8	
5	多年平均年降水量	mm	655.6	650.7	
6	多年平均最大 24 h 降雨量	mm	96.8	94.0	
7	多年平均最大 3 d 降雨量	mm	118.3	115.0	
8	调节特性		多年调节	多年调节	
二	水库				
1	水库水位				
	校核洪水位	m	117.39	117.56	
	设计洪水位	m	115.75	115.40	
	兴利水位	m	114.22	113.00	
	死水位	m	104.92	104.92	
2	库容				
	总库容	万 m^3	2 089	2 170	
	兴利库容	万 m^3	1 019	758	
	死库容	万 m^3	132	132	
	调洪库容	万 m^3	1 098	1 280	
三	工程效益				

续表

序号	指标名称	单位	加固后	加固前	备注
1	灌溉面积	万亩	4.14	2.3	
2	城镇及工业年供水量	万 m^3	1 460	0	
3	防洪保护耕地面积	万亩	3	3	
4	下游影响主要城镇		两个乡镇	两个乡镇	
5	下游保护交通道路		206 国道、安沂公路	206 国道、安沂公路	
6	保护人口	万人	30.0	30.0	
四	洪水				
1	设计洪峰流量（P=1%）	m^3/s	1 062.0	972.0	
	设计下泄流量（P=1%）	m^3/s	575.2	460.0	
2	校核洪峰流量（P=0.1%）	m^3/s	1 642.0	1 630.8	
	校核下泄流量（P=0.1%）	m^3/s	818.3	891.0	
五	主要建筑物				
1	大坝				
	型式		均质坝	均质坝	
	坝项高程	m	118.40	119.05	
	最大坝高	m	21.10	21.75	
	坝顶宽	m	6.5	6.0	
	坝顶轴线长	m	400	400	
	上游坝坡坡比		1∶2.5、1∶2.8、1∶4	1∶2.5、1∶2.8、1∶4	
	下游坝坡坡比		1∶2.5、1∶3	1∶2.5、1∶3	
2	泄水建筑物				
	型　式		溢洪闸	实用堰	
	建筑物底板顶高程	m	109.52	111.00	
	溢洪闸/堰净宽	m	24	60	
	闸门型式		平板钢闸门		
	闸门尺寸（扇-宽×高）	扇-m×m	3-8×5		
	启闭机	kN/台	QPQ×125/3		
	消能型式		挑流消能		
3	输水建筑物				
	型式		钢筋混凝土方涵	浆砌石拱涵	

续表

序号	指标名称	单位	加固后	加固前	备注
	东放水洞尺寸	mm×mm	2 000×2 000	800×1 200	
	西放水洞尺寸		封堵	封堵	已废弃
	放水隧洞		封堵		已废弃
	进口底高程	m	103.70	103.70	
	设计流量	m^3/s	8.88	4.88	
	闸门形式		平板钢闸门		
	启闭机	kN/台	160/1		

1.2.3 历次重大改建、扩建、加固情况

尚庄水库兴建于 1959 年 10 月，1960 年 5 月建成蓄水，后经多次加固达到现在规模。

1960 年汛期，大坝顶部出现一条宽 10～30 mm 纵向裂缝，原东放水洞启闭机钢丝绳被扯断，铸铁闸门骤然跌落撞碎；1964 年 4 月，东放水洞离出口 6.4 m 处发现宽 3 mm 的洞身裂缝；1976 年 4 月，大坝桩号 B0+250 处出现了长 10 m、宽 10 mm 的纵向裂缝；1978 年，东放水洞闸门门轴断裂，预埋螺丝锈蚀严重，立即进行抢修，东放水洞运用一直受到限制；1989 年，放水洞内衬砌钢管、灌浆；2003 年大坝上游护坡翻修；2005 年溢洪道拓宽；2009 年 7 月—2010 年 10 月对大坝、溢洪道、放水洞、防汛路及管理设施进行加固。

1.2.4 主要控制运用指标（2022 年）

尚庄水库主要控制运用指标见表 28-2。

表 28-2　尚庄水库主要控制运用指标表（2022 年）

控制运用指标名称	水位 Z（m）	相应库容 V（万 m^3）
溢洪道底高程	109.52	
汛中限制水位	113.00	890
汛中允许超蓄水位	113.00	890
汛末蓄水位	114.22	1 151
警戒水位	115.75	
允许最高水位	117.39	

1.3 上游水利工程概况

尚庄水库上游有白山头、辉渠 2 座小（1）型水库，总控制面积 40.0 km^2，总库容 648 万 m^3，兴利库容 233 万 m^3。

1.4 测站概况

尚庄水库水文站建于 2011 年，位于山东省安丘市辉渠镇，为区域用水量监测站，其主要测验项目有降水量、水文调查等。

2 预报方案编制

2.1 资料情况

尚庄水库流域内有 3 处雨量站，分别为尚庄水库站、西辉渠站、东白山头站。

2.2 参证站选择

尚庄水库站地形地貌和下垫面基本特征与即墨站相似，故以即墨站作为尚庄水库站的参证站。参证站即墨站以上流域面积 $F_{参}=74.8\ \mathrm{km}^2$；设计站尚庄水库站以上流域面积 $F_{设}=68\ \mathrm{km}^2$。两站虽分属不同流域，考虑到流域面积、地形地貌、下垫面条件等流域相似性，认为以即墨站为参证站较为合适。

2.3 产流方案

利用即墨站的产流方案推求尚庄水库站的产流过程，尚庄水库站降雨径流相关图（$P+P_a-R$）见图 28-2。

2.3.1 流域平均雨量 *P* 的计算

根据尚庄水库、西辉渠、东白山头 3 站雨量采用算术平均法计算流域平均雨量 P。

2.3.2 流域平均前期影响雨量 P_a 的计算

$$P_{a,t+1}=K(P_{a,t}+P_t)$$

式中：$P_{a,t+1}$ 为第 $t+1$ 日的前期影响雨量（mm）；$P_{a,t}$ 为第 t 日的前期影响雨量（mm）；P_t 为第 t 日的流域平均雨量（mm）；K 为前期影响雨量递减系数，$K_{晴}=0.90$，$K_{雨}=0.95$。

其中，K 值计算公式如下：

$$K=1-E_m/I_m$$

式中：E_m 为最大蒸发能力（借用即墨站历年平均各月最大日蒸发量）；I_m 为最大损失量，采用 80 mm，并作为 P_a 值的上限控制数。

2.4 汇流方案

采用即墨站单位线进行缩放。将即墨站单位线（$\Delta t=1$ h）进行缩放后作为尚庄水库站单位线，详见图 28-3。

单位线的缩放按下列公式计算：

$$\alpha=(F_{设}/F_{参})^{0.5}$$

$$T_{设i}=\alpha T_{参i}$$

$$q_{设i}=\alpha q_{参i}$$

式中：α 为单位线缩放系数；$F_{参}$ 为参证站以上控制流域面积；$F_{设}$ 为设计站以上控制流域面积；$T_{参i}$ 为参证站单位线逐时段，$T_{参i}=1，2，\cdots，N$；$T_{设i}$ 为设计站单位线逐时段，通常为小数，为满足实际要求，需进一步对缩放结果进行插值，从而得到整时段单位线结果；$q_{参i}$ 为参证站单位线逐时段流量；$q_{设i}$ 为设计站单位线逐时段流量。

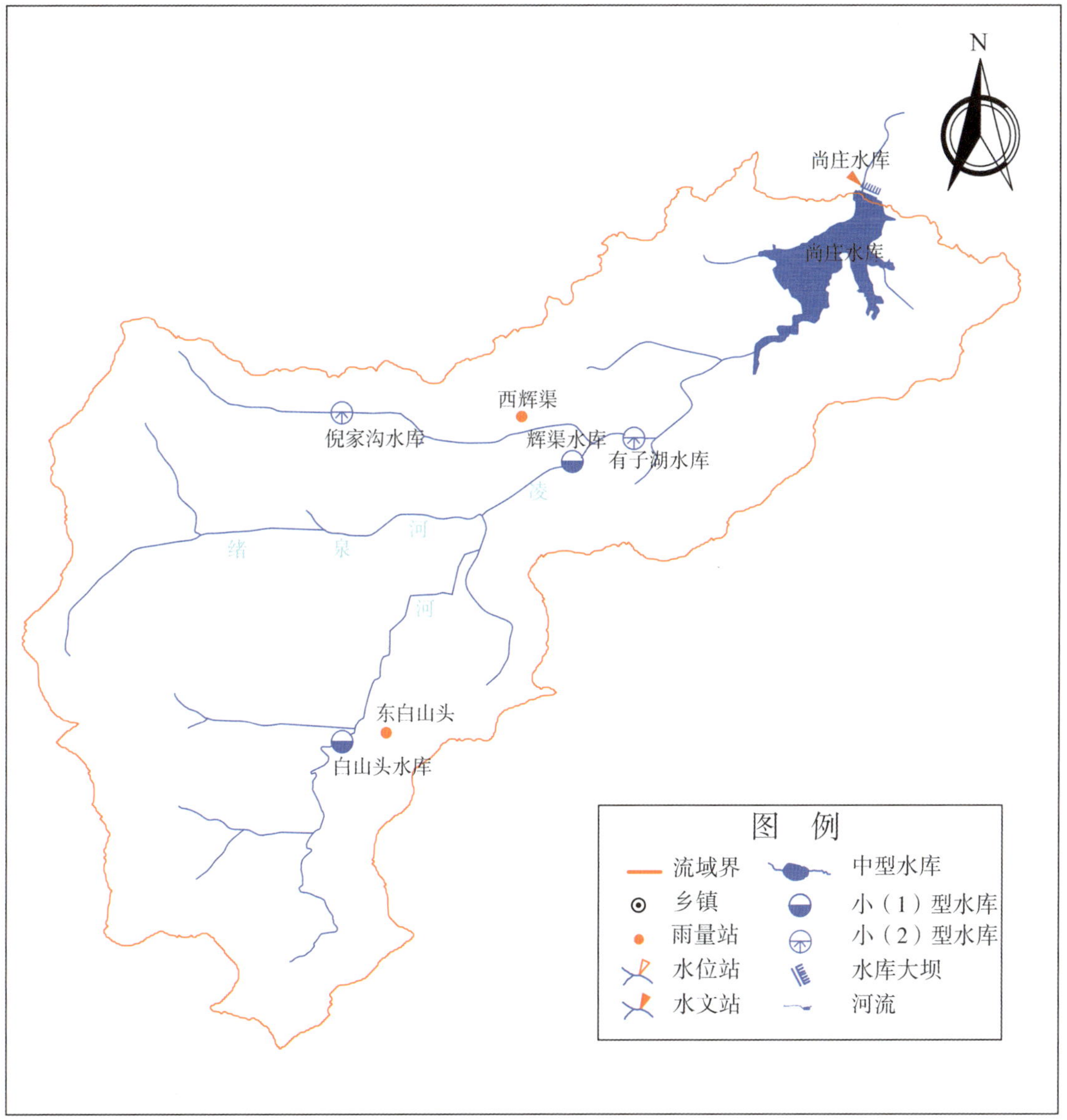

图 28-1　凌河尚庄水库流域图

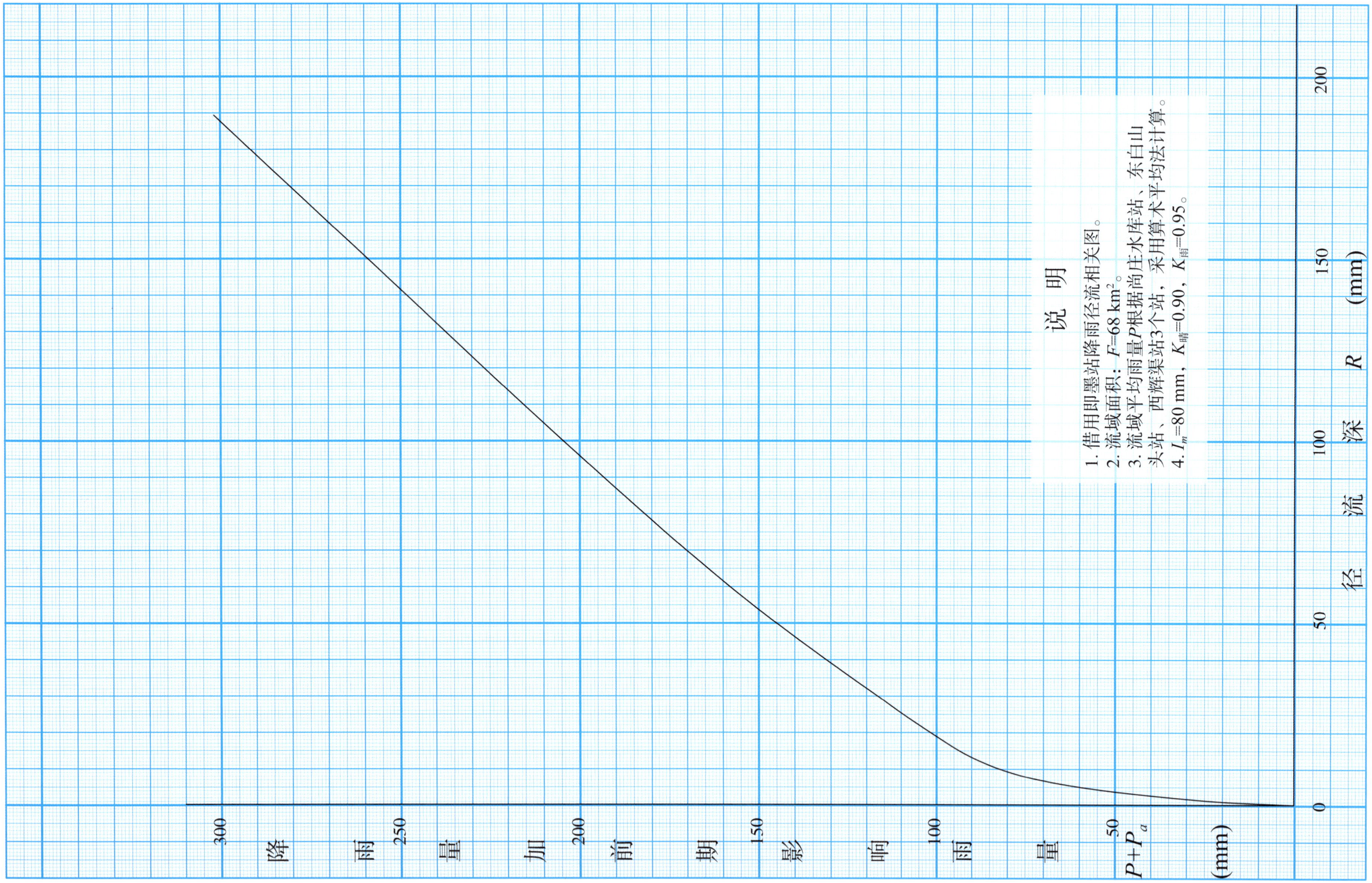

图 28-2　凌河尚庄水库站降雨径流关系图

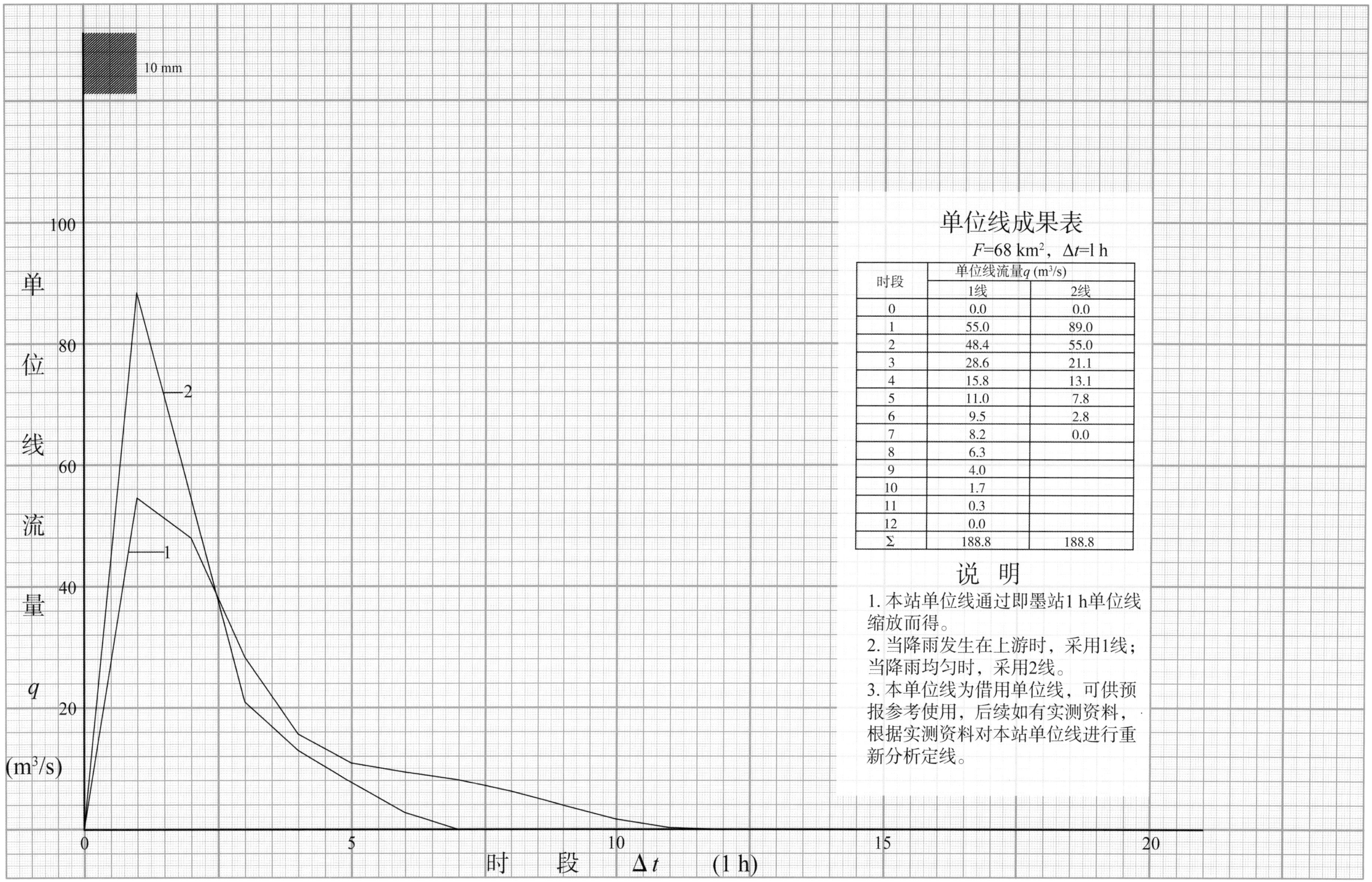

单位线成果表

F=68 km²，Δt=l h

时段	单位线流量q (m³/s)	
	1线	2线
0	0.0	0.0
1	55.0	89.0
2	48.4	55.0
3	28.6	21.1
4	15.8	13.1
5	11.0	7.8
6	9.5	2.8
7	8.2	0.0
8	6.3	
9	4.0	
10	1.7	
11	0.3	
12	0.0	
Σ	188.8	188.8

说 明

1. 本站单位线通过即墨站1 h单位线缩放而得。
2. 当降雨发生在上游时，采用1线；当降雨均匀时，采用2线。
3. 本单位线为借用单位线，可供预报参考使用，后续如有实测资料，根据实测资料对本站单位线进行重新分析定线。

图 28-3 凌河尚庄水库站单位线综合图

第二十九章　蒋峪河沂山水库站水文预报方案编制说明

1　流域概况

1.1　自然地理特征

1.1.1　河流水系

沂山水库位于潍河水系汶河支流蒋峪河上游，蒋峪河发源于临朐县沂山古寺，于临朐县蒋峪南店村入汶河，河道干流全长16 km，流域面积64 km^2。水库坝址以上干流长度6.1 km，干流平均坡降61.6‰。沂山水库流域形状呈扁圆形，上游沂山主峰玉皇顶海拔1 032 m，水库坝址处河底高程300.00 m。沂山水库流域图见图29-1。

1.1.2　地形、地质、地貌

沂山水库流域内为深山区，属太古界泰山群变质岩地区，以片麻岩为主，坝基岩石结构较为严密。库区地处鲁中南山区，泰沂山脉北麓的深山区，区内山峦起伏、沟壑纵横，海拔一般在350 m以上，在低山丘陵交界区。区内总体地形呈南高北低，库区周围山体陡峻，植被较好，沟谷发育。水库上游主要为侵蚀性地形，下游多发育有一级堆积阶地，厚度3~5 m，上部为沙壤土，下部有砂卵石层。

1.1.3　植被

流域内农作物以小麦、玉米、花生为主，山区坡面及小块梯田种植松树、刺槐树及苹果、山楂、板栗、柿子等果树。

1.1.4　泥沙

沂山水库流域内封山造林条件较好，水流多为清水，只有特大洪水时夹少量粗砂推移下泄。

1.1.5　气象水文特征

沂山水库流域属暖温带半湿润季风气候区，四季变化明显，光照充足；冬季干冷，雨雪稀少，风向多偏北；春季干燥，易发生春旱，风向多偏南；夏季高温湿润，雨量集中；秋季天高气爽，少雨干旱。多年平均气温12.5 ℃，极端最高气温39 ℃，极端最低气温-20 ℃。多年平均年降水量721.6 mm，其中汛期（6—9月）多年平均降雨量523.3 mm，占年降水量的72.5%。根据多年降雨径流资料，水库所在流域为山溪性雨源河流，源短流急。水库建成后，入库洪水过程与降雨量变化规律一致。洪水多集中在汛期，枯季径流较少。洪水一般为单峰性，涨水历时为3.5~22.5 h，洪水历时为50~66 h。

1.2　水库工程概况

1.2.1　水库概述

沂山水库控制流域面积17.8 km^2，总库容1 023万 m^3，兴利库容690万 m^3，是一座集防洪、灌溉、发电、水产养殖等综合利用的中型水库。水库枢纽工程等级为Ⅲ等，主要建筑物级别为3级，次要建筑物级别为4级，临时建筑物级别为5级。沂山水库工程技术特性见表29-1。

表29-1　沂山水库工程技术特性表

大坝工程指标			
项目		主坝	
坝型		黏土心墙砂壳坝	
坝长（m）		500	
最大坝高（m）		42.0	
坝顶宽（m）		9.0	
坝顶高程（m）		337.50	
溢洪闸工程指标			
项目	指标	备注	
闸底板高程（m）	331.00		
闸室总净宽（m）	13.5		
闸室孔数	3		
工作闸门尺寸（m×m）	4.5×2.3	平面钢闸门	
启闭机容量（kN）	2×80		
最高挡水高度（m）	1.8		
最大泄量（m^3/s）	238	千年一遇洪水	
放水洞工程指标			
闸门型式	内径（m）	进口底高程（m）	设计流量（m^3/s）
有压衬管廊道式	1.0	311.00	16.9
水库工程主要设计指标			
水位（m）		库容（万 m^3）	
死水位	311.00	死库容	70
兴利水位	332.80	兴利库容	690
设计水位	334.60	相应库容	884
校核水位	336.18	总库容	1 023

1.2.2 水库工程主体

沂山水库枢纽工程包括大坝、放水洞、溢洪道、水电站等。大坝为黏土心墙砂壳坝，坝长 500 m，坝顶高程 337.50 m，心墙顶高程 337.00 m，防浪墙顶高程 338.50 m，最大坝高 42.00 m，坝顶宽度 9.0 m，大坝迎水边坡 1∶2.75。溢洪道为有闸控制形式，共 3 孔，每孔净宽 4.5 m，闸室总宽 15.5 m，顺水流方向长 14 m；闸底板高程 331.00 m，闸室结构为钢筋混凝土，上游导流墙、铺盖、护坦、泄槽边墙均采用混凝土结构，闸门选用平面钢闸门，启闭机为卷扬式启闭机，闸下游设二级消力池消能，为方便交通运输，下游设交通桥一座。放水洞为有压衬管廊道式，直径为 1.0 m，进口底高程 311.00 m，最大放水流量 16.9 m^3/s。

1.2.3 历次重大改建、扩建、加固情况

沂山水库于 1970 年动工兴建，1971 年建成小（1）型水库，1974 年 12 月进行了大坝加高培厚工程，1975 年 10 月建成。

1999 年对溢洪道出口陡坡段进行钢筋混凝土护砌。

2007 年 3 月至 2010 年 9 月进行了大坝、放水洞、溢洪道、水电站等加固处理。

1.2.4 主要控制运用指标（2022 年）

沂山水库主要控制运用指标见表 29-2。

表 29-2 沂山水库主要控制运用指标表（2022 年）

控制运用指标名称	水位 Z（m）	相应库容 V（万 m^3）
溢洪道底高程	331.00	
汛中限制水位	332.80	760
汛中允许超蓄水位	332.80	760
汛末蓄水位	332.80	760
警戒水位	334.60	
允许最高水位	336.18	

1.3 测站概况

沂山水库水文站位于潍坊市临朐县，其测验方式为巡测，主要测验项目有水位、降水量、出库流量、水文调查等。

本站采用冻结基面（1956 年黄海基面），1985 年国家高程基准高程与冻结基面高程换算关系为 $Z_{85}=Z_{冻结}$。

2 预报方案编制

2.1 资料情况

沂山水库站无实测年鉴水文摘录资料。

2.2 参证站选择

沂山水库水文站和前城子水文站，二者地形地貌和下垫面基本特征相似，故以前城子水文站作为沂山水库水文站的参证站。参证站前城子水文站以上流域面积 $F_{参}=55\ km^2$；设计站沂山水库水文站以上流域面积 $F_{设}=17.8\ km^2$。两站虽分属不同流域，考虑到流域面积、地形地貌、下垫面条件等流域相似性，认为以前城子站为参证站较为合适。

2.3 产流方案

利用前城子水文站的产流方案推求沂山水库水文站的产流过程，沂山水库水文站降雨径流相关图（$P+P_a$-R）见图 29-2。

2.3.1 流域平均雨量 *P* 的计算

本流域内雨量站只有沂山水库站，故采用沂山水库站雨量表示流域平均雨量 P。

2.3.2 流域平均前期影响雨量 P_a 的计算

$$P_{a,t+1}=K\ (P_{a,t}+P_t)$$

式中：$P_{a,t+1}$ 为第 t+1 日的前期影响雨量（mm）；$P_{a,t}$ 为第 t 日的前期影响雨量（mm）；P_t 为第 t 日的流域平均雨量（mm）；K 为前期影响雨量递减系数，$K_{晴}=0.90$，$K_{雨}=0.95$。

其中，K 值的计算公式如下：

$$K=1-E_m/I_m$$

式中：E_m 为最大蒸发能力（借用前城子站历年平均各月最大日蒸发量）；I_m 为最大损失量，采用 60 mm，并作为 P_a 值的上限控制数。

2.4 汇流方案

采用参证站前城子站单位线进行缩放。将前城子站单位线（$\Delta t=1$ h）进行缩放后作为沂山水库站单位线，详见图 29-3。

单位线的缩放按下列公式计算：

$$\alpha=(F_{设}/F_{参})^{0.5}$$

$$T_{设i}=\alpha T_{参i}$$

$$q_{设i}=\alpha q_{参i}$$

式中：α 为单位线缩放系数；$F_{参}$为参证站以上控制流域面积；$F_{设}$为设计站以上控制流域面积；$T_{参i}$ 为参证站单位线逐时段，$T_{参i}=1, 2, \cdots, N$；$T_{设i}$ 为设计站单位线逐时段，通常为小数，为满足实际要求，需进一步对缩放结果进行插值，从而得到整时段单位线结果；$q_{参i}$ 为参证站单位线逐时段流量；$q_{设i}$ 为设计站单位线逐时段流量。

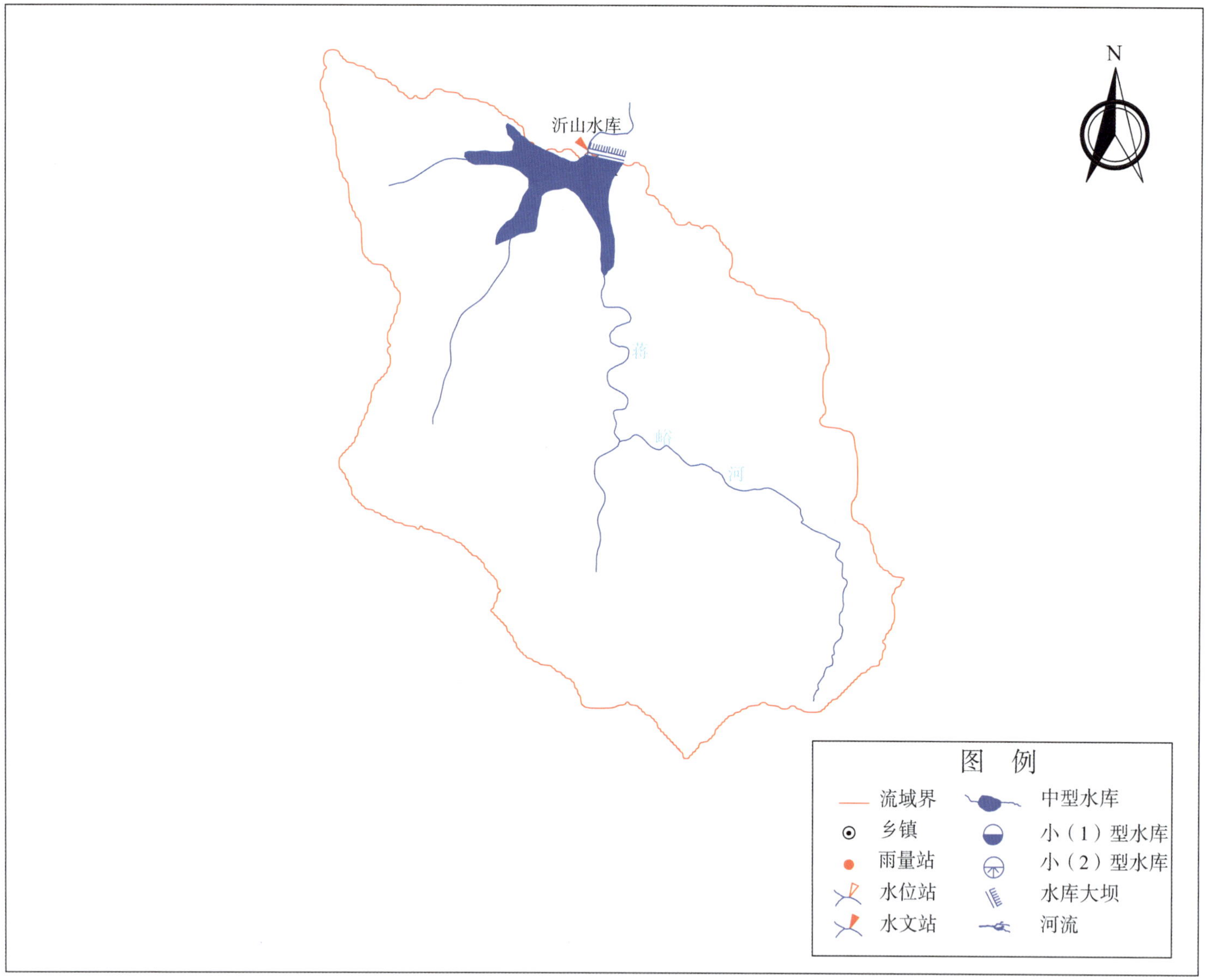

图 29–1　蒋峪河沂山水库流域图

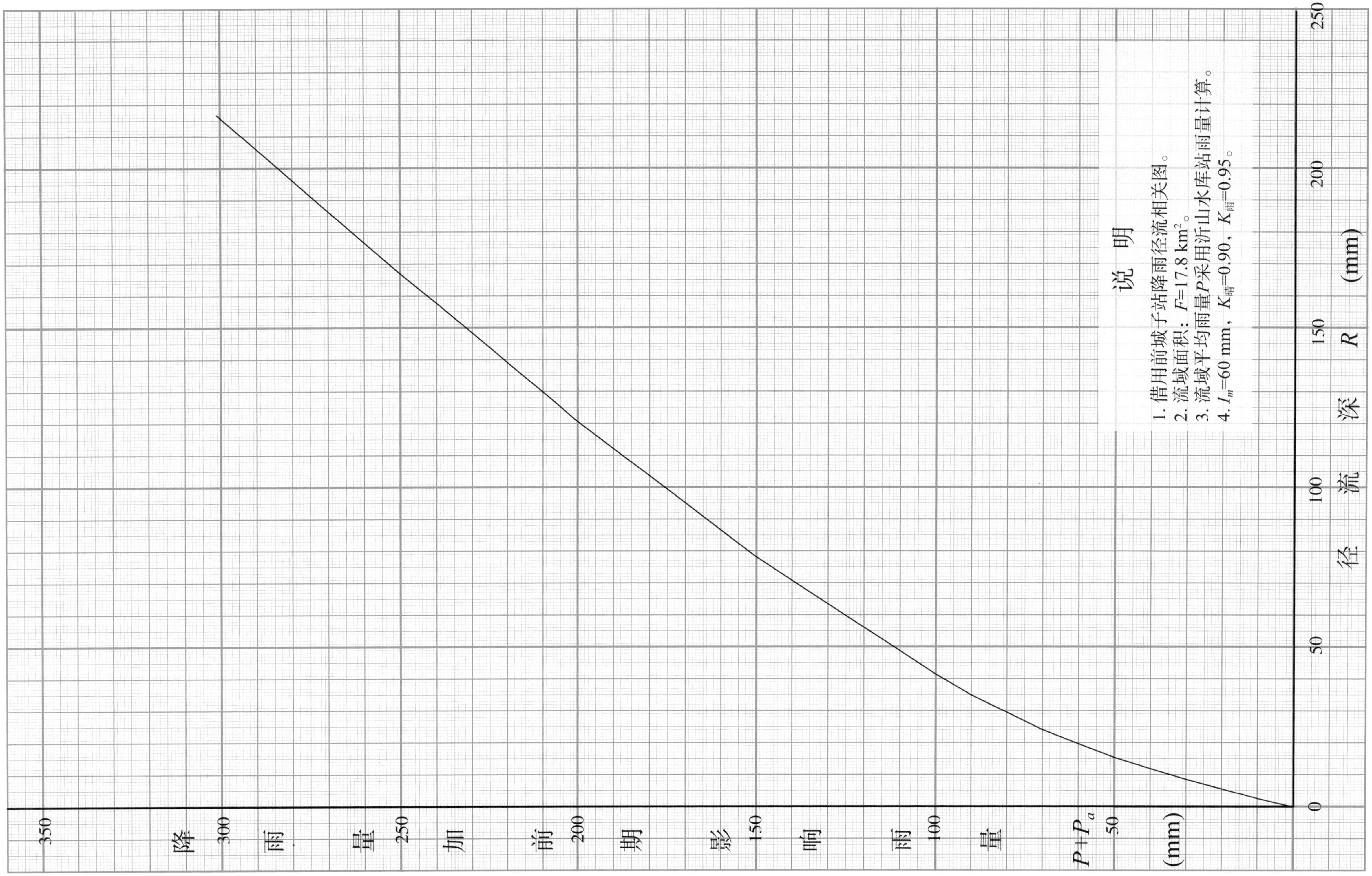

图 29-2　蒋峪河沂山水库站降雨径流相关图

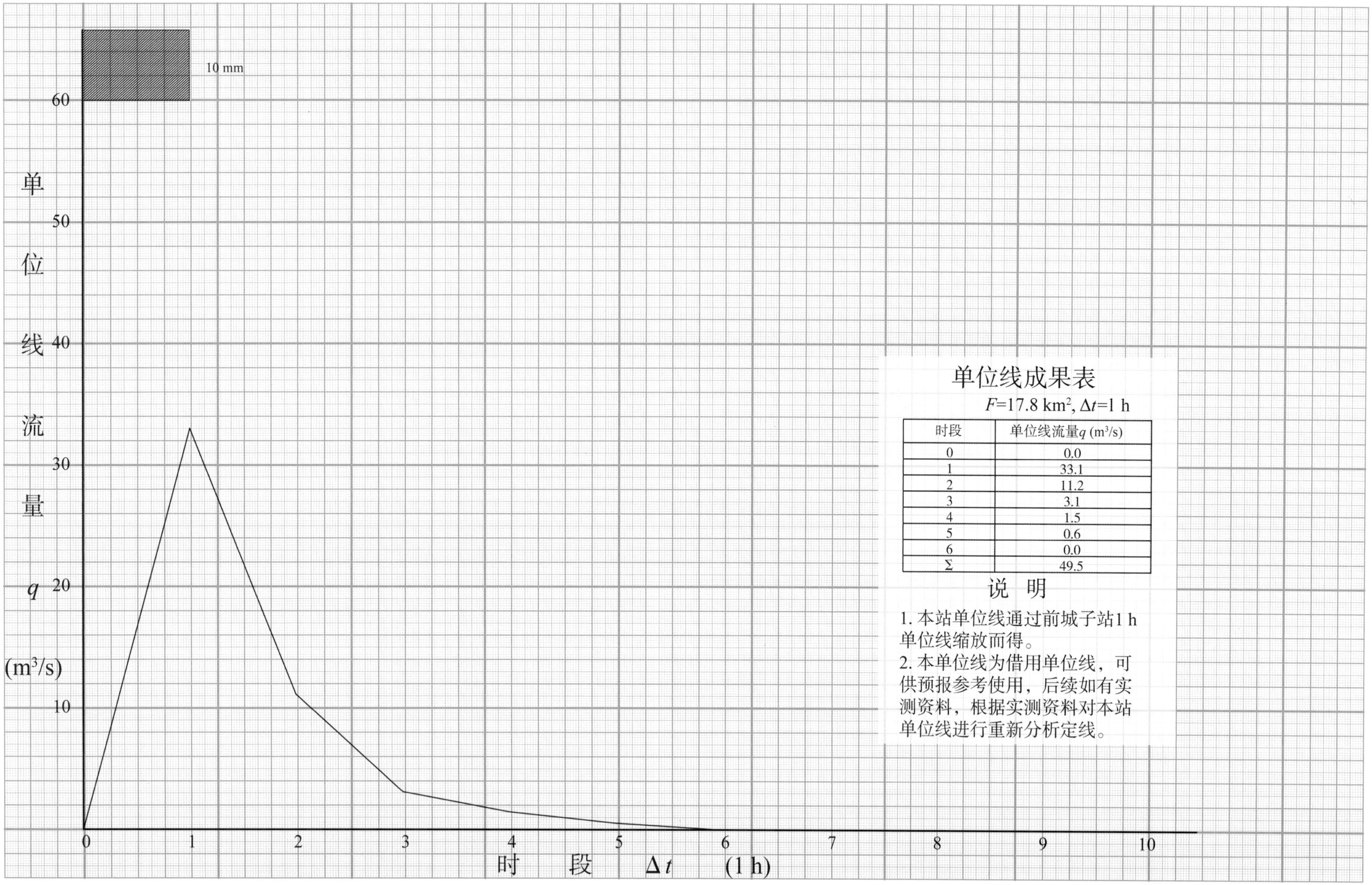

单位线成果表

F=17.8 km², Δt=1 h

时段	单位线流量q (m³/s)
0	0.0
1	33.1
2	11.2
3	3.1
4	1.5
5	0.6
6	0.0
Σ	49.5

说 明

1. 本站单位线通过前城子站1 h单位线缩放而得。
2. 本单位线为借用单位线，可供预报参考使用，后续如有实测资料，根据实测资料对本站单位线进行重新分析定线。

图 29-3　蒋峪河沂山水库站单位线综合图